Chemistry Primer Series ③

Foundations of Science Mathematics

演習で学ぶ科学のための数学

D. S. Sivia, S. G. Rawlings 著
山本雅博・加納健司 訳

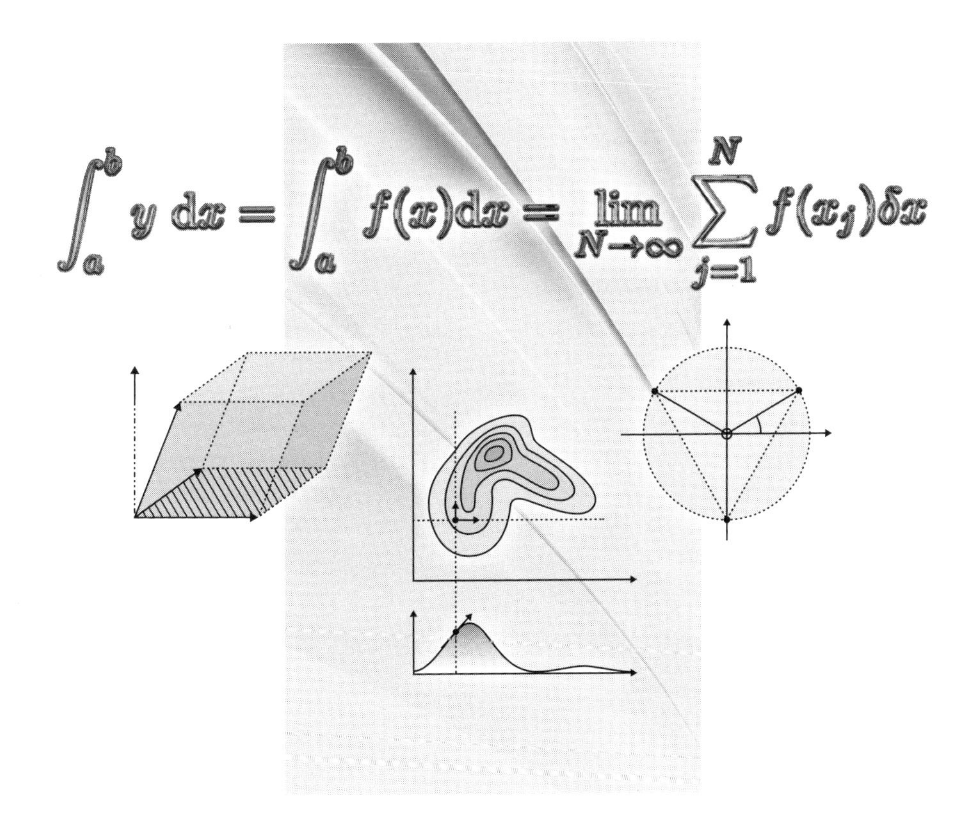

化学同人

Foundations of Science Mathematics
Foundations of Science Mathematics: Worked Problem

D. S. Sivia and S. G. Rawlings

本書によせて

Oxford Chemistry Primers（オックスフォード初等化学）シリーズは，大学に入学してから卒業するまで，化学の学生が出会う広い分野において，明確で簡潔な導入書を目指したものである．物理化学の分野では，すべての化学者が知る必要のある，確立された基本事項に関したテーマを厳選した．また，本シリーズはこの分野の研究の方向を反映しており，学部生の教科書として使われていくことだろう．

この物理化学分野の入門書の一冊として，Devinder Sivia と Steve Rawlings は，科学数学の基礎を非常に明確でエレガントに解説した．勉学中の科学者に対して，本質的で基本的な考え方とその応用を単純な言葉で説明している．この入門書は科学のすべての学生（とその教員）に有用なものとなるであろう．

Richard G. Compton
Physical and Theoretical Chemistry Laboratory,
University of Oxford

まえがき

数学はすべての科学・技術において中心的役割を果たしているため，小学校から大学まで，場合によっては社会に出てからもついて回る．この教科は好き嫌いが激しいが，大学レベルでは，全員が少なくともある程度は学ぶことが求められる．この入門書では，高校では身についてない基本概念とそれを使った結果をまずまとめており，学部生の大半が必要なところをカバーするように展開している．形式的な証明に重きがおかれているわけではなく，結果がどのように導かれたのかという過程を深く理解してもらうことがこの本の核心である．チュートリアル形式で書かれたこの本が初心者に好まれること，簡潔なスタイルが役立つことを期待している．

原稿に対して洞察に満ちたコメントをいただいた友人や同僚，すなわち Richard Ibberson 博士，Robert Leese 博士，Jerry Mayers 博士，Jeff Penfold 博士，David Waymont 博士に感謝する．Richard Compton 教授の導き・激励・忍耐もたいへん貴重であった．最後に，われわれの数学への理解と取り組みに多大な影響を与えてくださった指導者に深く感謝する．D. S. S. は，年少期に大きな影響を受けた父，高校の Munson 先生，学部生のときに育ててくださった Skilling 博士に特に感謝する．

D. S. S.
S. G. R.
Oxford
1999 年 1 月

訳者まえがき

中学・高校から数学を学ぶ意味が見えず，かつ得意ではないために，一種の逃避行動として数学から縁遠い化学科や生物学科に進学する学生は多い．ところが，高校生が想像する学問的な風景は，大学の実情とは異なる．基礎教育に熱心な化学・生物系学科では，物理とそれに伴う数学に基礎をおいている「物理化学」を重視したカリキュラムを整えている．

物理化学では，化学反応の平衡論，反応速度論，反応の量子力学，分子分光学などを扱うので「化学」であっていわゆる「物理学」ではない．また，数字を非常に重要視する「定量」の化学であり，「定性」的な解釈でよしとすることは決してない．それゆえ，物理化学に特化した数学を学ぶためには，それに適した参考書および演習書が必要となる．本書は，量的にも質的にもその目的に最も適した書籍である．原著は2冊に分かれているが，本書では参考書と演習書を1冊にまとめた．

この本が，上で述べたことを満たしているのかを確認するために，甲南大学理工学部機能分子化学科の1年生に，夏休みあるいは春休みの宿題として，本書を翻訳し，問題を解くことを課した．提出は任意であったが，多くの学生がこの課題に取り組んだ．翻訳は訳者がすべて一から行ったが，彼ら・彼女らが訳者の背中を押してくれたことを感謝したい．本書が，物理化学の数学に苦しむ多くの学習者のお役にたてれば幸いである．

2018年3月　訳者記す

◆協力者一覧◆

宇野綾，大石華那子，大枌美樹，川西莉咲，齋藤結莉，阪本妃菜，田中美穂，東山紗己，藤井風希，増田将丈，三井所真奈美，森下裕香，柳口真美，渡邉有紀

目　次

1 基本的な代数と計算

1.1 初等計算 Elementary arithmetic

われわれが最初に学ぶ数学の技は算数である．指を折って数えることから始まり，足すこと，引くこと，掛けること，割ることへと進む．次の段階として，たとえば $2+6\times 3$ のような式が登場する．この式は，2 と 6 を足して 3 を掛けて 24 とするのか，それとも 6 と 3 を掛けてその後で 2 を足して 20 とするのか，どちらともとれる．このあいまいさを避けるため，いろいろな演算の優先順位が決められている．この約束事は，頭文字をとって BODMAS*1 と呼ばれている．

BODMAS によると，括弧の中を最初に計算し，次に（あまり用いられないが）指数（べき乗，n 乗根）の計算，そして割り算，掛け算，足し算，引き算の順で進んでいく．したがって先の例は，以下のように計算する．

$$2+6\times 3 = 2+(6\times 3) \neq (2+6)\times 3$$

もし一番左の式が真ん中の式を意味しているなら括弧はいらないが，一番右の式を意味するなら括弧は必ずいる．

*1 *B*rackets：括弧
*O*f：*of the order* の意味．べき乗・べき根
*D*ivide：割り算
*M*ultiply：掛け算
*A*dd：足し算
*S*ubtract：引き算

すなわち優先順位は以下のようになる．
1. 括弧内の項
2. 冪乗と冪根
3. 乗法と除法
4. 加法と減法

次に移る前に，括弧どうしを掛け算するときの規則も思い出そう．

$$(a+b)(c+d) = a\,c + a\,d + b\,c + b\,d \tag{1.1}$$

ここで，a，b，c，d は任意の数である（記号の間の半角スペースは掛け算を表す．すなわち $a\,c = a\times c$）．

1.2 べき乗，根，対数 Powers, roots and logarithms

ある数値 a がそれ自身と掛け算されるとき，a^2 と書かれ a の二乗と呼ぶ．3 回掛けるときは a^3 となり，3 乗と呼ばれる．一般に，N 回かけたものは a^N で表され，上付き数字の指数 N は a のべき乗といわれる．N が正の整数 (すなわち，1, 2, 3, ⋯) であれば，a の N 乗の意味は明白であるが，ゼロや負の整数

$a^1 = a$
$a^2 = a\times a$
$a^3 = a\times a\times a$
$a^4 = a\times a\times a\times a$

の場合はどうなるのか．これに対しては，べき乗を N から $N-1$ にするには a で割り算すればよいことを考えれば容易に答えがでる．たとえば，a^0 は a^1 を a で割ったものと考えれば，a のゼロ乗は1となる．同じく，a^{-1} は a^0 を a で割ったものと考えれば，$1/a$ となり，一般に，a^{-N} は a^N の逆数となる．したがって，以下の結果を得る．

$$a^0 = 1 \qquad \text{および} \qquad a^{-N} = \frac{1}{a^N} \tag{1.2}$$

べき乗の基本的な定義から，a^M と a^N を掛け算するには，指数 M と N を足せばよい．

$$a^M a^N = a^{M+N} \tag{1.3}$$

これまでの議論では，整数のべき乗にのみ焦点をあててきたが，式 (1.3) がすべての数 M, N にも適用できるとする．そうすると，分数のべき乗である「根」の解釈につながる．例として，$M = N = 1/2$ の場合を考える．式 (1.3) より a の $1/2$ べき乗は，a の平方根に等しい*2．この議論を少し進めると a の $1/3$ べき乗を3回掛けあわせるると a になる．それゆえ，$a^{1/3}$ は a の3乗根に等しい．一般に，a の p 乗根は，以下のように与えられる．

*2　$a^{1/2}\,a^{1/2} = a$
$a^{1/3}\,a^{1/3}\,a^{1/3} = a$

$$a^{1/p} = \sqrt[p]{a} \tag{1.4}$$

ここで，p は整数である．結論として

$$(a^M)^N = a^{MN} \tag{1.5}$$

これは，少なくとも整数の M, N に対しては容易に確かめられる．さらに，複雑なべき乗に対しても，式 (1.2) から式 (1.5) を使って一連のより単純な操作で分解できる．たとえば，以下のようになる．

$$9^{-5/2} = \frac{1}{9^{5/2}} = \frac{1}{9^{2+1/2}} = \frac{1}{9^2\,9^{1/2}} = \frac{1}{81\sqrt{9}} = \frac{1}{243}$$

「何かのべき乗根」というような数を記述するもう一つの方法は，「対数」を使うことである．y は a の x べき乗であるとき，x は「底」を a とする y の「対数」であると考える．

$$y = a^x \qquad \Longleftrightarrow \qquad x = \log_a(y) \tag{1.6}$$

ここで両方向矢印は等価であることを意味し，矢印の左側の表現は，右側のそれを意味し，その逆も同じである．10 のべき乗は日常の会話でも（たとえば，百，千，万）出てくるので，底を 10（$a = 10$）とする場合が最も普及しており，これが常用対数であり，$\log_{10}$ と標記される（あるいは（曖昧ではあるが）log

と略される[*3]）．他によく出くわす底は，2 と $e(=2.718281828\cdots)$ である[*4]．後の章で詳しく述べるが，$\log_e$（ln とも表記される）は「自然」対数といわれる．

式 (1.6) の対数の定義と式 (1.3) の規則を合わせると，（どの底においても）積の対数は対数の和となる．また，商の対数は対数の差となる[*5]．

$$\log(AB) = \log(A) + \log(B) \quad および \quad \log(A/B) = \log(A) - \log(B) \tag{1.7}$$

同じく，式 (1.6) を使うとべき乗の対数を式 (1.5) で書き換えることができるし，対数の底を a から b に変換することができる[*5]．

$$\log(A^\beta) = \beta\log(A) \qquad および \qquad \log_b(A) = \log_a(A)\log_b(a) \tag{1.8}$$

このようにして，$\ln(x) = 2.3026\log_{10}(x)$ が得られる．前の数字（2.3026）は小数 4 桁で ln(10) を表したものである．

*3　$\log_{10}(10^0) = 0$
$\log_{10}(10^1) = 1$
$\log_{10}(10^2) = 2$

*4　$\ln(e^0) = 0$
$\ln(e^1) = 1$
$\ln(e^2) = 2$

*5　訳注：演習問題 1.4 で証明する．

1.3　二次方程式 Quadratic equations

未知変数 x を一つ含む最も簡単な方程式は，$ax+b=0$ の形である．ここで a と b は既知の定数である．このような線型方程式は初歩的な算数の規則を使って容易に変形でき，「方程式のどららかの辺に何か操作したら，もう一方の辺にも全く同じことをしなくてはいけない」ということから $x=-b/a$ の解を得る．

もう少し複雑なのが「二次方程式」である．二次方程式の一般的な形は

$$ax^2 + bx + c = 0 \tag{1.9}$$

である．線形の場合との最も決定的な違いは，x^2 の項があることであり，式を満足する x の値を出すことがはるかにややこしくなる．式 (1.9) を a で割り，以下のように書き換えることができるとする[*6]．

$$(x-x_1)(x-x_2) = 0$$

ここで，x_1, x_2 は定数である．すると，解は明らかで，$x=x_1$ あるいは $x=x_2$ である．なぜなら，二つの項の片方あるいは両方がゼロとなったときに，ゼロとなるからである．このような因数分解の解を見出すのは簡単ではないが，式 (1.9) を次のような形に変形することはそんなに難しくない．

$$(x+\alpha)^2 - \beta = 0$$

これは，「平方完成」と呼ばれる方法で，α と β は定数 a，b，c で表される（もちろん x は入ってない形である）[*7]．これから，次の二次方程式の二つの解の

*6　$x_1x_2 = c/a$
$x_1 + x_2 = -b/a$

*7　$\alpha = \frac{b}{2a}$,
$\beta = \frac{b^2}{4a^2} - \frac{c}{a}$

一般式が得られる．

$$x = \frac{-b \pm \sqrt{b^2 - 4\,a\,c}}{2\,a} \tag{1.10}$$

そして，これは $x = -\alpha + \sqrt{\beta}$，$x = -\alpha - \sqrt{\beta}$ と等価である．正であれ負であれ，ある数を二乗するとゼロに等しいか大きくなるので，式 (1.10) が実数の解をもつためには，$b^2 \geq 4\,a\,c$ を満たさねばならない．

1.4　連立方程式 Simultaneous equations

式が複数の変数を含んでいることはよくある．変数が x と y の二つである場合を考えてみよう．簡単な例は $x + y = 3$ である．この式だけでは x と y の値を一意的に決めることはできない．実際には，式を満足する無限の解がある．たとえば，$x = 0$ と $y = 3$，または $x = 1$ と $y = 2$，または $x = p$ と $y = 3 - p$ である．x と y を一つに絞るには，それを拘束する式が一つ必要になる．たとえば，$x - y = 1$ である．二つの条件（式）は，$x = 2$ と $y = 1$ でのみ同時に満たされる．これが連立方程式の一例である．

最も簡単な連立方程式は線形のもので，変数が別々に一次のべき乗（あるいはそれに係数がかかったもの）として現れ，足し算されたものである．最も簡単なものは 2×2 の形式のもので，一般形は次のようになる．

$$a\,x + b\,y = \alpha$$
$$c\,x + d\,y = \beta$$

これは，一方の式から x または y に関する式を産出してもう一方の式に代入することで解くことができる．たとえば，最初の式は $y = (\alpha - a\,x)/b$ となり，この y を 2 番目の式に代入すると x の線形の式になる．このようにして x が得られ，そして y が得られる[*8]．この方法を拡張すると，3 変数 (x, y, z) の値も，三つの線形連立方程式があれば一意的に決めることができる．多変数の場合も同じである．ただ一つの前提条件は，すべての式は完全に重複しないこと，すなわち同じ式を繰り返さないこと，あるいは二つ（あるいはそれ以上）の式を組み合わせた第三の式を用いないことである．

*8　$x = \frac{\alpha\,d - \beta\,b}{a\,d - b\,c}$，$y = \frac{\beta\,a - \alpha\,c}{a\,d - b\,c}$

すべての連立方程式が線形であるなら，一意的な解が保証されることにも注意しておきたい．上の例で，もし 2 番目の式が $x^2 - y = 3$ で与えられると，$x + y = 3$ から y を代入すると二次方程式 $x^2 + x - 6 = 0$ となる．因数分解より $(x + 3)(x - 2) = 0$ となり，$x = 2$ あるいは $x = -3$ となり，それぞれに対して $y = 1$ または $y = 6$ となる．

1.5　二項展開 The binomial expansion

式 (1.1) において $c = a$, $d = b$ とおくと，二つの数の和の平方が以下のようになることが容易に示される．

$$(a+b)^2 = a^2 + 2\,a\,b + b^2$$

これにもう一度 $(a+b)$ を掛けると 3 乗になり，

$$(a+b)^3 = a^3 + 3\,a^2\,b + 3\,a\,b^2 + b^3$$

となる．何回もこの操作を繰り返す，すなわち $(a+b)$ の N のべき乗を考えると，系統的なパターンが現れてくる．これを「二項展開」と呼ぶ．

$$(a+b)^N = \sum_{r=0}^{N} {}_N C_r\, a^{N-r}\, b^r \tag{1.11}$$

大文字のギリシア文字 Σ[*9] は $r=0$ から $r=N$ までの和を表す．このとき r は，$r=1$，2，3，…，$N-1$ の整数値をとる．二項係数 ${}_N C_r$ は，しばしば長い括弧で表されることもあり，次のように定義される．

$${}_N C_r = \begin{pmatrix} N \\ r \end{pmatrix} = \frac{N!}{(N-r)!\,r!} \tag{1.12}$$

ここで「階乗」は以下の積として与えられる．

$$N! = N \times (N-1) \times (N-2) \times \cdots \times 3 \times 2 \times 1 \tag{1.13}$$

式 (1.13) からでは自明ではないが，後で $0! = 1$ であることを示す．

式 (1.12) を使わずに二項展開の係数を求める他の方法として，「パスカルの三角形」による方法がある[*10]．この方法では，各行の両端の 1 は別として，それぞれの数は 1 行上の隣の数を足し算することによって得られる．パスカルの三角形の 3 行目は 2 乗の係数，4 行目は 3 乗の係数に対応する．

*9　訳注：Σ は summation の頭文字 S に相当する．

*10

1
1 1
1 2 1
1 3 3 1
1 4 6 4 1
1 5 10 10 5 1
1 6 15 20 15 6 1

1.6　等差数列と等比数列 Arithmetic and geometric progressions

ある規則に従って作られた数列の和を求めなければならないことがある．最も簡単な例は等差数列（AP）であり，それぞれの項は前の項に，ある定数を足したものである．

$$a + (a+d) + (a+2\,d) + (a+3\,d) + \cdots + \underbrace{(l-d)}_{=a+(N-2)d} + \underbrace{l}_{=a+(N-1)d}$$

N 項ある場合は，最後の l は最初の a と「公差」d を使って $l = a + (N-1)d$ となる．この数列を逆に並べて二つの式を足し合わせると，$N \times (a+l)$ となるので，AP の和は

$$\sum_{j=1}^{N}[a+(j-1)d]=\frac{N}{2}[a+\underbrace{a+(N-1)d}_{=l}]=\frac{N}{2}[2a+(N-1)d] \tag{1.14}$$

となる*11.

*11　$1+2+3+\cdots+N = \frac{N}{2}(N+1)$

よく出てくるもう一つの例は等比数列（GP）であり，それぞれの項は前の項に，ある定数を掛けたものである.

$$a+ar+ar^2+ar^3+\cdots+ar^{N-2}+ar^{N-1}$$

上の数列に「公比」r を掛けた数列を作り，上の式から引くと，数列の和の $1-r$ 倍は $a-ar^N$ となる．したがって GP の和の公式は，

$$\sum_{j=1}^{N}ar^{j-1}=\frac{a(1-r^N)}{1-r} \tag{1.15}$$

となる*12．もし，公比の絶対値が1より小さければ，すなわち，$-1<r<1$ であれば項の数を無限にしても GP の数は「ブローアップ（爆発）」しない．実際に，r^N は N が無限大になると無視できるくらいに小さくなるので式 (1.15) は次のようになる.

*12　$1-\frac{1}{2}+\frac{1}{4}-\frac{1}{8}+\cdots=\frac{2}{3}$

$$\sum_{j=1}^{\infty}ar^{j-1}=\frac{a}{1-r}\qquad \text{なぜなら}\quad |r|<1 \tag{1.16}$$

1.7　部分分数 Partial fractions

この章の最後のテーマは，「部分分数」である．次のような例で示すとよくわかる.

$$\frac{5x+7}{(x-1)(x+3)}=\frac{3}{x-1}+\frac{2}{x+3}$$

二つあるいはそれ以上の分数を，「最小公分母を見つけて」（通分）一つにまとめることはわれわれにはなじみが深いことであり，「式を簡素化する」といわれる*13．ここでは，ある分数をいくつかの構成部分の和に分解するという，簡素化とは逆の手法に注目する．これはある意味後退しているように思えるが，非常に有用な操作である.

*13　$\frac{1}{2}-\frac{1}{3}=\frac{3}{6}-\frac{2}{6}=\frac{1}{6}$

部分分数がかかわってくる状況は，二つの「多項式（x のような変数の自然数のべき乗の和）」の比を考えるときである．ここで，分母はより簡単な成分の積で書かれるとする．最初にチェックするべきことは，分子の「次数」（x の最大べき乗）が分母の次数よりも小さいということと，もしそうでなかったら分母で割っておくということである．これは，分子が大きい分数を，整数と適当

な分数の足し算として表すのに似ている（たとえば，$7/3 = 2 + 1/3$）．前の例のように，もし分子が $2x^2 + 9x + 1$ であるなら，それを（掛け算したあとの）分母 $x^2 + 2x - 3$ で割っておく．必要なら（*14 にあるような）「割り算の筆算」を行う．

$$\frac{2x^2 + 9x + 1}{(x-1)(x+3)} = 2 + \frac{5x+7}{(x-1)(x+3)}$$

右辺の第 2 項が，この節の最初で述べたように，部分分数に分けられるところである．どのようにすればうまく分けられるのかを考えてみよう．

この例は最も簡単なものであり，分母は一次の項の積である．この場合は常に以下のように表される．

$$\frac{5x+7}{(x-1)(x+3)} = \frac{A}{x-1} + \frac{B}{x+3}$$

ここで A と B は定数である．もし，$2x+3$ のような 3 番目の項が分母にあるときは，もうひとつの項 $C/(2x+3)$ を右辺におく必要がある．A, B（さらに $C \cdots$）を求めるために，右辺を左辺と同じ共通分母をもつように変形し，分子を等しくとると

$$5x + 7 = A(x+3) + B(x-1)$$

となる．これを満足するには，x のべき乗にかかる係数が両辺で等しくなくてはいけない．ここから，係数に対する連立方程式が導かれる*15．もう一つの方法としては，x に適当な値を入れる方法がある．特に，分母の因数が 0 になる値を代入する．$x = 1$ を代入すると $4A = 12$ が，$x = -3$ を代入すると $4B = 8$ が得られる．2 番目の方法が非常に簡単であり，「カバーアップ則」として知られている近道である．つまり，A を求めるのに，元の式にある $x-1$ を消すために $x - 1 = 0$ とし，B を求める際は，$x+3$ を消すために，$x + 3 = 0$ とするのである．

もし分母に 2 乗の因子が現れたなら，分子には線形の項が必要になる．

$$\frac{5x+7}{(x-1)(x^2+4x+3)} = \frac{A}{x-1} + \frac{Bx+C}{x^2+4x+3}$$

一般に N 次の項が分母にあれば，$N-1$ 次の多項式が分子に必要になるということは別として，関連した定数を計算する方法は前と同じである．右辺を左辺と同じ共通の分母もつように書き換えて，分子に対して等式をとると

$$5x + 7 = A(x^2 + 4x + 3) + (Bx + C)(x-1)$$

となる．この場合，$x = 1$ とおくと A が最も簡単に求められる．$x = 1$ から $8A = 12$ が導かれ，「カバーアップ則」を使うのと等価である．B と C は x^2

*14
$$\begin{array}{r} 2 \\ x^2+2x-3 \,\big)\,\overline{2x^2+9x+1} \\ \underline{2x^2+4x-6} \\ 5x+7 \end{array}$$

*15
$$A + B = 5$$
$$3A - B = 7$$

と x^0 の両辺の係数を等しくおくことで容易に得られる*16. x^1 項の係数を比較すれば，正しいかどうか確認できる．

*16
$$A+B=0$$
$$4A-B+C=5$$
$$3A-C=7$$

最後に，分母に $(x+3)^2$ のように繰り返しの因子がある場合を述べる．これを x^2+6x+9 のように展開し，上で議論したように二次の項を扱うことができるが，より有用に分解するには

$$\frac{5x+7}{(x-1)(x+3)^2}=\frac{A}{x-1}+\frac{B}{x+3}+\frac{C}{(x+3)^2}$$

とする．関連した定数はいつものように求められる，分母が等しくなるように変形し分子を等しくすると

$$5x+7=(x+3)[A(x+3)+B(x-1)]+C(x-1)$$

A と C は，$x=1$ と $x=-3$ とおけば，「カバーアップ則」で，すぐに得られる．B は x^2 または x^1 または x^0 の係数比較から得られる．

1.8 演習問題

[**1.1**] 以下を求めよ．

(1) $1+2\times6-3$ (2) $3-1/(2+4)$ (3) $2^3-2\times3$

[**1.2**] 以下の場合について $(a+b)(c+d)$ を簡単にせよ．

(1) $b=0$ (2) $a=c$ および $b=d$ (3) $a=c$ および $b=-d$.

[**1.3**] 以下を求めよ．

(1) $4^{3/2}$ (2) $27^{-2/3}$ (3) $3^2\,3^{-3/2}$

(4) $\log_2(8)$ (5) $\log_2(8^3)$

[**1.4**] 以下のようにおき，$A=a^M$，$B=a^N$，対数の定義 (式 (1.6)) を使って次の式を証明せよ．

$$\log(AB)=\log(A)+\log(B) \qquad \log(A/B)=\log(A)+\log(B)$$

同様にして，次の式も証明せよ．

$$\log(A^\beta)=\beta\log(A) \qquad \log_b(A)=\log_a(A)\times\log_b(a)$$

[**1.5**] 二次方程式 $ax^2+bx+c=0$ の解の公式を平方完成を用いて導け．

[**1.6**] 以下の方程式を解け．

(1) $x^2-5x+6=0$ (2) $3x^2+5x-2=0$

(3) $x^2-4x+2=0$

[**1.7**] k がどのような値のときに $x^2 + k\,x + 4 = 0$ は実の解をもつか.

[**1.8**] 以下の連立方程式を解け.

(1) $3\,x + 2\,y = 4 \qquad x - 7\,y = 9$

(2) $x^2 + y^2 = 2 \qquad x - 2\,y = 1$

(3) $3\,x + 2\,y + 5\,z = 0 \qquad x + 4\,y - 2\,z = 9 \qquad 4\,x - 6\,y + 3\,z = 3$

[**1.9**] 以下の式を x のべき乗で展開せよ.

(1) $(2 + x)^5$ (2) $(1 + x)^9$ (3) $(x + 2/x)^6$

[**1.10**] 等差数列の和と等比数列の和の公式を導け.

[**1.11**] 循環小数を等比級数の和としてとらえ，以下の式を証明せよ.

（ヒント：$3.33\cdots = 3 + 0.3 + 0.03 + \cdots = 1 - \frac{3}{0.1} = \frac{30}{9} = \frac{10}{3}$）

(1) $0.121212\cdots = 4/33$

(2) $0.3181818\cdots = 7/22$

[**1.12**] 以下を部分分数に分割せよ.

(1) $1/(x^2 - 5\,x + 6)$ (2) $(x^2 - 5\,x + 1)/[(x - 1)^2(2\,x - 3)]$

(3) $(11\,x + 1)/[(x - 1)(x^2 - 3\,x - 2)]$

[**1.13**] 以下の和を求めよ.

(1) $\displaystyle\sum_{n=1}^{\infty} \frac{1}{n(n+1)}$ (2) $\displaystyle\sum_{n=0}^{\infty} e^{-\beta(n+\frac{1}{2})}$

2 曲線とグラフ

2.1 直線 Straight lines

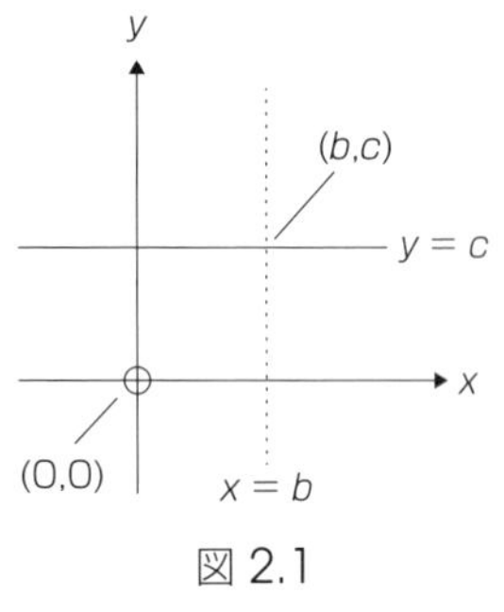

図 2.1

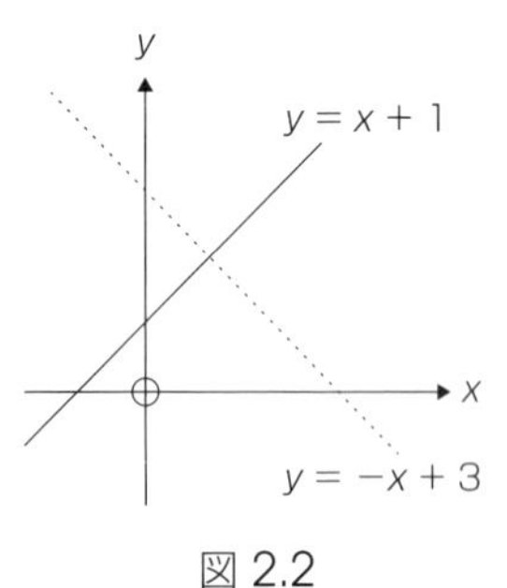

図 2.2

二つの量（一般には x と y で表す）の間の関係は，グラフの形にするとよく理解できることが多い．x と y の一対の値を，紙面にある特定の点として描き，それらの点をつなぐと曲線となる．原点である $x=0$ と $y=0$ からの水平方向と垂直方向の変位が，その点の座標 (x, y) となる．慣例として，x は左から右に，y は下から上に向かって増加するように書かれる．このように図示することにより，y が x とともにどのように変化するのかが容易にわかる．最も簡単なのは，変化が全くない場合で，$y=c$ という式に相当する．グラフは縦軸の定数 c の位置を通る水平線となる（図 2.1）．

もう少し一般的な直線は，傾いている場合で，次の代数で表される．

$$y = mx + c \tag{2.1}$$

ここで，m は傾斜の大きさと向きを制御する定数である．もし，m が正であれば，y は x とともに増加し，もし m が負であれば，y は x とともに減少する（図 2.2）．m がゼロであれば，y は変化しない．m と c は線上の 2 点 (x_1, y_1) と (x_2, y_2) から決まる．

$$m = \frac{y_2 - y_1}{x_2 - x_1} \quad \text{および} \quad c = \frac{x_2 y_1 - x_1 y_2}{x_2 - x_1}$$

m を「傾き」，c を「切片」と呼ぶ．後者は，$x=0$ のところでの y の値に等しいので，c を変えると，線が上あるいは下に動く．x 軸上で $y=0$ になる点は横座標と呼ばれる．

図形的な観点から，1.4 節の 2×2 の線形連立方程式を見ると，その解は二つの直線の交点であると解釈できる．

2.2 放物線 Parabolas

第 1 章で，二次方程式を扱った．線形の項に加えて x^2 の項がある．一般には次のように書かれる．

$$y = a\,x^2 + b\,x + c \tag{2.2}$$

グラフとして描くと，砲弾の軌跡のような，放物線となる（図 2.3）．x^2 の係数の a の符号によって，曲線が両端で上に曲がるか下に曲がるかが決まる．また，a の大きさによって，いかにするどく曲がるのかが決まる．a，b，および c がどのように放物線の位置に影響を与えるのかを理解するには，式 (2.2) を「平方完成」の形に書き換えるのが一番である．

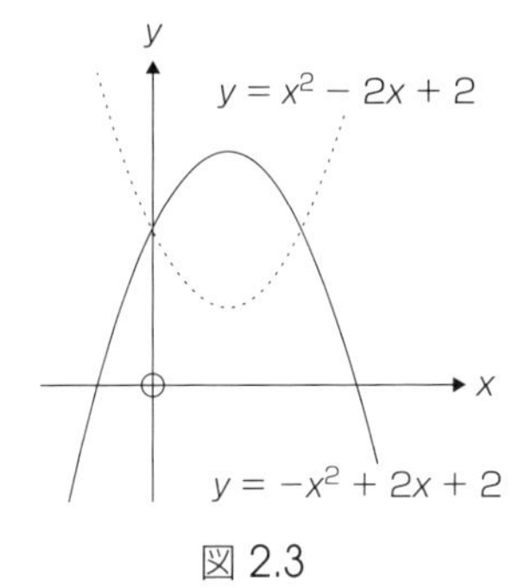

図 2.3

$$y = a(x + \alpha)^2 + \gamma$$

ここから，曲線の頂点が $x = -\alpha$ にあることがわかる．いい換えると，$x = -b/2\,a$ のところで $y = \gamma = c - b^2/(4\,a)$ が頂点である．

二次方程式 $a(x + \alpha)^2 + \gamma = 0$ の解は，グラフでは，放物線が x 軸を横切る二つの点に対応する．二つの点は，$b^2 = 4\,a\,c$ のときに一つの点になり，$y = 0$ が頂点となる．もちろん，曲線が x 軸を横切らないこともあり，その場合は（実数の）解はないことになり，これは 1.3 節で $b^2 < 4\,a\,c$ の場合に相当する．

式 (2.2) から，2×2 の連立方程式で片方の方程式が二次でもう片方が線形の場合に，なぜ解が一つにならないかがわかる．放物線と直線の交点が連立方程式の解となるためである．

2.3 多項式 Polynominals

直線と放物線は，多項式として知られる曲線群の特別な場合である．このことは，以下の定義の式から明らかである．

$$y = a_0 + a_1\,x + a_2\,x^2 + a_3\,x^3 + \cdots + a_N\,x^N \tag{2.3}$$

ここで，$a_0, a_1, a_2, \cdots, a_N$ は定数である．また，x の最も高い次数は N であり，N は多項式の次数と呼ばれる．もし a_0 以外のすべての係数がゼロあるいは $N = 0$ のときは，グラフは水平線となり，$N = 1$ のときは一般の直線に必要な二つの項が現れて，$N = 2$ のときは放物線となる．

線形より高次（二次以上）になると，多項式のグラフは曲がりくねり始める．x の値が非常に大きい，すなわちグラフの端のほうでは，式 (2.3) のすべての項は，最後の項に比べて無視できるようになる．それゆえ，多項式の曲線の先端は，N が偶数の場合は同じ方向に，N が奇数の場合は反対方向に変化する（図 2.4）．曲率は N とともに増加し，係数 a_N の大きさと符号によって変化率の絶対値と向きがそれぞれ決められる．$x \to -\infty$ の開始点から，$x \to \infty$ の最終点までの間に，y 座標は何度も振動する．N 次の多項式は $N - 1$ 回の頂点をもつ．ただし，頂点の数は 2 の倍数分少ない場合もある．たとえば，$N = 3$ の

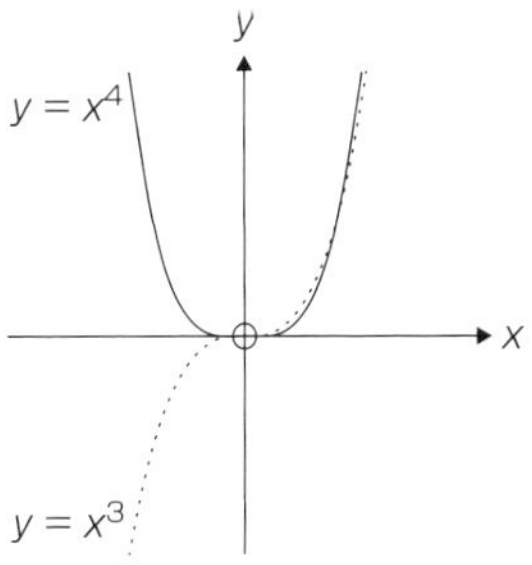

y = x4
y
x
y = x3
図 2.4

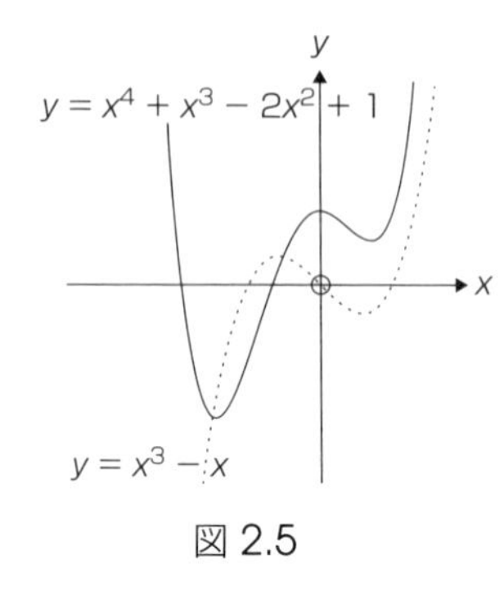

図 2.5

三次の場合は，二つの頂点（最大と最小）をもつか何もないかであり，$N=4$ の四次の場合は，三つの頂点をもつか一つしかないかである（図 2.5).

式 (2.3) を 0 にする x の値は多項式の根と呼ばれる．グラフ的には，曲線が x 軸を横切る点に対応する．上でも議論したように，少し考えれば N 次の多項式は最大で N 個の実根をもつことがわかる．

2.4　乗数，根，対数 Powers, roots and logarithms

二つの量の間の最も基礎的な関係の一つに，比例性がある．x が 2 倍になれば y が 2 倍になるなら x が 3 倍になれば y も 3 倍になるなどである．このとき，y は x に直接比例するといい，$y \propto x$ と書く．乗数 k を使うと $y = kx$ となり，グラフが原点を通る直線となる．線形の場合から一般化すると，y は x のべき乗に比例するときは

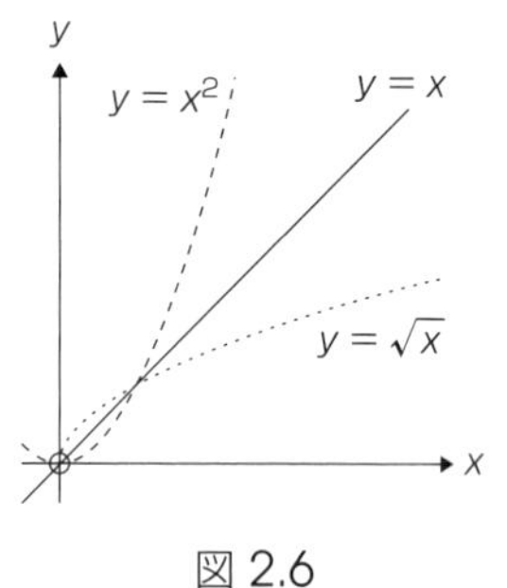

図 2.6

$$y \propto x^M \quad \Longleftrightarrow \quad y = k\,x^M \tag{2.4}$$

となる．たとえば，$M=2$ のときは x が 2 倍になると y は 4 倍になり，x が 3 倍になると y は 9 倍になる．対照的に，$M=1/2$ のときは x が 4 倍になっても y は 2 倍になり，x が 9 倍になると y は 3 倍なるだけである（図 2.6).

式 (2.4) はきわめて単純な形であるが，M と k の値を x に対する y のグラフから確かめるのは容易ではない．これは，M がゼロか ± 1 であるとき以外は，曲線を目で見てどの程度曲がっているのかを判断するのは難しいからである．しかし，式 (2.4) の対数をとれば，これがよく見えるようになる（図 2.7).

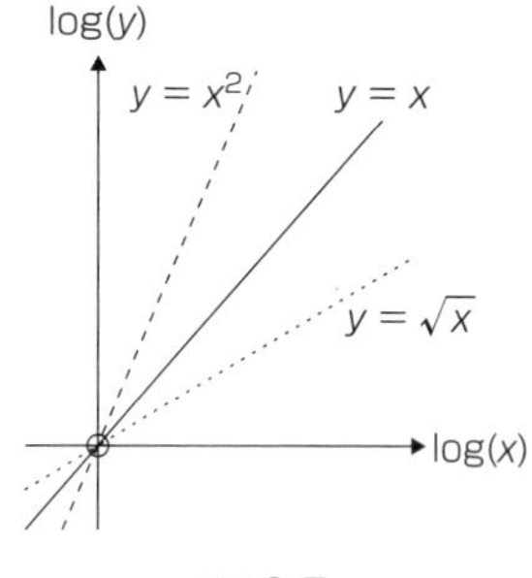

図 2.7

$$\log y = M \log x + \log k \tag{2.5}$$

ここで，右辺の $\log(k\,x^M)$ を展開し，式 (1.7) と式 (1.8) を使った．いかなる底でもよいが，$\log(x)$ に対して $\log(y)$ をプロットすると，x（と k）が正のところで，傾き M，切片 $\log(k)$ の直線を得る．

この他に，乗数に関係した式で，理論的な仕事でよく現れるのは指数関数的な減衰である．

$$y = A\,e^{-\beta\,x} = A\exp(-\beta\,x) \tag{2.6}$$

ここで，exp は，e の乗数のもう一つの表現であり，A と β は定数である．厳密には，β は減衰のときは正で，負であれば指数関数的な増加となる．以前と同じように，式 (2.6) の対数をとると（底は e がよい）より簡単にグラフ化することができる（図 2.8).

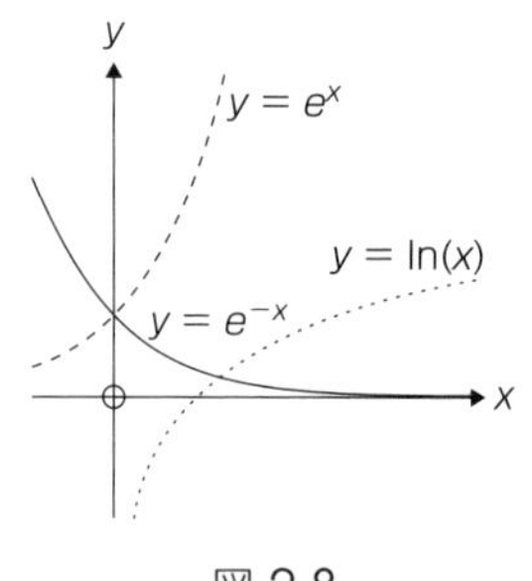

図 2.8

$$\ln y = \ln A - \beta\,x \tag{2.7}$$

ここで，最後の項を書く際に，式 (1.6) で与えられる $\log_e$ の定義を使った．い

い換えると，A が正のとき，x に対して $\ln y$ をプロットすると，傾きが $-\beta$ で切片が $\ln A$ の直線が得られる．

多項式や指数関数の複雑な関数のグラフは，その関数の構成パーツの挙動を最初に考えると，うまくスケッチできることがよくある．たとえば，$y = x/(1+x^2)$ は次のように考えることができる（図 2.9）．

(1) $1 + x^2$ は $x \to \pm\infty$ で正で非常に大きな値となり，$x = 0$, $y = 1$ で最小値をとる放物線である．

(2) その逆数は端のほうでゼロに向かって減衰するので，$x = 0$ で 1 を最大とする．

(3) $1+x^2$ に原点をとおる直線 x を掛けた $x/(1+x^2)$ は，$(0, 0)$ から $x \to \infty$ にいくにつれてある最大値をとり，その後 $y = 0$ に向かって減衰する．また，$x < 0$ では負側への鏡像となる．

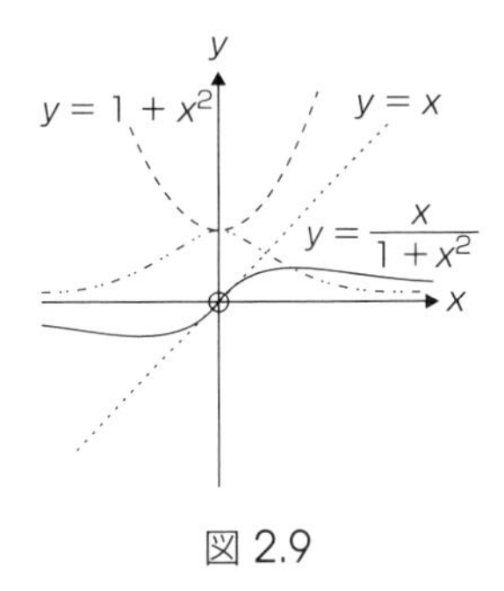

図 2.9

2.5 円 Circles

すべての曲線の中で最も完璧なのはおそらく円である．数学的には，ある固定点からの距離が一定になるような点の軌跡として定義される．言葉で書くと堅苦しいが，幾何学的に図示すれば非常に単純になる．(x_0, y_0) が固定点の座標であるとし，それを「中心」と呼ぶ (図 2.10)．「円周」上の任意の点を (x, y) とする．直角と「ピタゴラスの定理」から，斜辺の長さの二乗は他の二つの辺の 2 乗の和に等しいから，(x_0, y_0) と (x, y) の間の距離 R は，$(x-x_0)^2 + (y-y_0)^2$ の平方根で与えられことがわかる．すべての点に対して成立するので，

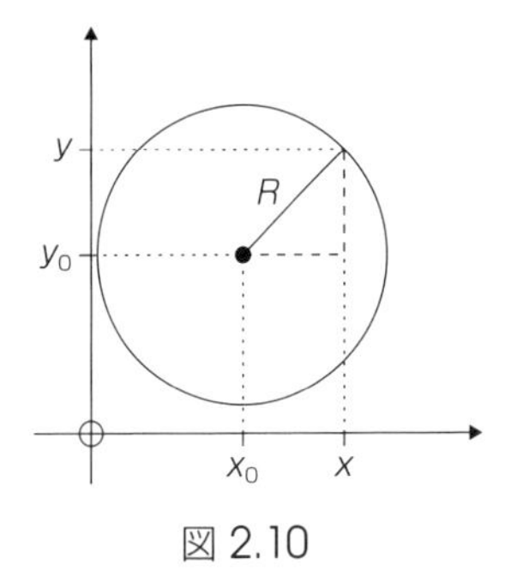

図 2.10

$$(x - x_0)^2 + (y - y_0)^2 = R^2 \tag{2.8}$$

となる．ここで R は円の半径である．もし，円の中心が原点ならば式 (2.8) は $x^2 + y^2 = R^2$ となる．

上の式は容易に展開され，「標準的な」形（それほど見やすい形ではないが）に整理される．

$$x^2 + y^2 + 2\,g\,x + 2\,f\,y + c = 0 \tag{2.9}$$

ここで，中心は $(-g, -f)$ にあり，半径は $g^2 + f^2 - c$ の平方根で与えられる．円周は $2\pi R$，円の面積は πR^2 であることも述べておく．

2.6 楕円 Ellipses

円の一方向が短くなり，それに垂直な方向が長くなれば「楕円」が得られる（図 2.11）．これを表す最も簡単な形の式は

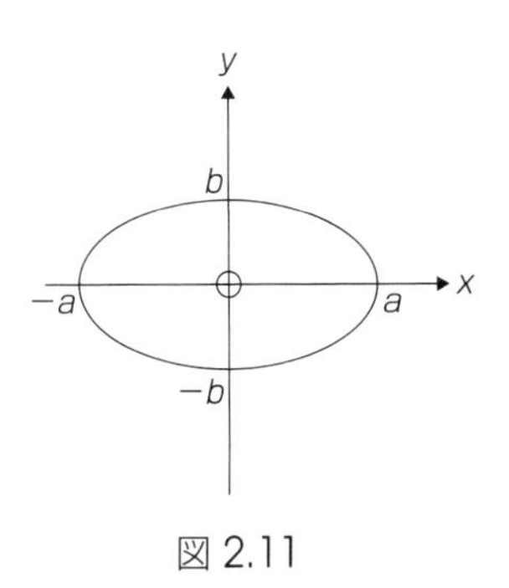

図 2.11

$$\frac{x^2}{a^2} + \frac{y^2}{b^2} = 1 \tag{2.10}$$

となる．この式は，中心が原点にあり，「主軸」が x 軸と y 軸上にあり，これらの幅はそれぞれ $2a$, $2b$ である楕円に対応する．$a = b$ であれば円に戻り，左辺の分母は R^2 に等しくなる．式 (2.10) で中心が $(x - x_0)$, $(y - y_0)$ に移動すれば，x^2 と y^2 の係数は異なるが，式 (2.9) に非常によく似た式を書くことができる．もし，長軸と短軸が x, y 軸上にないときには，xy のクロスターム（交差項）が現れる．楕円の面積は πab であるが，円周の長さを求める簡単な公式はない．

楕円と放物線は，伝統的に「円錐曲線」として関連づけられる．円錐がカットされると，その切断の方向によって，得られた断面は楕円，放物線，または「双曲線」となる*1．数学的には，三つとも，「焦点」と呼ばれる固定点 S からの距離 r と（「準線」として知られている）与えられた線への垂線の距離 l の比が一定になっている（図 2.12）．後者（準線への距離）を「離心率」ϵ と呼び，次のように定義される．

$$\frac{r}{l} = \epsilon$$

もし $\epsilon < 1$ であれば楕円となり，$\epsilon = 1$ であれば放物線，$\epsilon > 1$ であれば双曲線となる*2．式 (2.10) でいえば，S は $(a\epsilon, 0)$ であり，準線は $x = a/\epsilon$ である*3．対称の観点から S は $(-a\epsilon, 0)$ にもあり，準線は $x = -a/\epsilon$ にもある．また，a, b, ϵ には，$b^2 = a^2(1 - \epsilon^2)$ という関係がある．円は $\epsilon = 0$ という特別な場合である．楕円の物理的な例として惑星の軌道の例がある．太陽は焦点の一つであり，1609 年にケプラーが見つけた*4．

ついでにいうと，双曲線は式 (2.10) に非常に似た式となる．ただし，左辺の二つの項の間の符号が負である．それは，放物線のように開いた曲線（実際には二つの対称な曲線）となり，x が非常に大きいところで，$y = \pm bx/a$ の直線に漸近的に近づく．

*1　訳注：追加の図 2.13 を参照．

*2　訳注：追加の図 2.14 を参照．準線を y 軸に固定し，焦点を (1, 0) として描いた．

*3　訳注：追加の図 2.15 を参照．円の準線は $x = +\infty$ にある．

*4　訳注：太陽の周りを回る惑星の角運動量 L は保存し，一定の値となる．太陽の質量を M，惑星の質量を m，重力加速度を G とし，$r_0 = L^2/(\mu G m M)$，$\mu = Mm/(M + m)$ とすると，惑星の軌道は，離心率 ϵ で，$(1 - \epsilon^2)x^2 + 2r_0\epsilon x + y^2 = r_0^2$ の軌道をとる．E は全エネルギーとして，$\epsilon = \sqrt{2E\mu r_0^2/L^2 - 1}$ で，$\epsilon < 1$ は楕円，$\epsilon = 1$ は放物線，$\epsilon > 1$ は双曲線の軌道になる．

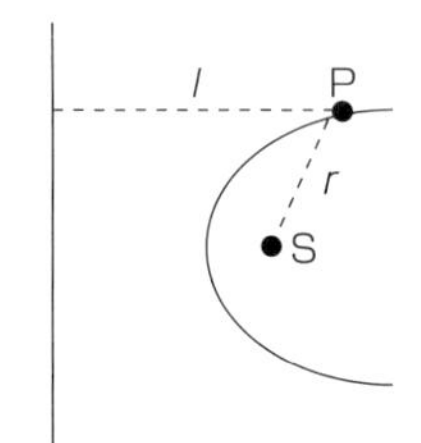

図 2.12

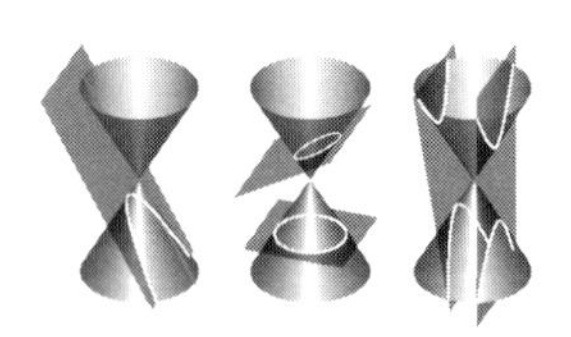

図 2.13

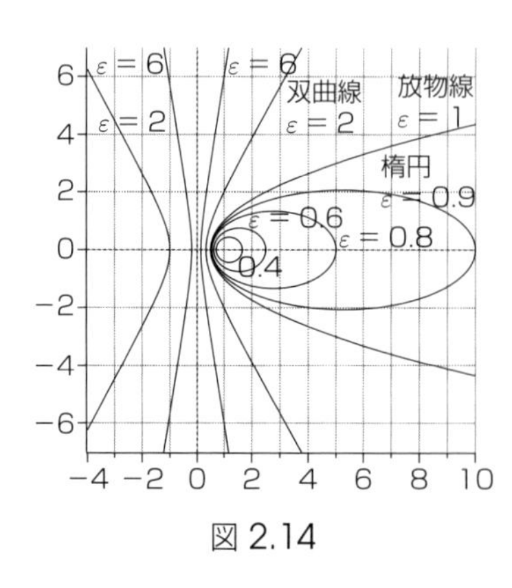

図 2.14

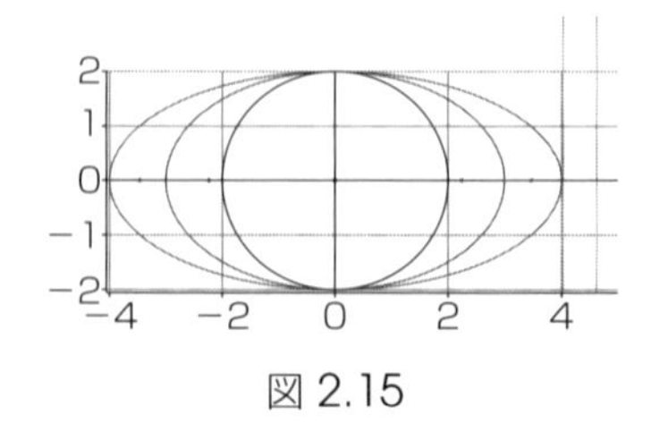

図 2.15

2.7　演習問題

[**2.1**] 同じグラフ上に，3 本の線 $y = x$, $y = x \pm 1$ を描け．また，同じく 6 本の線 $y = \pm 2x$，$y = \pm x$，$y = \pm x/2$ を描け．

[**2.2**] 二つの点 $(-1, 3)$ と $(3, 1)$ を通る直線を見つけよ．また，その線は $y = x + 1$ とどこで交差するか．

[**2.3**] 以下の 3 対の放物線を描け．

(1) $y = x^2 \pm 1$　　(2) $y = -x^2 \pm 1$　　(3) $y = \pm 2x^2 + 1$

[**2.4**] 平方完成により，$y = x^2 + x + 1$ の転回点を見つけよ．それを用いて放物線を描け．

[**2.5**] 以下の 3 点 $(0, 3)$, $(3, 0)$, $(5, 8)$ を通る放物線を見つけよ．また，方程式の根を求めよ．

[**2.6**] 曲線 $y = (x-3)(x-1)(x+1)$ はどこで x 軸，y 軸と交差するか．また，この三次曲線を描いて，それが正である x の範囲を求めよ．

[**2.7**] x が正の値の範囲で，曲線 $y = 1 - e^{-x}$ と $y = 1 - e^{-2x}$ を描け．そして，すべての x について，$y = e^{-|x|}$，$y = 1/x$，$y = 1/(x^2 - 1)$ も描け．

[**2.8**] x が大きいときには指数関数が値を決めるとして，$x > 0$ で次を描け．

(1) $y = x\,e^{-x}$　　(2) $y = x\,e^{-2x}$　　(3) $y = x^2\,e^{-x}$

[**2.9**] $x^2 + y^2 - 2x + 4y - 4 = 0$ の中心と円の半径を示せ．

[**2.10**] 楕円 $3x^2 + 4y^2 = 3$ を描け．また，離心率を求め，焦点と準線の位置を示せ．

[**2.11**] 双曲線 $x^2 - y^2 = 1$ を描き，漸近線を記せ．

[**2.12**] 次の式を因数分解し，グラフを描け．

$(x^2 + y^2)^2 - 4x^2 = 0$

3 三角法

[訳注：三角法は後述する複素数表記 $e^{i\theta} = \cos\theta + i\sin\theta$ のほうが理解しやすい]

3.1 角度と弧度法 Angles and circular measure

角度は，回転の尺度であり，たいていは度（°）で表される．1 周回れば 360° であり，最初と同じ方向を向く．90° は直角で，180° は回れ右だ．度はなじみ深い単位であるが，数学的によりよく使われるのは弧度である「ラジアン」である．ラジアンは以下のように定義される無次元の量である．長さ R の半径をもつ線を角度 θ ふれば，その弧の長さ L は，

$$\theta = \frac{L}{R} \tag{3.1}$$

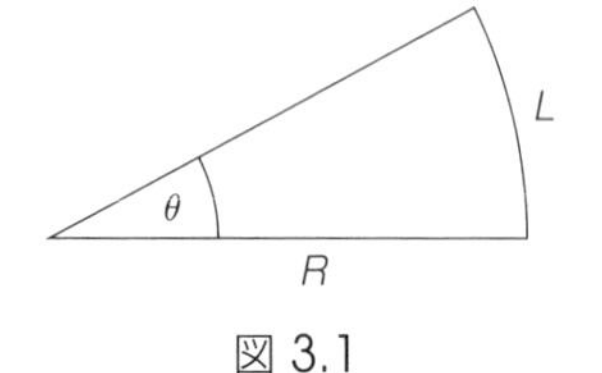

図 3.1

である（図 3.1）．円周は $2\pi R$ なので，$360° = 2\pi$ ラジアンである．直角は $\pi/2$ ラジアンである．一般に，度は $\pi/180$ をかけることによってラジアンに変換される．いい換えれば，1 ラジアンは約 57.3 度である．

明確に度と表されていなければ，すべての角度は暗黙のうちに（π をつけて）ラジアンで表されていると仮定するのがよい．

3.2 正弦（サイン），余弦（コサイン），正接（タンジェント）Sines, cosines and tangents

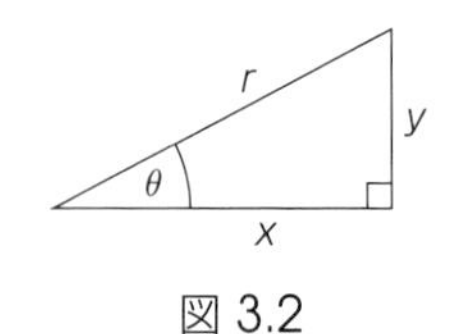

図 3.2

サイン，コサイン，タンジェントの最も初歩的な定義は，直角三角形の辺の比で与えられる．斜辺の長さを r，角度 θ と隣と反対側の辺の長さを x および y とする（図 3.2）と

$$\sin\theta = \frac{y}{r}, \quad \cos\theta = \frac{x}{r}, \quad \tan\theta = \frac{y}{x} \tag{3.2}$$

となる．式 (3.2) より，三つの三角量は以下のように関係づけられる．

$$\tan\theta = \frac{\sin\theta}{\cos\theta} \tag{3.3}$$

さらに，三角形の内角の和が π ラジアンで，y と r の角度が $(\pi/2-\theta)$ ラジアンなので，鋭角のサインとコサインは相補的に

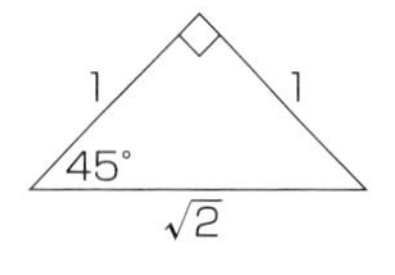

図 3.3

$$\sin\theta = \cos(\pi/2-\theta) \tag{3.4}$$

となる．もし，θ が非常に小さければ y も小さくなり，このとき r と x はほぼ等しくなる．つまり，式 (3.2) と式 (3.4) から $\sin(0)=\cos(\pi/2)=0$ で $\cos(0)=\sin(\pi/2)=1$ となることがわかる．

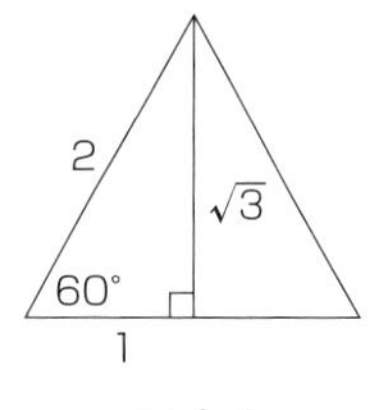

図 3.4

ある直角三角形においてピタゴラスの定理を用いると $\sin(\pi/6)=\cos(\pi/3)=1/2$，$\sin(\pi/4)=\cos(\pi/4)=1/\sqrt{2}$，そして $\sin(\pi/3)=\cos(\pi/6)=\sqrt{3}/2$ となることがわかる．式 (3.3) とあわせて，$\tan(0)=0$，$\tan(\pi/6)=1/\sqrt{3}$，$\tan(\pi/4)=1$，$\tan(\pi/3)=\sqrt{3}$，そして $\tan(\pi/2)\to\infty$ となる（図 3.3, 3.4）．

これまでの議論は，$0°\le\theta\le 90°$ の場合に限定してきた．もし，定義を拡張して式 (3.2) の x, y が座標，r が原点からの距離，θ が x 軸からの反時計回りの角度をとすると（θ が負の場合は時計回りの回転を示す），0〜90° の間にあるときに得られたものを拡張して，任意の角度のサイン，コサイン，タンジェントを（符号の正負は別として）定義できる（図 3.5）．このとき，三角関数は 360° ごとに繰り返す周期関数であることに注意しよう（図 3.6）．

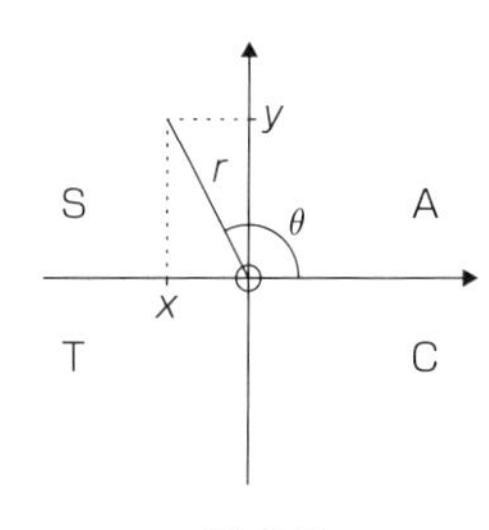

図 3.5

$$\sin\theta = \sin(\theta + 2\pi N) \tag{3.5}$$

ここで N は整数である．同様にして，cos と tan も定義できる．$90°<\theta\le 180°$ であれば，x は負で，y は正なので，$\tan\theta = y/x$ は，$180°-\theta$ のタンジェントにマイナスの符号をつけて $\tan\theta = -\tan(\pi-\theta)$ となる．斜辺 r における x と y の比より，$\sin\theta=\sin(\pi-\theta)$ と $\cos\theta = -\cos(\pi-\theta)$ となる．$180°<\theta\le 270°$ および $270°<\theta\le 360°$ に対して同様に考えると，一般に θ のサイン，コサイン，タンジェントは，斜辺と x 軸間の最も小さい角度の三角関数に等しいことがわかる．ただし，符号はどの象限の角度かに依存する．偶奇性（パリティ）は，「CAST」という頭文字で記憶できる．それは，コサイン，全部，サイン，タンジェント（cosine, all, sine, tangent）の頭文字であり，原点の周りに右下端から反時計回りに四つの象限を考え，そこではそれぞれは正の量になる（第 4 象限では cos が，第 1 象限ではすべてが，第 2 象限では sin が，第 3 象限では tan が正の値になる）．たとえば，$\tan(210°)=\tan(30°)$ であり，$\tan(300°)=-\tan(60°)$ である．

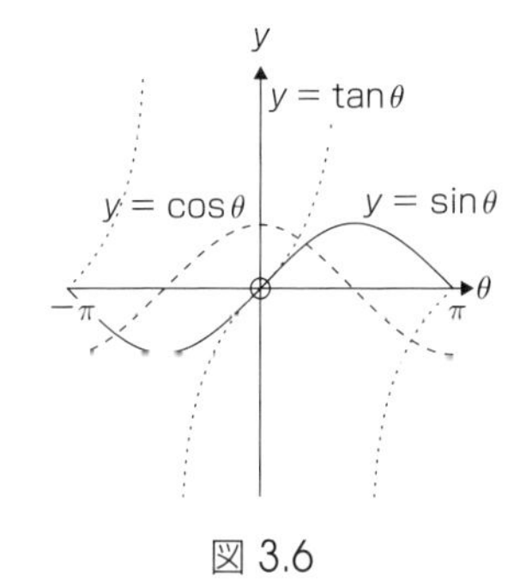

図 3.6

この節を終わる前に，2 点指摘しておきたい．1 つ目は，sec，cosec，cot である．

$$\sec\theta = \frac{1}{\cos\theta},\ \operatorname{cosec}\theta = \frac{1}{\sin\theta},\ \cot\theta = \frac{1}{\tan\theta} \tag{3.6}$$

それぞれ，secant，cosecant，cotangent の略である．2番目の指摘は，角度が小さいときの近似である．先に $\sin(0) = 0$，$\cos(0) = 1$，$\tan(0) = 0$ であることを理解した．θ がゼロに近くなると，直角三角形がどのようになるのかを考えれば

$$\sin\theta \simeq \theta, \quad \tan\theta \simeq \theta, \quad \cos\theta \simeq 1 - \theta^2/2 \tag{3.7}$$

となることがわかるだろう．ここで，$|\theta| \ll 1$ で，角度はラジアンで表されている．$\theta = 0$ 近辺における，それぞれの三角関数のグラフ（図 3.6）からもこの関係がわかる（後でテイラー展開でこの式を導く）．

3.3　ピタゴラスの式 Pythagorean identities

直角三角形の最も基本的な性質の一つはピタゴラスの定理である．図 3.2 では，$x^2 + y^2 = r^2$ で定義される．両辺を r^2 で割ると，$(x/r)^2 + (y/r)^2 = 1$ となり，式 (3.2) を使うと

$$\sin^2\theta + \cos^2\theta = 1 \tag{3.8}$$

ここで，$\sin^2\theta = (\sin\theta)^2$ である．この式は，本章の多くの式と同じように，3本線の等号（$\equiv$）でしばしば書かれ，これは「恒等式」であることを意味している．$\sin\theta = \cos\theta$ のような（2，3の特別な角度で成立する）通常の等式とは違い，すべての θ で成立する．ピタゴラスの定理の式を，r ではなく x と y によって同じように割り算を行うと，二つの等式が追加される．

$$\tan^2\theta + 1 = \sec^2\theta \qquad \cot^2\theta + 1 = \operatorname{cosec}^2\theta \tag{3.9}$$

付け加えると，式 (3.8) は，$x = a\cos\theta$，$y = b\sin\theta$ とおくと式 (2.10) になる．これは，楕円を媒介変数を用いて表した形である．円に対しては，同じように $x = R\cos\theta$，$y = R\sin\theta$ とおけばよい．

3.4　合成角 Compound angles

もし，$\theta = A + B$ であれば，そのサインは A，B それぞれの三角関数によって書かれる．式の導入には，図 3.7 のような少々幾何学的あるいは代数的な直感が必要になるが，結果は簡単である[*1]．

$$\sin(A + B) = \sin A\cos B + \cos A\sin B \tag{3.10}$$

特に $A = B$ のとき（倍角のとき），サインは以下のようになる．

*1

$$\begin{aligned}&\sin(A+B)\\ &= \frac{\mathrm{QR}}{\mathrm{PQ}} = \frac{\mathrm{QX}+\mathrm{ST}}{\mathrm{PQ}}\\ &= \frac{\mathrm{QS}\cos A + \mathrm{PS}\sin A}{\mathrm{PQ}}\\ &= \frac{\mathrm{QS}}{\mathrm{PQ}}\cos A + \frac{\mathrm{PS}}{\mathrm{PQ}}\sin A\\ &= \sin B\cos A\\ &\quad + \cos B\sin A\end{aligned}$$

訳注：オイラーの公式を導入すれば，より簡単である．$\cos(A\pm B) + i\sin(A\pm B) = e^{i(A\pm B)} = e^{iA}e^{\pm iB} = [\cos A + i\sin A][\cos B \pm i\sin B] = \cos A\cos B \mp \sin A\sin B + i(\sin A\cos B \pm \cos A\sin B)$ の実数部と虚数部を比較すればよい．

$$\sin 2A = 2 \sin A \cos A \tag{3.11}$$

二つの角度の差 $A - B$ のサインは，式 (3.10) より，$\sin(-\theta) = -\sin\theta$ および $\cos(-\theta) = \cos(\theta)$ であることに注意して

$$\sin(A - B) = \sin A \cos B - \cos A \sin B \tag{3.12}$$

同じように幾何学・代数を用いると，$A \pm B$ のコサインは，次のようになる．

$$\cos(A \pm B) = \cos A \cos B \mp \sin A \sin B \tag{3.13}$$

図 3.7

ここで，左辺のプラスと右辺のマイナスが，左辺のマイナスと右辺のプラスが対応する．$A = B$ であれば，倍角の公式となる．

$$\cos 2A = \cos^2 A - \sin^2 A \tag{3.14}$$

式 (3.8) を使って，倍角の公式を $\sin A$ または $\cos A$ で書き下すこともできる．

$$\cos 2A = 2\cos^2 A - 1 = 1 - 2\sin^2 A \tag{3.15}$$

式 (3.3) によると，式 (3.10) と式 (3.12) を式 (3.13) の対応する相手で割ると，二つの角度の和と差のタンジェントが得られる．

$$\tan(A \pm B) = \frac{\tan A \pm \tan B}{1 \mp \tan A \tan B} \tag{3.16}$$

$A = B$ とおけば，倍角の公式 $\tan 2A = 2\tan A/(1 - \tan^2 A)$ が得られる．

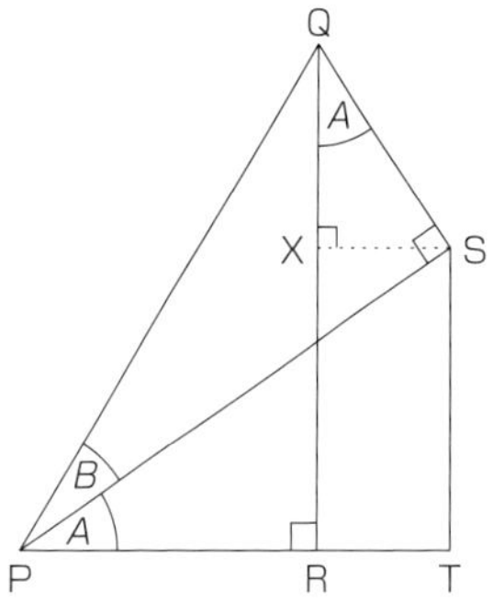

3.5 因子公式 Factor formulae

サインとコサインの和と差を積に関係づける式が，前節の公式から得られる．たとえば，式 (3.10) と式 (3.12) の和より

$$\sin(A + B) + \sin(A - B) = 2\sin A \cos B \tag{3.17}$$

となる．$X = A + B$，$Y = A - B$ と置き換えると

$$\sin X + \sin Y = 2\sin\left(\frac{X + Y}{2}\right)\cos\left(\frac{X - Y}{2}\right) \tag{3.18}$$

となる．これらの式は等価であるけども，前者は積を和に分解するのに便利で，後者はその反対をするのに便利である．式 (3.10) と式 (3.12) の引き算から式 (3.17) と式 (3.18) に似た式を導出できる．ただしその式では，左辺はマイナス符号で右辺のサインとコサインは入れ替わっている*2．

コサインの合成角に関しても，式 (3.13) から

*2

$\sin X - \sin Y =$
$2\cos\left(\frac{X+Y}{2}\right)\sin\left(\frac{X-Y}{2}\right)$
$\cos X - \cos Y =$
$-2\sin\left(\frac{X+Y}{2}\right)\sin\left(\frac{X-Y}{2}\right)$

$$\cos(A+B)+\cos(A-B)=2\cos A\cos B \tag{3.19}$$

$$\cos(A+B)-\cos(A-B)=-2\sin A\sin B \tag{3.20}$$

となる．X と Y に対する式も同じようになる．

3.6　逆三角関数 Inverse trigonometric functions

もし，直角三角形の角度 θ のサインが $1/2$ なら，θ は $30°$ である．このような逆算が逆三角関数の一つの例である．一般化すると，以下のようになる．

$$y=\sin\theta \iff \theta=\sin^{-1}y \tag{3.21}$$

この式のマイナス 1 乗は，（広く使われているが）通常とは異なることに注意したい．すなわち，$\sin y$ の逆数の意味ではない．混同を避けるために，arcsin と書かれることもある．式 (3.21) に似た表現が，すべての三角関数にある．すなわち，$\arccos y=\cos^{-1}y$，$\arctan y=\tan^{-1}y$ などである．

$\theta=\sin^{-1}y$ の関係の性質の真価を知るためには，$y=\sin\theta$ のプロット図（グラフ）を $90°$ 回転する必要がある．そうすると，y 軸が横軸になり，θ 軸が縦軸になる．同じことが，$\theta=\cos^{-1}y$ と $\theta=\tan^{-1}y$ のグラフでも起こる．

複数の角度で同じサイン，コサイン，タンジェントの値になるので，逆三角関数は多価関数である．たとえば，$\sin\theta=1/2$ のとき，θ は $30°$ または $150°$，あるいはこの二つの値に $360°$ の倍数を加えたものである*3.

*3 $\cos^{-1}(1/2)=\pm\frac{\pi}{3},\pm\frac{7\pi}{3},\cdots$ $\tan^{-1}\sqrt{3}=\frac{\pi}{3},\frac{\pi}{3}\pm\pi,\cdots$

もう一つ大事な注意点として，$\sin^{-1}y$ と $\cos^{-1}y$ は y の大きさが 1 を超えることはないことがあげられる．なぜならすべての θ に対して，$|\sin\theta|\le 1$ と $|\cos\theta|\le 1$ となるからである．$\tan^{-1}y$ にはそのような制限はない，なぜなら $\tan\theta$ は $\pm\infty$ の範囲のどこにでも存在するからである．

3.7　正弦定理，余弦定理 The sine and cosine rules

本章の最後に，一般の三角形の辺の長さと角度の関係についてのサインとコサインの公式を述べよう．証明は，「ベクトル」を扱った後に行う．三角形の角度が A，B，および C で表され，その角の反対側の辺の長さを小文字の a，b，および c で表す（図 3.8）と，以下の関係が成り立つ．

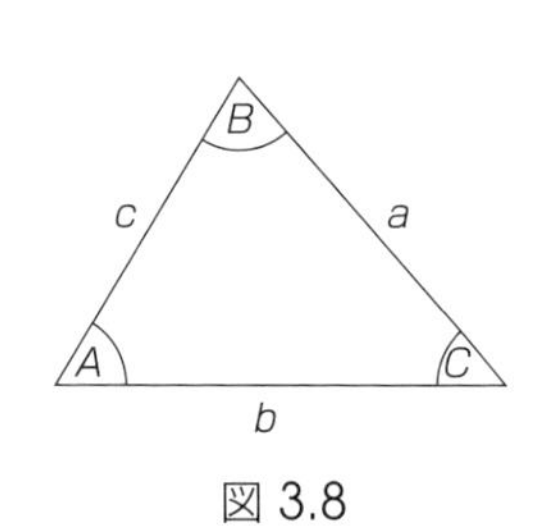

図 3.8

$$\frac{a}{\sin A}=\frac{b}{\sin B}=\frac{c}{\sin C} \tag{3.22}$$

$$a^2=b^2+c^2-2bc\cos A \tag{3.23}$$

これらはよく知られた正弦，余弦定理である．前者は三つの別々の関係として扱うことができる．これは等式の対の数に相当する．後者も三つの式を作る．なぜなら，角度と辺の順序をずらすと，たとえば $b^2=c^2+a^2-2ca\cos B$ となるからである．

3.8　演習問題

[**3.1**] 以下の角度をラジアンから度（°）に変換し，グラフに図示せよ．

(1) $\pi/6$　(2) $\pi/4$　(3) $\pi/3$　(4) $\pm\pi/2$　(5) $2\pi/5$

(6) $\pm 2\pi/3$　(7) π　(8) $3\pi/2$

[**3.2**] $\pi/6$，$\pi/4$，$\pi/3$ のサイン，コサイン，タンジェントの値を求めよ．さらに，以下の角度の三角関数の値を求めよ．

(1) $\pm 2\pi/3$　(2) $\pm 3\pi/4$　(3) $\pm 5\pi/6$　(4) $5\pi/4$

(5) $4\pi/3$　(6) $-\pi/6$

[**3.3**] ラジアンとサインの定義から，なぜ小さい角度に対して $\sin\theta \simeq \theta$ となるのかを示せ．また式 (3.15) から，小さい角度で $\cos\theta \simeq 1 - \theta^2/2$ となることを示せ．

[**3.4**] $t = \tan(\theta/2)$ のとき，$\tan\theta$，$\cos\theta$，$\sin\theta$ を t で表せ．

[**3.5**] $-\pi$ から π の範囲で，(1) $\tan\theta = -\sqrt{3}$，(2) $\sin\theta = -1$，(3) $4\cos^3\theta = \cos\theta$ を解け．

[**3.6**] $a\sin\theta + b\cos\theta$ が，$A\sin(\theta+\phi)$ で書けることを示せ．ここで A と ϕ は，a と b に関連している．さらに，$\sin\theta + \cos\theta = \sqrt{3/2}$ を解け．

[**3.7**] $\cos 4\theta = 8\cos^4\theta - 8\cos^2\theta + 1$ となることを示せ．また，$\sin 4\theta$ を $\sin\theta$ と $\cos\theta$ で表せ．

[**3.8**] $8\sin^4\theta = \cos 4\theta - 4\cos 2\theta + 3$ を示せ．また，$\cos^4\theta$ に対しても同様の式を求めよ．

[**3.9**] 因子公式を使って，式 $\cos\theta = \cos 2\theta + \cos 4\theta$ を満足する θ を，0 と π の間で見つけよ．

[**3.10**] 以下の関係を示せ．$\cos\theta + \cos 3\theta + \cos 5\theta + \cos 7\theta = 4\cos\theta\cos 2\theta\cos 4\theta$

[**3.11**] 三原子分子が，1.327 Å と 1.514 Å の結合長と 107.5° の結合角で結合している．最も離れた原子間の距離を求めよ．

4 微分

4.1 勾配と微分 Gradients and derivatives

第2章で，x と y という二つの量の関係がグラフによって可視化される様子を見てきた．第2章では，曲線が x 軸または y 軸と交差するところを求めたが，ある点における傾きを知ることも重要である．x が変化するにつれていかに速く y が増加あるいは減少するか，あるいは y が変化するにつれて x がいかに速く変化するかである．これが微分の中心課題であり，この章のほとんどは，勾配をどのように計算すればよいかにあてられている．

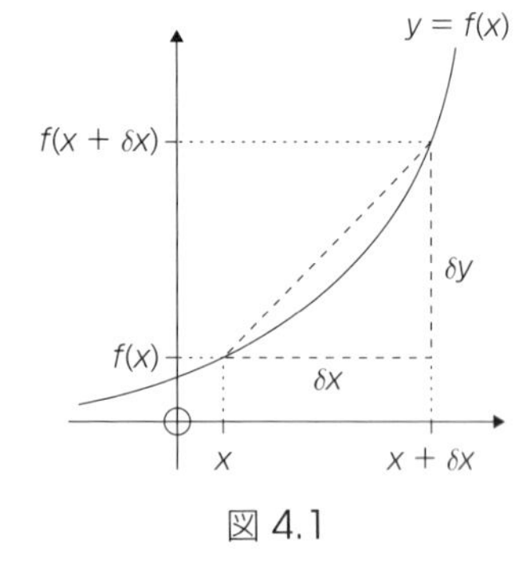

図 4.1

曲線の傾きが何を意味するのかを正確に定義するところから始めよう．y がある関数「f」と x で関連づけられている場合，普通は，$y = f(x)$ のように書かれる．$f(x) = mx + c$ であれば直線であるし，$f(x) = \sin(x)$ であればサイン関数である．水平座標が x から $x + \delta x$ に変わると，y の値は $f(x)$ から $f(x+\delta x)$ に変化する．ここで，δx は微少変化（増分）を意味する．このとき，x という点での勾配は，縦座標の変化 δy と横座標の増分 δx の比で定義される（図 4.1）．横座標の増分 δx を無限小にとれば，その点での傾きが得られる．式で書くと

$$\frac{\mathrm{d}y}{\mathrm{d}x} = \lim_{\delta x \to 0}\left[\frac{\delta y}{\delta x}\right] = \lim_{\delta x \to 0}\left[\frac{f(x+\delta x) - f(x)}{\delta x}\right] \tag{4.1}$$

ここで，$\mathrm{d}y/\mathrm{d}x$ は「微分」または「微係数」として知られているもので，ディワイ ディエックス（dy-by-dx）と発音される．また，ダッシュをつけて y' または $f'(x)$ と書かれることもある[*1]．時間微分は $\dot{y}$ と表記する．$\delta x \to 0$ となるにつれ，$\delta y/\delta x$ の比が極限値に近づいてゆく．ある条件では，両方ともゆっくりとゼロに近づく．厳密には，（$y = f(x)$ が連続であるとして）δx が正であっても負であっても，$\mathrm{d}y/\mathrm{d}x$ が同じ値になるのかチェックしなくてはならない．折れ曲がりや切断（不連続）があると，極限値の不一致が起こり，これらの点では微分は不可能である．

*1

$$y' = \frac{\mathrm{d}y}{\mathrm{d}x} = \frac{\mathrm{d}f}{\mathrm{d}x} = f'(x)$$
$$\dot{y} = \frac{\mathrm{d}y}{\mathrm{d}t}$$

式 (4.1) の第一原理から微分を求める非常に簡単な例として，直線 $y = mx + c$

の場合を考えよう．$f(x)$ を式 (4.1) に代入すると

$$\frac{\mathrm{d}y}{\mathrm{d}x} = \lim_{\delta x \to 0}\left[\frac{m(x+\delta x)+c-(m\,x+c)}{\delta x}\right] = \lim_{\delta x \to 0}\left[\frac{m\,\delta x}{\delta x}\right] = m$$

最後の項は簡単な計算で求めた．$\delta x \to 0$ の極限では，分母も分子も両方ともゼロになるが，その比はきちんと決められる．すなわち，2.1 節の議論から，どの場所でも微分は同じ値をもち，勾配 m に等しい．ここでは特別に直線を扱ったが，より一般に応用可能なことが二つある．一つは，もし $\mathrm{d}y/\mathrm{d}x > 0$ であれば，x とともに y は増加し，$\mathrm{d}y/\mathrm{d}x < 0$ であれば，x ともに y は減少し，その変化の速度は微分の値で与えられることである．もう一つは，x-軸と直線の角度を θ とすると（図 4.2）

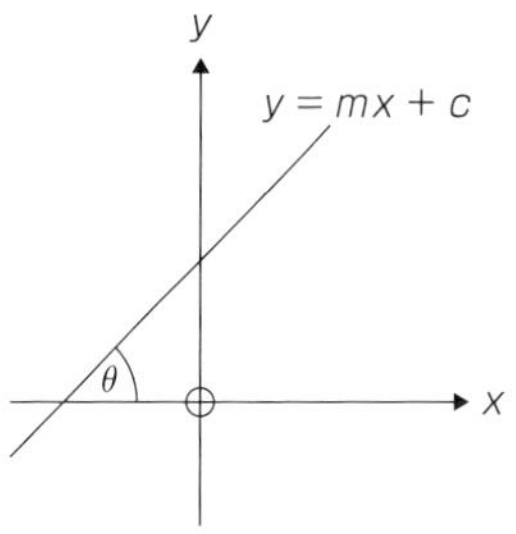

図 4.2

$$\frac{\mathrm{d}y}{\mathrm{d}x} = \tan\theta \qquad (4.2)$$

となることである．$\mathrm{d}y/\mathrm{d}x$ は θ と同じ符号であり，角度（θ）が大きくなると微分値も大きくなる．

次に，より興味深い例として，$y = \sin x$ の場合を考えよう．式 (4.1) を使うと

$$\frac{\mathrm{d}y}{\mathrm{d}x} = \lim_{\delta x \to 0}\left[\frac{\sin(x+\delta x) - \sin x}{\delta x}\right]$$

となる．極限をとるのは後にして，最初は，分子が δx に比してどのように小さくなるか（ゼロにはならない）を考えなくてはならない．式 (3.10) を使って $\sin(x+\delta x)$ を展開し，式 (3.7) のサインとコサインの小さい角度での近似を用いると次式が得られる．

$$\sin(x+\delta x) \simeq (1-\delta x^2/2)\sin x + \delta x\,\cos x$$

ここで，x は（暗に）ラジアンでとっている．これを $\mathrm{d}y/\mathrm{d}x$ の定義式に入れ，式を簡単にすると，以下の式が得られる．

$$\frac{\mathrm{d}y}{\mathrm{d}x} = \lim_{\delta x \to 0}\left[\cos x - \frac{\delta x\,\sin x}{2}\right]$$

最後に δx をゼロにする（極限をとる）と，$\sin x$ の微分は $\cos x$ となる．3.2 節における θ を x とすると，サインとコサインのプロットからこれが確かめられる．原点では，$\sin x$ 曲線の勾配は $45°$ となっているので，微分は $\tan(\pi/4) = 1$ となる．これは $\cos(0)$ と同じ値である．角度が $0°$ と $90°$ の間でだんだんとゼロになっていき，それはコサインになる．サイン曲線は，$\cos x$ のように下方に下がりはじめ，傾きは負の方向に大きくなる…のように考える．同じような代数的な議論で，$\cos x$ の微分は $-\sin x$ であることがわかる[*2]．それはグラフでも確かめられる．

*2
$$\frac{\mathrm{d}}{\mathrm{d}x}(\sin x) = \cos x$$
$$\frac{\mathrm{d}}{\mathrm{d}x}(\cos x) = -\sin x$$

4.2 微分のいくつかの基本的な性質 Some basic properties of derivatives

微分の最も基本的な性質の一つは線形性である．線形性とは，以下の式を満足する性質である．

$$\frac{\mathrm{d}}{\mathrm{d}x}[A\,f(x)] = A\frac{\mathrm{d}f}{\mathrm{d}x}, \qquad \frac{\mathrm{d}}{\mathrm{d}x}[f(x)+g(x)] = \frac{\mathrm{d}f}{\mathrm{d}x} + \frac{\mathrm{d}g}{\mathrm{d}x} \tag{4.3}$$

ここで，A は定数で，$f(x)$ と $g(x)$ は x の関数である．$\mathrm{d}/\mathrm{d}x$ は微分演算子であり，x の変化の速度を意味する．式 (4.3) は，式 (4.1) から証明できる．本質的な点は，和の微分は微分の和に等しいということである．すなわち，たとえば x^M の微分が $M\,x^{M-1}$ であることなどを知っていれば*3，以下のように多項式が微分できる．

$$\frac{\mathrm{d}}{\mathrm{d}x}(a_0 + a_1\,x + a_2\,x^2 + \cdots + a_N\,x^N) = a_1 + 2\,a_2\,x + \cdots + N\,a_N\,x^{N-1} \tag{4.4}$$

x^M の微分係数それ自身は，$(x+\delta x)^M$ の二項展開を使って，式 (4.1) から導くことができる．その際，δx の次数が 1 以上の項はすべて無視できることに注意してほしい．ここまでは M が正の整数の場合を考えてきたが，正の整数ではなくても成り立つことがわかる．式 (4.4) を，以前に示した直線の微分について適用すると，$N=1$，定数 a_1 となる．予想されるように，変化のない場合（$y=a_0$ の場合）は，勾配はゼロである．

$\mathrm{d}y/\mathrm{d}x$ のもう一つの重要な性質は，逆数 $\mathrm{d}x/\mathrm{d}y$ との関係である．

$$\frac{\mathrm{d}y}{\mathrm{d}x} = \frac{1}{\mathrm{d}x/\mathrm{d}y} \tag{4.5}$$

前者は通常のグラフでの曲線の傾きであるが，後者は y が横軸に，x が縦軸に描かれたときの勾配に等しい．言い換えると，$\mathrm{d}x/\mathrm{d}y$ は y に関しての x の変化率である．式 (4.5) の証明は自明で，δx と δy の任意の小さい（有限の）増分に対して明らかに真である．

式 (4.5) を使うよい例として，逆三角関数の微分がある．式 (3.21) より

$$y = \sin^{-1}x \quad \Longleftrightarrow \quad x = \sin y$$

右辺の式を y で微分すると，以下の式が得られる．

$$\frac{\mathrm{d}x}{\mathrm{d}y} = \cos y = \sqrt{1-\sin^2 y} = \sqrt{1-x^2}$$

ここでは，式 (3.8) を使って $\cos y$ から $\sin y$ に変換し，$\mathrm{d}x/\mathrm{d}y$ を x の関数で表した．また，暗に $|x|\le 1$ と $|y|\le \pi/2$ であると仮定している．式 (4.5) に関しては，$\arcsin x$ の微分は，$1-x^2$ の平方根の逆数に等しくなる*4．$\arccos x$

*3

$$\frac{\mathrm{d}}{\mathrm{d}x}(x^M) = M\,x^{M-1}$$

*4

$$\frac{\mathrm{d}}{\mathrm{d}x}(\sin^{-1}x) = \frac{1}{\sqrt{1-x^2}}$$

$$\frac{\mathrm{d}}{\mathrm{d}x}(\cos^{-1}x) = \frac{-1}{\sqrt{1-x^2}}$$

に対しても同じように解析すると，その微分は $\arcsin x$ の微分にマイナスをつけたものとなる．

本節で最後に述べることは，微分の微分である．もし，$y = f(x)$, $\mathrm{d}y/\mathrm{d}x = f'(x)$ のように，x のなめらかな関数であれば，「二階微分」が得られる．

$$y'' = \frac{\mathrm{d}^2 y}{\mathrm{d}x^2} = \frac{\mathrm{d}}{\mathrm{d}x}\frac{\mathrm{d}y}{\mathrm{d}x} = \lim_{\delta x \to 0}\left[\frac{f'(x+\delta x) - f'(x)}{\delta x}\right] = f''(x) \qquad (4.6)$$

これは，y が x とともにどのように変化するのかではなく，y の傾きが x とともにどのように変化するのかを表している．もし，たとえば y が移動した距離，x が時間を表すとすると，y'（もしくは $\dot{y}$）は速度，y''（もしくは $\ddot{y}$）は加速度に相当する．式 (4.6) はさらに高階の微分に一般化でき*5，たとえば三階の $\mathrm{d}^3y/\mathrm{d}x^3$ は $\mathrm{d}^2y/\mathrm{d}x^2$ の x に関する変化率を与える．

4.3　指数と対数 Exponentials and logarithms

2.4 節で，指数関数 $y = \exp(x)$ について触れた．この関数は，x での勾配が関数と同じになるという性質をもつ．すなわち

$$\frac{\mathrm{d}}{\mathrm{d}x}(e^x) = e^x \qquad (4.7)$$

これは，「e」というネイピア数の定義であるともみなせる*6.

自然対数 $y = \ln(x)$ の微分は，等価な指数 $x = \exp(y)$ の y に関する微分から得られる．

$$\frac{\mathrm{d}x}{\mathrm{d}y} = e^y = x$$

式 (4.5) の逆数の関係より，以下のようになる*7.

$$\frac{\mathrm{d}}{\mathrm{d}x}[\ln(x)] = \frac{1}{x} \qquad (4.8)$$

1.2 節の関係を使えば，他の底に対する微分も得られる．たとえば，式 (1.8) から $\log_a(x) = \ln(x)/\ln(a)$ となる．したがって，$\log_a(x)$ の微分は，$\ln(x)$ の微分を $\ln(a)$ で割ったものになる*8．同じように，a^x の微分は a^x 掛ける $\ln(a)$ となる*9.

4.4　積と商 Products and quotients

線形性を表す式 (4.3) から，$y = u(x) + v(x)$ のような和の微分係数をどのように求めるかがわかる．ここで，u と v は x の任意の関数である．しかし，$y = u(x)v(x)$ のような積はどのように計算すればよいだろうか．答えは式 (4.1) からすぐに求まる．$u(x+\delta x)$ と $v(x+\delta x)$ は展開されて，それぞれ $u+\delta u$ と $v+\delta v$ になるとする．ここで，δu と δv は，δx の増分に対しての u

*5

$$\frac{\mathrm{d}^n y}{\mathrm{d}x^n} = \frac{\mathrm{d}}{\mathrm{d}x}\left(\frac{\mathrm{d}^{n-1}y}{\mathrm{d}x^{n-1}}\right)$$

*6　訳註：$e = \lim_{u\to\infty}(1+1/u)^u = 2.7182818285$ フナ一箸二箸一箸二箸…と覚える．

$$\frac{\mathrm{d}}{\mathrm{d}x}(e^x) = \lim_{\delta x\to 0}\frac{e^{x+\delta x} - e^x}{\delta x} = e^x\left(\lim_{\delta x\to 0}\frac{e^{\delta x}-1}{\delta x}\right)$$

$\delta x = \ln\left(1 + \frac{1}{u}\right)$,

$e^{\delta x} - 1 = e^{\ln(1+1/u)} - 1 = \frac{1}{u}$　$\delta x \to 0 \Longleftrightarrow u \to \infty$

$$\lim_{\delta x\to 0}\frac{\delta x}{e^{\delta x}-1} = \lim_{u\to\infty} u\ln\left(1+\frac{1}{u}\right) = \ln\lim_{u\to\infty}\left(1+\frac{1}{u}\right)^u = \ln e = 1$$

$\lim_{\delta x\to 0}\frac{e^{\delta x}-1}{\delta x} = 1$ とおくと

$$\frac{\mathrm{d}}{\mathrm{d}x}(e^x) = e^x$$

*7　訳注：フォーマルな証明は以下のようになる．

$$\frac{\mathrm{d}}{\mathrm{d}x}\ln x = \lim_{\delta x\to 0}\frac{\ln(x+\delta x) - \ln x}{\delta x} = \frac{1}{x}\left(\lim_{\delta x\to 0} x\frac{\ln(1+\frac{\delta x}{x})}{\delta x}\right) = \frac{1}{x}\lim_{\delta x\to 0}\ln\left(1+\frac{\delta x}{x}\right)^{x/\delta x} = \frac{1}{x}\ln\left[\lim_{u\to\infty}\left(1+\frac{1}{u}\right)^u\right] = \frac{1}{x}\ln e = \frac{1}{x}$$

ここで，$u = x/\delta x$ を使った．

*8　訳注：$x = a^y$，$\ln x = y\ln a$，$\log_a x = \log_a a^y = y = \ln x/\ln a$

$$\frac{\mathrm{d}}{\mathrm{d}x}(a^x) = a^x\ln a$$

$$\frac{\mathrm{d}}{\mathrm{d}x}[\log_a(x)] = \frac{1}{x\ln(a)}$$

*9 訳注：演習問題 4.7 で証明する．$a^x = e^y$, $x\ln a = y$, $\mathrm{d}a^x/\mathrm{d}x = (\mathrm{d}e^y/\mathrm{d}y)(\mathrm{d}y/\mathrm{d}x) = e^y \ln a = a^x \ln a$

と v の変化量である．微分の定義から

$$\frac{\mathrm{d}y}{\mathrm{d}x} = \lim_{\delta x\to 0}\left[\frac{(u+\delta u)(v+\delta v)-u\,v}{\delta x}\right] = \lim_{\delta x\to 0}\left[u\frac{\delta v}{\delta x}+v\frac{\delta u}{\delta x}+\frac{\delta u\,\delta v}{\delta x}\right]$$

となり，$\delta x \to 0$ の極限をとると，$\delta u\,\delta v/\delta x \to 0$ となるので

$$\frac{\mathrm{d}}{\mathrm{d}x}(u\,v) = u\frac{\mathrm{d}v}{\mathrm{d}x}+v\frac{\mathrm{d}u}{\mathrm{d}x} \tag{4.9}$$

*10 $(u\,v\,w)' = u\,v\,w' + u\,v'\,w + u'\,v\,w$

この式は拡張でき $v = f\,g$ とすればさらに多くの項も扱える*10．

式 (4.9) の使用例として，$y = 2^x(x^3-1)$ を考えてみよう．これは，$u = 2^x$, $v = x^3 - 1$ とおいたのと等価であり，それぞれの微分は，$u' = 2^x\ln(2)$, $v' = 3\,x^2$ となるので

$$\frac{\mathrm{d}}{\mathrm{d}x}[2^x(x^3-1)] = 2^x[3\,x^2 + (x^3-1)\ln(2)]$$

練習をつむと，式 (4.9) のような u, v への置き換えは必要なくなる．むしろ，積の微分係数は，(最初の項) × (2 項目の微分) + (最初の項の微分) × (第 2 項) で与えられることを，直接実行するほうが簡単である．ちなみに，二つ項の積のさらなる微分は式 (2.11) の二項展開に似た式となる*11．

*11

$$(u\,v)'' = u\,v'' + 2\,u'\,v' + u''\,v$$

$$\frac{\mathrm{d}^n}{\mathrm{d}x^n}(u\,v) = \sum_{r=0}^{n} {}_nC_r \frac{\mathrm{d}^r u}{\mathrm{d}x^r}\frac{\mathrm{d}^{n-r}v}{\mathrm{d}x^{n-r}} \tag{4.10}$$

この式はライプニッツの公式として知られている．

「商」あるいは比 $y = u(x)/v(x)$ の微分は，積 $u = v\,y$ を微分して $u' = v\,y' + y\,v'$ とし，これを変形して $y' = (u' - y\,v')/v$ とすれば

*12 訳注：次節で示すが，$u\,v^{-1}$ の積の関数として微分することも可能である．$u'\,v^{-1} + u(\mathrm{d}v^{-1}/\mathrm{d}v)v' = u'\,v^{-1} + u\,(-1)\,v^{-2}\,v'$ この公式の直接的な例として $\tan x$ の微分がある．

$$\frac{\mathrm{d}}{\mathrm{d}x}\left(\frac{u}{v}\right) = \frac{v\,u' - u\,v'}{v^2} \tag{4.11}$$

が得られる*12．

$$\frac{\mathrm{d}}{\mathrm{d}x}\tan x = \frac{\mathrm{d}}{\mathrm{d}x}\left(\frac{\sin x}{\cos x}\right) = \frac{\cos^2 x + \sin^2 x}{\cos^2 x}$$

*13

$$\frac{\mathrm{d}}{\mathrm{d}x}(\tan x) = \sec^2 x$$
$$\frac{\mathrm{d}}{\mathrm{d}x}(\tan^{-1} x) = \frac{1}{1+x^2}$$
$$\frac{\mathrm{d}}{\mathrm{d}x}(\cot x) = -\operatorname{cosec}^2 x$$

ここで，式 (3.3)，式 (4.11)，$\sin x$，$\cos x$ の微分を使った．式 (3.8) から最後の式の分子は 1 となるので，$\tan x$ の微分係数は $1/\cos^2 x$，または式 (3.6) より $\sec^2 x$ となる．この解析から，$\cot x$ の微分は $-\operatorname{cosec}^2 x$ となり，逆関数 $y = \tan^{-1} x$ の微分は以前の arcsin と同じ方法で，$1/(1+x^2)$ となる*13．

4.5 関数の関数 Functions of functions

これまで，乗数，指数，対数，三角関数とそれらの算術組合せをいかに微分するのかを見てきた．しかし，複雑な場合に出くわすこともある．たとえば，$y = \ln(2+\cos x)$，あるいは $y = A\sin^2(\omega\,x+\phi)\exp(-k\,x)$ などの場合であ

る．ここで x と y 以外は定数である．これらの場合に対応するための基礎となる「部分構造」の微分について，どのように考えてゆけばよいだろうか．

「連鎖規則」として知られている非常に力強い規則の助けを借りる必要がある．y が u の関数であれば，u は x に依存し，$\mathrm{d}y/\mathrm{d}x$ は以下のように与えられる．

$$\frac{\mathrm{d}y}{\mathrm{d}x} = \frac{\mathrm{d}y}{\mathrm{d}u}\frac{\mathrm{d}u}{\mathrm{d}x} \tag{4.12}$$

最初の例として，$y = \ln(u)$ で $u = 2 + \cos x$ を取りあげる．$\mathrm{d}y/\mathrm{d}u = 1/u$, $\mathrm{d}u/\mathrm{d}x = -\sin x$ なので，式 (4.12) は $\mathrm{d}y/\mathrm{d}x = -\sin x/(2 + \cos x)$ となる．$y = \sec x$ や $y = \mathrm{cosec}\, x$ などの直接的ないくつかの例では，$y = u^{-1}$ の逆数となるので，その微分を使うと，$\mathrm{d}y/\mathrm{d}x = -u^{-2}\,\mathrm{d}u/\mathrm{d}x = -u'/u^2$ となる[*14]．実際に，式 (4.9) において u/v を u と $1/v$ の積とみなせば，式 (4.11) の商の規則を求めることができる．

*14
$$\frac{\mathrm{d}}{\mathrm{d}x}(\sec x) = \sec x\ \tan x$$
$$\frac{\mathrm{d}}{\mathrm{d}x}(\mathrm{cosec}\, x) = -\,\mathrm{cosec}\, x\ \cot x$$

式 (4.12) の証明はほとんど自明である．δx，δy，δu の割り算を考えればよい．入れ子の関数を扱うために連鎖規則を拡大できることを示す．たとえば，$y = \sin[\ln(2+\cos x)]$ であれば，$y = \sin u$ とし，$u = \ln(v)$ および $v = 2+\cos x$ とすれば $\mathrm{d}y/\mathrm{d}u = \cos u$ などを使って，次式が導ける．

$$\frac{\mathrm{d}y}{\mathrm{d}x} = \frac{\mathrm{d}y}{\mathrm{d}u}\frac{\mathrm{d}u}{\mathrm{d}v}\frac{\mathrm{d}v}{\mathrm{d}x}$$

よって，$\mathrm{d}y/\mathrm{d}x = -\cos[\ln(2 + \cos x)]\ \sin x/(2 + \cos x)$ となる．経験を積めば，u，v などの置き換えは不必要になり，段階上に微分して暗算できるようになる．

ここで学んだ微分則のいくつかは，今後，何度か必要になるかもしれない．たとえば，$y = x\ \ln[x(2 + \cos x)]$ の場合，x と $\ln(u)$ の積を扱わなくてはならない．u 自身は x と $2 + \cos x$ の積である．$\mathrm{d}y/\mathrm{d}x = x\,u^{-1}\,\mathrm{d}u/\mathrm{d}x + \ln u$ となり，$\mathrm{d}u/\mathrm{d}x = -x\ \sin + 2 + \cos x$ である．

本節の最後に，連鎖規則の変形版を述べておく必要がある．

$$\frac{\mathrm{d}y}{\mathrm{d}x} = \frac{\mathrm{d}y/\mathrm{d}t}{\mathrm{d}x/\mathrm{d}t} \tag{4.13}$$

この式は，パラメトリック方程式の微分の際に有効である．すなわち x と y が式 (4.13) の共通の変数 t で表されているときに使うことができる．一つの例は，3.3 節の楕円の場合で，$x = a\ \cos\theta$ と $y = b\ \sin\theta$ で与えられ，上の式から，$\mathrm{d}y/\mathrm{d}x = -b\ \cot\theta/a$ となる．

4.6 最大と最小 Maxima and minima

曲線の勾配が重要である理由の一つは，勾配がゼロになる位置が物理的に重要な場合が多いことである．それらの位置は次の方程式を解くことによって得られる．

$$\frac{\mathrm{d}y}{\mathrm{d}x} = 0 \tag{4.14}$$

これは「停留点」として知られるものである．その名前が示唆するように，x が少々変化しても y の値は大きな変化がない，いい換えれば，その点は「平衡」点である．

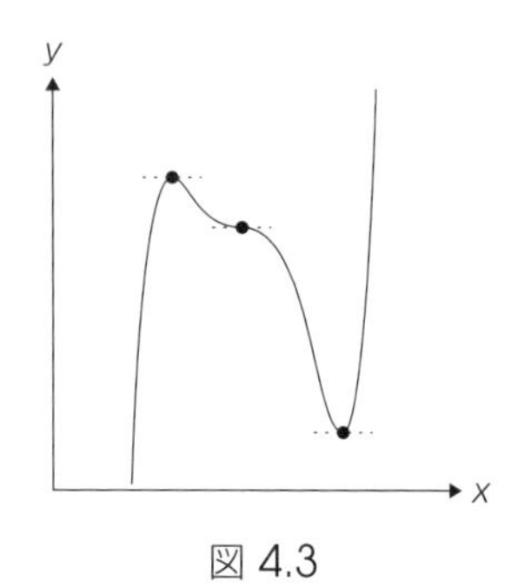

図 4.3

x が無限大になるに従って y が一定になるような場合（たとえば $y = \exp(-x)$）は別として，式 (4.14) を満足するのに三つの型がある（図 4.3）．①最大値：丘の頂上のように，y は両側で減少する．②最小値：谷の底のように，y は停留点の周りで増加する．③変曲点：y が片側では増加して，他方では減少するその間の平らな領域．最初の二つはまとめて「頂点」と呼ばれ，勾配の符号が水平位置を通過する際にどのように変化するのかで，最大（max）か最小（min）かを判断する．

$$\frac{\mathrm{d}^2y}{\mathrm{d}x^2} < 0 \quad (\text{最大値}) \qquad \frac{\mathrm{d}^2y}{\mathrm{d}x^2} > 0 \quad (\text{最小値}) \tag{4.15}$$

変曲点では二階微分はゼロであるが，$\mathrm{d}^2y/\mathrm{d}x^2 = 0$ であることは必ずしも変曲点であることを意味しない．変曲点であるかどうかを判断するには，より慎重に検討しなければならない．たとえば，$y = x^3$ と $y = x^4$ を考える[*15]．両方の曲線とも，原点で $\mathrm{d}y/\mathrm{d}x = 0$，$\mathrm{d}^2y/\mathrm{d}x^2 = 0$ となるが，2.3 節のグラフから，4 乗の曲線は最小値で，3 乗の曲線は変曲点となることがわかる．

*15

$y = x^4$
$y' = 4\,x^3$
$y'' = 12\,x^2$

具体的な例として，水素原子を考えよう．「量子力学」によると，電子が原子核から r の距離において 1s（基底）状態である確率は以下のようになる．

$$p(r) = \frac{4\,r^2}{a_0^3} e^{-2\,r/a_0}$$

ここで $a_0 = 0.5292 \times 10^{-10}$ m である．電子が最も存在する確率の高い半径の位置は $p(r)$ の最大値で与えられ，式 (4.14) から求められる．

$$\frac{\mathrm{d}p(r)}{\mathrm{d}r} = \frac{8\,r}{a_0^3}\left(1 - \frac{r}{a_0}\right) e^{-2\,r/a_0} = 0$$

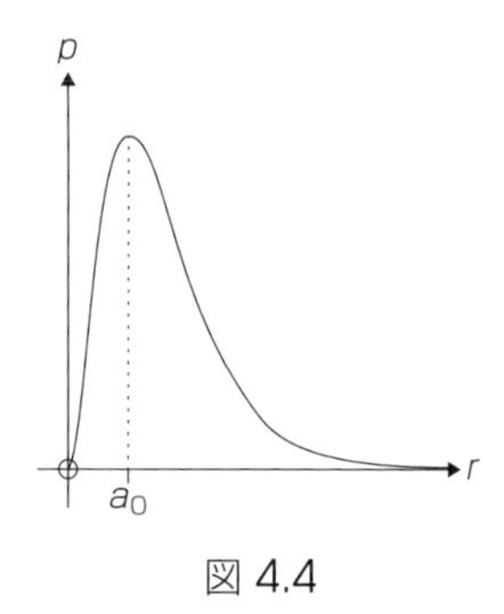

図 4.4

最大値は，$r = 0$，$r = a_0$，$r \to \infty$ の三つの可能性があるが，真ん中の値だけが，二階微分 $\mathrm{d}^2p/\mathrm{d}r^2$ が負の値になるので，式 (4.15) から，電子が最も存在する確率が高い位置は $r = a_0$ である（図 4.4）．

「ギブズエネルギー」や実験データへのモデルのあてはめにおけるずれのように，関数の最小値が最も重要である物理的事例は多い．日常になじみ深い例の一つは，重力「ポテンシャルエネルギー」である．ビー玉でも水でも，最も近いところにあるへこみに自然に移動し，そのような最小点は安定な平衡点として知られる．一方，最大値は「不安定」な平衡点となる．

4.7 陰関数および対数微分 Implicit and logarithmic differentiation

ここまで，y を x の陽関数[*16] と一般に仮定してきた．しかし，y と x の関係が複雑すぎてで $y = f(x)$ という形に書き換えられないことも多い．にもかかわらず，$\mathrm{d}y/\mathrm{d}x$ は x と y から決めることができる．これは，演算子 $\mathrm{d}/\mathrm{d}x$ を式の両辺に作用させることで可能となる．たとえば，$x^2\,y + \sin y = 6$ の場合

$$\frac{\mathrm{d}}{\mathrm{d}x}(x^2\,y) + \frac{\mathrm{d}}{\mathrm{d}x}(\sin y) = \frac{\mathrm{d}}{\mathrm{d}x}(6)$$

ここで，左辺の変形には式 (4.3) の線形性を用いた．積に対する微分の規則や，関数の関数の微分などから，以下のようになる[*17]．

$$x^2\frac{\mathrm{d}y}{\mathrm{d}x} + 2\,x\,y + \cos y\frac{\mathrm{d}y}{\mathrm{d}x} = 0$$

これを変形すると，$\mathrm{d}y/\mathrm{d}x = -2\,x\,y/(x^2 + \cos y)$ となる．この手順は，式がそのまま微分されることから，「陰関数微分」と呼ばれる．

y が x の陽関数のときでさえも，微分する前に対数をとると便利な場合がある．特に，ややこしい積や商を含む場合に便利である．たとえば

$$y = \frac{(x+5)\sqrt{(7+2\,x)^3}}{(2\,x^3+1)\cos x}$$

の場合である．1.2 節の規則に従うと和と差になり

$$\ln(y) = \ln(x+5) + 3\,\ln(7+2\,x)/2 - \ln(2\,x^3+1) - \ln(\cos x)$$

それぞれの項は簡単に微分できる．この対数をとる方法は，x のべき乗の場合によく使われる．たとえば，$y = (x^2+1)^x$ の対数をとって $\ln(y) = x\,\ln(x^2+1)$ とし，微分演算子 $\mathrm{d}/\mathrm{d}x$ を両辺に作用させて，少し変形すると $\mathrm{d}y/\mathrm{d}x = y[\ln(x^2+1) + 2\,x^2/(x^2+1)]$ となる[*18]

*16 訳注：$y = f(x)$ のように，x の関数として定義されているものを陽関数という (例：$y = a\,x + b$)．一方，$F(x, y) = 0$ のように書かれる場合を陰関数という (例：$x^2 + y^2 + 7\,x\,y = 0$)．

*17

$$\frac{\mathrm{d}}{\mathrm{d}x} = \frac{\mathrm{d}y}{\mathrm{d}x}\frac{\mathrm{d}}{\mathrm{d}y}$$

*18

$$\frac{\mathrm{d}}{\mathrm{d}x}[\ln(y)] = \frac{\mathrm{d}y}{\mathrm{d}x}\frac{1}{y}$$

4.8 演習問題

[**4.1**] 式 (4.1) の第一原理により，以下を微分せよ．

(1) $y = \cos x$　　(2) $y = x^n$（ここで n は正の整数である）

(3) $y = 1/x$　　(4) $y = 1/x^2$

[**4.2**] 以下の関数において，微分不可能な x の値を求めよ．

(1) $y = |x|$　　(2) $y = \tan x$　　(3) $y = e^{-|x|}$

[**4.3**] $y = m\,x + c$ に垂直な直線の勾配はなぜ $-1/m$ になるのか説明せよ．

[**4.4**] 微分演算子の線形性と無限幾何級数の和に関する性質を使って，以下を証明せよ．ただし，$|x| < 1$ である．また，和も求めよ．

$$\sum_{n}^{\infty} n\,x^{n-1} = \frac{\mathrm{d}}{\mathrm{d}x}\left(\frac{x}{1-x}\right)$$

[**4.5**] $|x/a| < 1$ で，$y = \cos^{-1}(x/a)$ を微分せよ．その結果は，すべての y で有効かどうかを答えよ．また，$\tan^{-1}(x/a)$ の微分を求めよ．

[**4.6**] 以下の関数を x に関して微分せよ．

(1) $(2\,x+1)^3$　(2) $\sqrt{3\,x-1}$　(3) $\cos 5\,x$　(4) $\sin(3\,x^2+7)$
(5) $\tan^4(2\,x+3)$　(6) $x\,\exp(-3\,x^2)$　(7) $x\,\ln(x^2+1)$
(8) $\sin x/x$

[**4.7**] 対数をとって，$y = a^x$ を微分せよ．ここで a は定数である．

[**4.8**] 以下の $\mathrm{d}y/\mathrm{d}x$ を求めよ．

(1) $x = t(t^2+2)$　$y = t^2$　(2) $x^2 = y\,\sin(x\,y)$

[**4.9**] 以下の x または r の関数の停留点を求め，極大値，極小値，変曲点に分類せよ．ここで，ϵ，σ，a_0 は定数である．

(1) $f(x) = \frac{x^5}{5} - \frac{x^4}{6} - x^3$　(2) $f(x) = \frac{x}{1+x^2}$
(3) $U(r) = 4\,\epsilon\left[\left(\frac{\sigma}{r}\right)^{12} - \left(\frac{\sigma}{r}\right)^{6}\right]$（$r \geq 0$ のとき）
(4) $p(r) = \frac{r^2}{8\,a_0^3}\left(2 - \frac{r}{a_0}\right)^2 e^{-r/a_0}$（$r \geq 0$ に対して）

5 積分

5.1 面積と積分 Areas and integrals

第4章で，曲線 $y = f(x)$ の勾配について考察した．それはお互いに変化する二つの量の「変化の速さ」を調べることであった．今度は曲線の下側の面積を扱う積分に話題を移していこう．これは x のある範囲での y の積み重ね，あるいは平均という重要な概念につながる．

積分をきちんと定義する与えるために，$x = a$，$x = b$ の区間で $y = 0$ という直線と曲線 $y = f(x)$ を考えよう（図5.1）．閉じた領域の大きさは，横幅の狭い短冊の集まりとみなすことができる（図5.2）．それぞれの短冊の長方形の面積を足し算すれば全体の面積となる．a と b 間の x 軸が N 個の等間隔に分割されるとすると，それぞれの短冊の幅は $\delta x = (b-a)/N$ で与えられ，対応する短冊の高さは，短冊の中央の $f(x)$ の値となる．いい換えると，$x = x_j$ にある高さ $y = f(x_j)$ の j 番目の短冊の面積は $f(x_j)\,\delta x$ となる．もちろん，j は1から N までの値をとり，$x_1 = a + \delta x/2$ と $x_N = b - \delta x/2$ である．N が大きくなれば，$\delta x \to 0$ となり，短冊の面積の和は曲線の下の面積により近づく．その極限として積分が定義される．

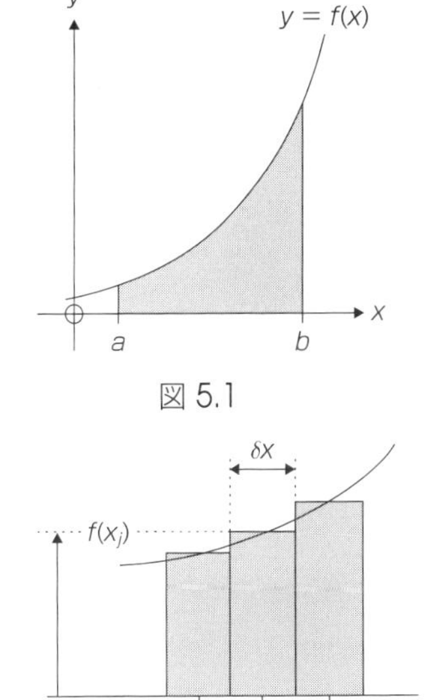

図5.1

図5.2

$$\int_a^b y\,\mathrm{d}x = \int_a^b f(x)\,\mathrm{d}x = \lim_{N\to\infty}\sum_{j=1}^{N} f(x_j)\delta x \tag{5.1}$$

ここで，$\int_a^b f\,\mathrm{d}x$ は x を a から b へ「積分」するという記号である．上の議論では「面積」という言葉を使ったが，それは負になることもある．曲線 $y = f(x)$ が x 軸の下にあるときは短冊の高さが負になる $f(x_j) < 0$（また，$b < a$ なら $\delta x < 0$ なので，このときも負になる）．

積分の計算方法について述べる前に，それが物理的に何を表しているのか考えてみよう．簡単な例として，車が直線上を一定の速度 v_0 で時間 t_0 動いたとしよう，移動距離は $v_0\,t_0$ となる．もし，移動の速度 $v(t)$ が時間とともに変化する場合，車はどこまで行くだろうか．これを計算するために，速度がほぼ一定とみなせる短い時間幅 δt の連続に分割する．移動した距離は $v(t)\,\delta t$ の和となり，これが $v(t)$ を時間 $t=0$ から $t=t_0$ まで積分するということである．すなわち，移動距離を L とすると

$$L=\int_0^{t_0} v(t)\,dt \tag{5.2}$$

となる．$v(t)$ が負であることは，車が後戻りすることであり，（正方向の）移動距離が減ることになる．$v(t)$ はスピード（正の量）ではなく速度（正負の量）と考える必要がある．積分は，平均速度の計算でも中心的な役割をもつ．平均速度は，移動距離を移動に要した時間で割ったものである*1．いい換えれば，式 (5.2) で得られた距離を t_0 で割った一定速度 $\langle v\rangle$ または $\bar{v}$ が平均速度である．

*1

$$\bar{y}=\langle y\rangle=\frac{1}{b-a}\int_a^b y\,\mathrm{d}x$$

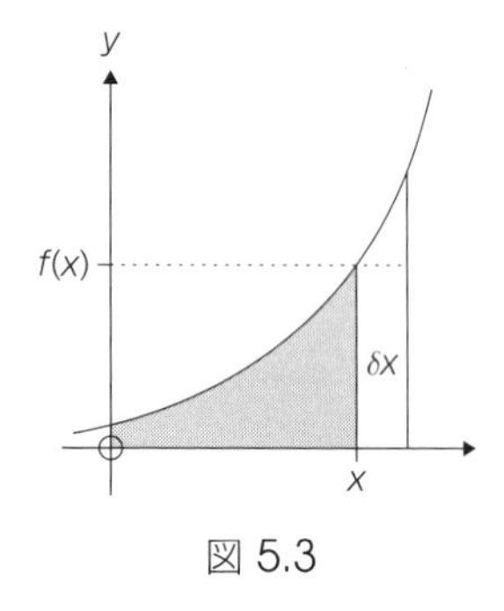

図 5.3

5.2　積分と微分 Integrals and derivatives

積分は，和の極限として定義されるが，式 (5.1) を使って計算することはほとんどない．むしろ「積分は微分の逆関数」として計算する場合がほとんどである．このことは自明というわけではないが，先に述べた運動の場合を考えれば容易に確かめられる．すなわち，移動した距離は速度の積分であり，速度は距離変化の速度（微分）である．このことをより一般に理解するために，$y=f(x)$ について，0 から任意の x までの積分を考えよう（図 5.3）．

$$\int_0^x y\,\mathrm{d}x = G(x) \tag{5.3}$$

曲線の下の面積は x の値とともにスムーズに変化するので，この式を関数 $G(x)$ に等しいとおく．x の値が δx だけ微小に変化すると，面積は $f(x)\,\delta x$ だけ増加するので

$$G(x+\delta x)\simeq G(x)+f(x)\,\delta x$$

この式は，$\delta x\to 0$ のときには等式と考えてよい．式を少し変形して，式 (4.1) から

$$f(x)=\lim_{\delta x\to 0}\left[\frac{G(x+\delta x)-G(x)}{\delta x}\right]=\frac{\mathrm{d}G}{\mathrm{d}x} \tag{5.4}$$

よって，$G(x)$ は微分係数が $f(x)$ となる関数である．たとえば，$\sin x$ の微分は $\cos x$ なので，$\cos x$ の積分は $\sin x$ である．このようにして $G(x)$ が得られ，$G(a)$ と $G(b)$ が式 (5.1) の積分として表す面積は，次式で示される．

$$\int_a^b f(x)\,\mathrm{d}x = G(b)-G(a)=[G(x)]_a^b \tag{5.5}$$

ここで最後の項の四角括弧は，真ん中の式を略した表現である．

たいていの積分の計算で式 (5.4) と式 (5.5) を使うことになる*2．すなわち①$G(x)$ を得るために微分を逆に考えるということと，②両端を a と b に置き換えることである．②のステップは直接的であるが，その前のステップでいくつか簡単な操作が必要である．これについては後述する．いずれにせよ，一般的に重要なポイントは，式 (5.4) のみで（任意の付加定数 C はあるが）$G(x)$ を決められるということである．$\mathrm{d}C/\mathrm{d}x = 0$ なので $G(x) + C$ と $G(x)$ は同じ微分係数をもつ．式 (5.5) において，引き算するとこの定数 C は相殺されるので，C の存在は式 (5.5) には影響を与えない．ただし，積分の上限・下限が与えられないときは問題となる．これを不定積分といい，式 (5.1) や式 (5.5) のような定積分と対照的に，$G(0)$ の値や積分定数をはっきり決めるためには，付加的な束縛あるいは境界条件が必要である．

*2

$$\int_1^2 x\,\mathrm{d}x = \left[\frac{x^2}{2}\right]_1^2 = 2 - 1/2 = 3/2$$

$$G(x) = \int \sin x\,\mathrm{d}x = C - \cos x$$

もし $G(0) = 0$ なら，$C = 1$ である．

5.3 積分のいくつかの基本的な性質 Some basic properties of integrals

4.2 節で述べた微分の場合と同じように，積分の最も基本的な性質は線形性である．すなわち，以下の式が成り立つ．

$$\int A\,f(x)\,\mathrm{d}x = A\int f(x)\,\mathrm{d}x$$
$$\int [f(x) + g(x)]\,\mathrm{d}x = \int f(x)\,\mathrm{d}x + \int g(x)\,\mathrm{d}x \tag{5.6}$$

ここで A は定数，$f(x)$ と $g(x)$ は x の任意の関数である．和や差（たとえば多項式）の積分は，それぞれのパーツを積分して，和や差をとればよいので簡単である．

特に有限の積分（上限・加減のある積分）に式 (5.6) を応用して作られる，いくつかの一般則がある．まずはじめに，上限・下限の入れ替えで積分の符号が変わるという規則である．式 (5.5) から，

$$\int_b^a f(x)\,\mathrm{d}x = -\int_a^b f(x)\,\mathrm{d}x \tag{5.7}$$

となる．二つ目の規則は，ある積分を二つ以上の積分（上限・下限は共通）へ分解するものである．

$$\int_a^c f(x)\,\mathrm{d}x = \int_a^b f(x)\,\mathrm{d}x + \int_b^c f(x)\,\mathrm{d}x \tag{5.8}$$

これは，$a \leq b \leq c$ として，$y = f(x)$ の曲線の下の面積を考えると理解できる．三つ目は積分と微分の逆の関係である．

$$\frac{\mathrm{d}}{\mathrm{d}t}\int_{a(t)}^{b(t)} f(x)\,\mathrm{d}x = f(b)\frac{\mathrm{d}b}{\mathrm{d}t} - f(a)\frac{\mathrm{d}a}{\mathrm{d}t} \tag{5.9}$$

$$\left(= \frac{\mathrm{d}}{\mathrm{d}t}[G(b(t)) - G(a(t))] = \frac{\mathrm{d}b}{\mathrm{d}t}\frac{\mathrm{d}}{\mathrm{d}b}G(b) - \frac{\mathrm{d}a}{\mathrm{d}t}\frac{\mathrm{d}}{\mathrm{d}a}G(a)\right)^{*3}$$

*3 （　）は訳注.

ここで，式 (5.4) と式 (5.5)，および式 (4.12) の連鎖則を使った．a と b はほとんどの場合定数であり，定積分は数値となり（変数 x の関数にはならない）その微分はゼロとなる．もし，上限・下限がたとえばパラメータ t の値に依存する場合は，曲線の下の面積はパラメータの値に対して変わることが期待される．その変化率は，まず積分を計算しそれを t で微分することで得られる*4．式 (5.9) は，最初の積分をすることなく，その積分を微分することもなく，積分の微分を与える近道となる．

*4

$$G(t) = \int_t^{t^2} \sin x\,\mathrm{d}x = \cos t - \cos t^2$$

$$\frac{\mathrm{d}G}{\mathrm{d}t} = 2\,t\sin t^2 - \sin t$$

5.4　点検と置換 Inspection and substitution

先述したように，たいていの積分は，積分は微分の逆であることをもとにして求められる．第 4 章で述べたことを逆に使うと，多くの「標準的な積分」を計算できる．たとえば，式 (4.7) と式 (4.8) は

$$\int e^x\,\mathrm{d}x = e^x + C, \qquad \int \frac{1}{x}\,\mathrm{d}x = \ln x + C \tag{5.10}$$

となる．ここで，C は積分定数で，対数の場合は x は正であると仮定している．$\int f(x)\,dx$ の計算の際に鍵となることは，被積分関数 $f(x)$ をある既知の関数の微分係数として認識することである．これには，経験によって生まれてくる直感力が必要であり，前章の微分をよく知っておくことがまずは重要である．可能であれば，積分で出た式を微分すると被積分関数に戻ることを確かめるとよい．そうすれば，多くの初歩的なミスを防ぐことができる．

$\int f(x)\,dx$ が一般の形ではない場合は，適当な変数変換を行って一般の形にもっていくことができる．すなわち，$u = g(x)$ という置き換え（置換）によって，被積分関数を u の関数にしてより容易に見えるようにするのである．たとえば，被積分関数が $x\sqrt{4-x}$ であるとき，$u = 4 - x$ とすると，より簡単な形になる．

$$\int x\sqrt{4-x}\,\mathrm{d}x = -\int (4-u)\sqrt{u}\,\mathrm{d}u = \int (u^{3/2} - 4\,u^{1/2})\,\mathrm{d}u$$

最後の段階で式 (1.3) と式 (1.4) を用いた．$x = 4 - u$ という置き換えは自明であるが，$\mathrm{d}x$ は少し考えなければならない．$\mathrm{d}x/\mathrm{d}u = -1$ なので $\mathrm{d}x = -\mathrm{d}u$ となる．この $\mathrm{d}x$ と $\mathrm{d}u$ の分割が変に見えるのなら，以下のような極限の形で見ればよい．$\delta x \simeq (\mathrm{d}x/\mathrm{d}u)\delta u \simeq -\delta u$．式 (5.6) の線形性と u^M の積分の式*5 から

*5

$$\int x^M\,\mathrm{d}x = \frac{x^{M+1}}{M+1} + C \quad (M \neq -1)$$

$$\int x\sqrt{4-x}\,\mathrm{d}x = \frac{2}{5}u^{5/2} - \frac{8}{3}u^{3/2} + C$$

ここで，$u = 4 - x$ とおけば，右辺を x で表すことができる．最後の逆置換は定積分には必要ない．上限・下限（$x = a$，$x = b$）に対応する u の値を入れればよいからである．つまり，$u = 4 - a$ および $u = 4 - b$ とすればよい．

どの置換を使えばうまくいくかは，実際にやってみないことにはわからない．どういう置換が有効かについて，一般則はない．一つ，しばしば出てくる例を，きちんと解説しておこう．M と N が整数である $\sin^M x\cos^N x$ の積分を考えよう*6．もし M が奇数なら，$u = \cos x$ とおけば x の三角関数である被積分関数は u の単純な多項式となる．このとき $\mathrm{d}u = -\sin x\,\mathrm{d}x$ で，式 (3.8) より $\sin x$ の偶数乗は $1 - u^2$ で因数分解される．同じように，N が奇数のときは，$u = \sin x$ とおく．もし，M も N も偶数のときは，積分するにはより多くの労力が必要である場合が多い．3.4 節での 2 倍角の公式（特に式 (3.15) 式）を何回か使い，被積分関数をよく知られた関数にする．たとえば $\sin^4 x$ を演習問題 3.8 の助けを借りて積分することに挑戦してみよう．

*6

$$\int_0^{\pi/2} \sin^4 x\cos^3 x\,\mathrm{d}x = \int_0^1 u^4(1-u^2)\,\mathrm{d}u$$

ここで，$u = \sin x$

a を定数として，$(a^2 - x^2)$ という項を含む積分の場合，$x = a\sin\theta$ または $x = a\cos\theta$ とおくとよい．また，$(a^2 + x^2)$ と $(x^2 - a^2)$ の積分の場合，それぞれ $x = a\tan\theta$ および $x = a\sec\theta$ とおくとよい．三角関数における最後の手段として，$t = \tan(x/2)$ とすると役にたつかもしれない*7．

*7

$t = \tan(x/2)$ とする

$$\mathrm{d}x = \frac{2\,\mathrm{d}t}{1+t^2}$$

$$\sin x = \frac{2t}{1+t^2}$$

$$\cos x = \frac{1-t^2}{1+t^2}$$

最後に，被積分関数が $u = g(x) \times \mathrm{d}u/\mathrm{d}x$ である特別の場合を考えよう．4.5 節の連鎖ルールによると，微分があれば積分を非常に簡単になる．したがって，以下を得る．

$$\int f(u)\frac{\mathrm{d}u}{\mathrm{d}x}\,\mathrm{d}x = \int f(u)\,\mathrm{d}u \tag{5.11}$$

これが与えられれば，$u = g(x)$ という陽な置換は必ずしも必要でなくなり，積分は頭の中で直接求められる．たとえば，$x\exp(-x^2)$ の積分は，$-\exp(-x^2)/2$ となる．$-1/2$ という因子はあるが，被積分関数は，あるものの指数とあるものの微分の積となる．$\exp(-x^2)$ の積分自体はまったく直接的ではないので，この場合，前置因子 x が重要である．

5.5 部分分数 Partial fractions

1.7 節で，代数的な比がいくつかの項に分解できることを示した．この方法は逆向きの過程のように見えるが，あるタイプの積分を求めるには最適である．簡単な例として，以下を考える．

$$\int \frac{1}{x\,(x+1)}\,\mathrm{d}x = \int \frac{1}{x}\,\mathrm{d}x - \int \frac{1}{x+1}\,\mathrm{d}x$$

ここで，$1/[x\,(x+1)]$ の部分分数分解を用いて，右辺の 2 項を得た．それぞれの項は，それぞれの分母の対数として与えられることがわかる[*8].

*8
$$\int \frac{2x}{x^2-1}\,\mathrm{d}x = \ln(x^2-1)+C$$

5.6　部分積分 Integration by parts

式 (4.9) から，積を微分する公式として，以下の関係が導ける．

$$\int u\frac{\mathrm{d}v}{\mathrm{d}x}\,\mathrm{d}x = u\,v - \int v\frac{\mathrm{d}u}{\mathrm{d}x}\,\mathrm{d}x \tag{5.12}$$

$$\left[(u\,v)' = u'\,v + u\,v',\ u\,v = \int u'\,v\mathrm{d}x + \int u\,v'\mathrm{d}x\right]$$ [*9]

*9　訳注：ここで，u と v は x の任意の関数である．この少し変な式は，被積分関数が二つの項 u と $\mathrm{d}v/\mathrm{d}x$ の積からなる場合には容易に積分できることを示している．式 (5.12) は部分積分と呼ばれ，右辺の積分は左辺の積分よりも計算しやすくなるというアイデアに基づいている．

例として，$\int x\ln x\ \mathrm{d}x$ を求めてみよう．x の積分は $x^2/2$ で，$\ln x$ の微分は $1/x$ となるので式 (5.12) は以下のようなる．

$$\int x\ln x\,\mathrm{d}x = \frac{x^2}{2}\ln x - \int \frac{x}{2}\,\mathrm{d}x$$

ここで，最後の項は $x^2/4+C$ となる．驚くべきことに，$\ln x$ の積分は，$1\times\ln x$ の部分積分から求められる[*10].

*10
$$\int \ln x\,\mathrm{d}x = x\ln x - x - C$$

5.7　漸化式 Reduction formulae

以下の積分 I_n を考えよう．ここで添字 n は x のべき乗数である．

$$I_n = \int_0^\infty x^n\,e^{-x}\,\mathrm{d}x \tag{5.13}$$

もし，$n=0$ なら $x^n=1$ となり，$I_0=1$ を示すことはたやすい．n が大きい正のところでは，I_n に部分積分を繰り返して，I_0 と関連づけることができる．この手法を I_n に 1 回だけあてはめよう．

$$I_n = [-x^n\,e^{-x}]_0^\infty + n\int_0^\infty x^{n-1}\,e^{-x}\,\mathrm{d}x$$

ここで，e^{-x} を積分して x^n を微分した[*11]．$x^n\,e^{-x}$ は上限と下限でゼロとなるので第一項はゼロである．式 (5.13) の定義により，積分の項は I_{n-1} となるので

*11
$$\int_0^\infty e^{-x}\,\mathrm{d}x = [-e^{-x}]_0^\infty = 1$$

$$I_n = n\,I_{n-1} \tag{5.14}$$

となる．もし，$n=7$ であれば，$I_7=7\,I_6$ となる．式 (5.14) を何回か用いると，$I_6=6\,I_5$，$I_5=5\,I_4$ となり，最後は $I_1=I_0=1$ になる．これらの要素を全部結合すると n の階乗となる[*12]．この $n!$ の積分の定義はガンマ関数 $\Gamma(n+1)$ と呼ばれ，1.5 節の $0!=1$ がここから導ける．

*12
$$\int_0^\infty x^n e^{-x}\,\mathrm{d}x = n!$$

上の計算の主目的は，式 (5.14) のような漸化式を導出し，その利用法を示すことである．一般に I_n と書かれるオーダー n の積分は，低いべき乗数の積分に関係づけられる．

5.8 対称性，数表，数値積分 Symmetry, tables and numerical integration

本章を終わるにあたって，積分をうまく求めるには，既知の関数の微分係数として積分を見抜く必要があることを繰り返し述べておきたい．置換や部分積分などの方法は，なじみのない形をよく知ってる形に変換するのに非常に便利である．多くの積分でこれらの操作は必要になるだろう．しかも，場合によっては複数回の操作が必要かもしれない．

試験の場合は無理だが，通常，ベストの方法は「積分ハンドブック」の助けを借りることである．しかしこれらの文献の助けを借りても，積分ができないときがある．それはすなわち，その積分は単純な代数的な表現をもたないということである．もちろん，いつでも式 (5.1) の和をとって曲線の下の面積（すなわち定積分）を数値的に計算できる*13．よくでてくる $\exp(-x^2)$ の，ゼロとある上限の間の積分（誤差関数と呼ばれる）のような場合は，多くの本に数値表として掲載されている．

*13 訳注：台形公式やシンプソンの公式などがある．数値計算以外にも，数式処理ソフト Mathmatica や Maple で解析解を求めることもできる．

最後に，被積分関数の対称性だけで，ある積分はゼロにしてよいということを述べたい．$f(x) = x$ や $f(x) = \sin x$ のように，反対称あるいは奇関数の場合，ゼロを挟んで積分範囲が対称な場合，積分はゼロになる．

$$f(-x) = -f(x) \quad \text{であれば} \quad \int_{-a}^{a} f(x)\,\mathrm{d}x = 0 \tag{5.15}$$

式 (5.7) と式 (5.8) を使って代数的に証明できるし，図から理由づけすることもできる．すなわち，$x = 0$ から一方（正側）の曲線は $x = 0$ で鏡像対称にしたものを符号を反転したので全体を積分するとゼロになる．$f(x) = x^2$ や，$f(x) = \cos x$ のような対称または偶関数（$f(-x) = f(x)$）の場合，$-a$ から a への積分は 0 から a への積分の 2 倍になる．ただし，多くの関数は偶でも奇でもないので，ここでの議論は適用できない．

5.9 演習問題

[5.1] 以下の関数を x に関して積分せよ．

(1) $x + \sqrt{x} - 1/x$ (2) $\sqrt{x}(x - 1/x)$ (3) 2^x

(4) e^{2x} (5) $1/(2x - 1)$ (6) $\sin 2x + \cos 3x$

(7) $\tan x$ (8) $\sin^2 x$ (9) $x/(1 + x^2)$ (10) $1/(1 + x^2)$

[5.2] 以下の定積分を求めよ．

(1) $\displaystyle\int_0^{\pi/2} \sin^4 x \cos x\,\mathrm{d}x$ (2) $\displaystyle\int_0^{\pi/2} \sin^4 x\,\mathrm{d}x$

(3) $\displaystyle\int_0^4 \frac{x+3}{\sqrt{2x+1}}\,\mathrm{d}x$

[**5.3**] 演習問題 1.12 の三つの部分分数（次の (1)〜(3)）を x について積分せよ．

(1) $1/(x^2 - 5\,x + 6)$　　(2) $(x^2 - 5\,x + 1)/[(x-1)^2(2\,x - 3)]$

(3) $(11\,x + 1)/[(x-1)(x^2 - 3\,x - 2)]$

[**5.4**] 部分積分を行って，以下の関係を示せ．

$$(1)\quad \int x\,\sin x\,\mathrm{d}x = C - x\,\cos x + \sin x$$

$$(2)\quad \int \sin x\; e^{-x}\,\mathrm{d}x = C - (\sin x + \cos x)e^{-x}/2$$

[**5.5**] もし，$n \geq 1$ で

$$I_n = \int_0^{\pi/2} \sin^n x\,\mathrm{d}x$$

なら，$n\,I_n = (n-1)\,I_{n-2}$ となることを示せ．そして，奇数のとき I_n を I_1 に，偶数のとき I_n を I_0 に関係づけて，I_5 と I_8 を求めよ．

[**5.6**] 式 (5.15) を代数的に証明せよ．また，それに対応して対称関数の場合を求めよ．

6 テイラー展開

6.1 関数を近似する Approximating functions

複雑な関数を扱うときには，より簡単な形で近似することが有効である．近似は，扱う関数の完全で正確な表現でなくてもよく，より発展的に解析する手段としてしばしば用いられる．もちろん，多くの近似法の中から，最も役に立つものを選ばなければならない．本章では，テイラー展開に焦点をしぼる．テイラー展開は，ある関数において，特定の点の周りでの特性を表現するのにぴったりである．

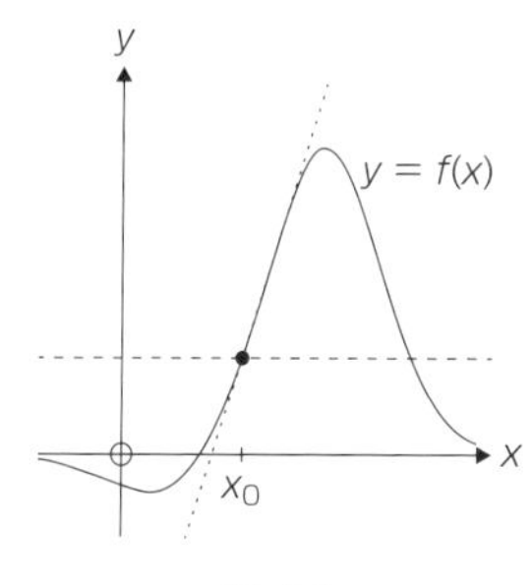

図 6.1

曲線 $y = f(x)$ を考えよう（図 6.1）．この関数への最も粗い近似は，水平線 $y = a_0$ である．ここで，a_0 は定数である．もし，$a_0 = f(x_0)$ なら，この近似は $x = x_0$ で正確である．さらによりよい近似は，傾きをもたせて，$y = a_0 + a_1(x - x_0)$ とすることである．ここで係数 a_1 はゼロではない傾きである．$a_1 = 0$ であれば前と同じになる．これを続けると，二乗 $a_2(x-x_0)^2$，三乗 $a_3(x-x_0)^3$ の寄与などが加わっていき，近似がよくなっていく（図 6.2）．このようにして，関数 $f(x)$ を，x_0 の周りで多項式展開で近似することができる．

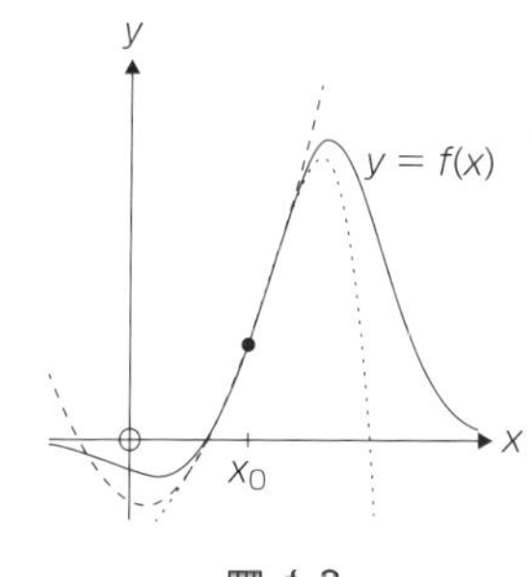

図 6.2

$$f(x) \simeq a_0 + a_1(x - x_0) + a_2(x - x_0)^2 + a_3(x - x_0)^3 + \cdots \qquad (6.1)$$

実際，この式はテイラー展開の本質を示している．係数に関しての詳細に立ち入る前に，次のことを指摘したい．それは，式 (6.1) の利点は，一般に，右辺が左辺より計算，微分，積分などの操作が簡単だということである．

6.2 テイラー展開の導出 Derivation of the Taylor series

すぐにわかるように，式 (6.1) の近似式は，十分多くの項が加えられば，$x = x_0$ の近辺で等式とみなせる．$x = x_0$ とおけば，$x - x_0$ を含む右辺の項はゼロとなるので，$f(x_0) = a_0$ である．もし式 (6.1) を x に関して微分して，$x = x_0$ とおくと $f'(x_0) = a_1$ となる．微分を何回か繰り返すと，$f''(x_0) = 2\,a_2$，$f'''(x_0) = 6\,a_3$ となり，さらに $x = x_0$ で $f(x)$ を n 階微分すると，$f^n(x_0) = n!\,a_n$ となる．

したがって，テイラー展開は以下のように簡潔に書ける．

$$f(x) = \sum_{n=0}^{\infty} \frac{f^n(x_0)}{n!}(x - x_0)^n \tag{6.2}$$

これを，ときには次のように表現することもある．$\Delta = x - x_0$ とおいて

$$f(x_0 + \Delta) = f(x_0) + f'(x_0)\Delta + \frac{f''(x_0)}{2!}\Delta^2 + \frac{f'''(x_0)}{3!}\Delta^3 + \cdots \tag{6.3}$$

と書くことができる．特に $x_0 = 0$ の場合はマクローリン展開と呼ばれる．原点以外にも，$f(x)$ の最大や最小の点で，テイラー展開がよく使われる．

6.3　いくつかのよくある例

これまでの議論での具体的な例として，$\sin x$ のマクローリン展開をやってみよう．左側のカラムに関数とその微分を書いて，右側のカラムにそれに対応する $x = x_0$（この場合ゼロ）を代入した結果を並べるとよい．

$$f(x) = \sin x \qquad f(0) = 0$$
$$f'(x) = \cos x \qquad f'(0) = 1$$
$$f''(x) = -\sin x \qquad f''(0) = 0$$
$$f'''(x) = -\cos x \qquad f'''(0) = -1$$

4 階の微分が $\sin x$ であることに注意すると，高階の微分もこの表から求めることができる．$f^n(0)$ を式 (6.2) で置き換えると以下の式を得る．

$$\sin x = x - \frac{x^3}{3!} + \frac{x^5}{5!} - \frac{x^7}{7!} + \cdots \tag{6.4}$$

この式を用いれば，三角形を書くことなく，ある角度のサインを計算できる．答えの精度を上げるためには，項を追加すればよい[*1]．$|x| << 1$ であれば，式 (3.7) ような小さい角度での近似がすぐに得られる．ここで x はラジアンで与えられ，x の高次の項は急速に無視できるようになる．

*1 $\sin(1/2) = 1/2 - 1/48 + 1/3840 - \cdots$

上の手順を $f(x) = \cos x$ にあてはめると，以下の式を得る．

$$\cos x = 1 - \frac{x^2}{2!} + \frac{x^4}{4!} - \frac{x^6}{6!} + \cdots \tag{6.5}$$

この展開は式 (6.4) を項別に微分，積分すれば得られる．最後に，$f(x) = e^x$ のテイラー展開は

$$e^x = 1 + x + \frac{x^2}{2!} + \frac{x^3}{3!} + \frac{x^4}{4!} + \frac{x^5}{5!} + \cdots \tag{6.6}$$

となる．式 (6.6) を項別に微分すると，指数関数の微分はそれ自身になること

がわかる*2.

*2

$$e = 1 + 1 + \frac{1}{2} + \frac{1}{6} + \frac{1}{24} + \cdots$$

6.4 収束半径 The radius of convergence

テイラー展開の力は，任意の関数のある点の周りを，簡単な低次の多項式で近似できることにある．そして，精度を上げるには展開の次数を大きくすればよい．ただし，和から省かれた項が小さくて無視できるということを検証する必要がある．これは $|x - x_0| < R$ である限り真である．ここで R は収束半径として知られる閾値で，テイラー展開は，この領域を超えた領域では使用できない．正式には，この収束領域では，展開のとなり合う項の比が展開の無限次数の末端で 1 以下になる必要がある．式 (6.4)〜(6.6) では $R \to \infty$ となっているので x のどの範囲でも展開は有効である．$f(x) = (1+x)^n$ のテイラー展開は，$|x| < 1$ の範囲で適用しなければならない．

$$(1+x)^n = 1 + nx + \frac{n(n-1)}{2!}x^2 + \frac{n(n-1)(n-2)}{3!}x^3 + \cdots \quad (6.7)$$

これは，1.5 節で説明した二項展開を一般化した形である．ここで，n は正の整数である必要はない*3．もし n が正の整数であれば，式 (6.7) の右辺はいくつかの有限の項で打ち切られ，式 (1.11) になる．展開は x のすべての値に対して成立する．もう一つよく出てくるテイラー展開は

*3

$$\sqrt{1+x} = 1 + \frac{x}{2} - \frac{x^2}{8} + \cdots$$

$$\ln(1+x) = x - \frac{x^2}{2} + \frac{x^3}{3} - \frac{x^4}{4} + \cdots \quad (6.8)$$

これは $|x| < 1$ であれば収束する．

6.5 ロピタルの定理 L'Hospital's rule

テイラー展開は，扱いにくい状況下で極限を求めるのに便利なツールである．たとえば，$\sin x / x$ の値は $x = 0$ の時自明ではない．本質的には，ゼロと無限大の積を求めることになる．求める比は，分母・分子がゼロに徐々に近づくときにどのように振る舞うのかを考慮して求めることができる．いい換えれば，原点周りでのテイラー展開を使うと

$$\lim_{x \to 0} \frac{\sin x}{x} = \lim_{x \to 0} \frac{x - x^3/6 + \cdots}{x} = \lim_{x \to 0} \left(1 - \frac{x^2}{6} + \cdots\right)$$

となり，求める結果は 1 となる*4.

*4

$$\lim_{x \to 0} \frac{\sin x}{x} = \lim_{x \to 0} \frac{\cos x}{1} = 1$$

上の特別な場合を一般の関数の比 $h(x)/g(x)$ に拡張する．分母・分子を $x = a$ の周りで展開すると，$h(a)$ と $g(a)$ がともにゼロのときに，以下が容易に示される．

$$\lim_{x \to a} \frac{h(x)}{g(x)} = \lim_{x \to a} \frac{h'(x)}{g'(x)} \quad (6.9)$$

$$\left(\lim_{x \to a} \frac{h(x)}{g(x)} \simeq \lim_{x \to a} \frac{h(x) + h'(x)(x-a)}{g(x) + g'(x)(x-a)} = \lim_{x \to a} \frac{h'(x)}{g'(x)}\right)$$ *5

*5 訳注：1 階微分 $h'(a)$ も $g'(a)$ もゼロのときは，2 階微分の比 $h''(a)/g''(a)$ で与えられる．このようにして，さらに高次の項を求めれば極限がきちんと決められるようになる．これはロピタルの定理として知られている．

6.6　ニュートン–ラフソンアルゴリズム Newton-Raphson algorithm

テイラー展開は式の解を数値的に見つけるときにも力を発揮する．すなわち，$f(x)=0$ という関係を満足する x の値を求めるときに有用である．ある任意の関数 $f(x)$ に対して，解を解析的に求めることは困難であるとする．推測により $x=x_0$ が解の候補であり，$f(x_0)\simeq 0$ となっているとしよう．ここからどのようにすれば，テイラー展開を使って，解のよい見積もりを得ることができるだろう．$f(x)$ を $x=x_0$ の周りにテイラー展開して

$$f(x)=f(x_0)+f'(x_0)(x-x_0)+\cdots=0$$

最初の予測がよく，二次あるいはそれ以上の次数の項が0次および一次に比べて無視できるとすると，線形の式は容易に解くことができて

$$x\simeq x_0-\frac{f(x_0)}{f'(x_0)} \tag{6.10}$$

となる．いい換えると，x_0 での関数とその微分の値がわかれば，式 (6.10) に従って，解をよりよく見積もることが可能になる．もちろん，新しい推測もしてこの操作を繰り返して，x と x_0 に著しい変化がないところまで繰り返す必要がある．この繰り返しによって $f(x)=0$ を数値的に求める方法はニュートン–ラフソンアルゴリズムとして知られている．

6.7　演習問題

[**6.1**] 小さい x に対して，以下の関数についてテイラー展開を求めよ．
(1) $\cos x$　　(2) e^x　　(3) $\sin(x+\pi/6)$

[**6.2**] $(1+x)^n$ の二項展開を導け．$\sqrt{C}$ を $a(1+b)^{1/2}$ と書いて，$\sqrt{8}$ と $\sqrt{17}$ を小数点4桁まで求めよ．ここで a，b は適当な定数である．

[**6.3**] $\ln(1+x)$ と $\ln(1-x)$ のテイラー展開を求めよ．また，$\ln[(1+x)/(1-x)]$ のべき乗列を求めよ．

[**6.4**] $\cos^{-1}x$ に対するマクローリン展開を求めよ．

[**6.5**] 以下の極限を決定せよ．
(1) $\displaystyle\lim_{x\to 0}\frac{\sin(a\,x)}{x}$　　(2) $\displaystyle\lim_{x\to 0}\frac{\cos x-1}{x}$　　(3) $\displaystyle\lim_{x\to 0}\frac{2\cos x+x\sin x-2}{x^4}$

[**6.6**] $x^3+3x^2+6x-3=0$ が唯一の実根をもつとして，ニュートン–ラフソンアルゴリズムを使って，有効数字5桁でその値を求めよ．

7 複素数

7.1 定義 Definition

ある数（整数も，分数も，正の数も，負の数も）にその数自身を乗じると，結果は常にゼロ以上となる．では，-9 の平方根はどうなるのだろうか．この疑問に答えるために，「虚数」が作りだされた．それは i で表され，その 2 乗は負（-1）と定義される．

$$i^2 = -1 \tag{7.1}$$

実数 b（すなわち $b^2 \geq 0$）$\times i$ は常に虚であり，i を b 倍大きくしたものにすぎない．a もまた実数だとして

$$z = a + ib \tag{7.2}$$

が「複素数」である．概念上，本質的に難しいことではないが，この量が混成的な性質をもつということのみ述べておきたい．複素数は実数部 $\mathrm{Re}\{\cdots\}$ と虚数部 $\mathrm{Im}\{\cdots\}$ からなる．

$$\mathrm{Re}\{z\} = a \quad \text{および} \quad \mathrm{Im}\{z\} = b \tag{7.3}$$

$\mathrm{Im}\{z\}$ が ib ではなく b であることは奇異に思われるかもしれないが，これは虚数成分の大きさを表すためである．

虚数は恣意的なもののように感じるかもしれないが，複素数は多くの実際の問題に取り組むときに非常に便利である．本章の目的は，それらの基本的な性質を知ることである．

7.2 基本的な代数 Basic algebra

最も基本的な演算である足し算と引き算から始めよう．複素数を足したり引いたりする場合は，実数と虚数部分を別々に組み合わせる*1．たとえば

*1

$1 + 2i - (5 - i)$
$= -4 + 3i$

$$a+i\,b\pm(c+i\,d)=a\pm c+i(b\pm d) \tag{7.4}$$

ここで，a，b，c，d は実数である．右辺の最後の項を計算するうえで，次の暗黙の仮定を用いている．つまり複素数は，普通の数（実数）と同じルールに従うが，i^2 が出てくれば -1 に置き換わる．したがって，$a+i\,b$ と $c+i\,d$ の積は次のようになることが容易に示される*2.

*2 $(1+2\,i)(3-i)=5+5\,i$

$$(a+i\,b)(c+i\,d)=a\,c-b\,d+i(a\,d+b\,c) \tag{7.5}$$

なぜなら $i^2\,b\,d=-b\,d$ となるからである．割り算はすぐには計算できないが，分母の「複素共役」を使う．次はこれについて考えよう．

z の複素共役を z^* としよう．z^* は，実数部は z と同じで虚数部は反対符号をもつものと定義する．すなわち，$\mathrm{Re}\{z^*\}=\mathrm{Re}\{z\}$ で，$\mathrm{Im}\{z^*\}=-\mathrm{Im}\{z\}$ である．それゆえ，式 (7.2) の z^* は

$$z^*=(a+i\,b)^*=a-i\,b \tag{7.6}$$

となる．複素数とその共役は以下の関係を満足する．

$$\begin{aligned} z+z^* &= 2\,a = 2\,\mathrm{Re}\{z\} \\ z-z^* &= 2\,i\,b = 2\,i\,\mathrm{Im}\{z\} \\ z\,z^* &= a^2+b^2=|z|^2 \end{aligned} \tag{7.7}$$

$|z|$ の意味についてちょっと考えよう．式 (7.7) の重要なポイントは積 $z\,z^*=a^2+b^2$ が i を含んでないため実数であるということである．このことから，分母・分子に分母の複素共役を掛ければ二つの複素数の比の実数部と虚数部を求められることがわかる．

$$\frac{a+i\,b}{c+i\,d}=\frac{a+i\,b}{c+i\,d}\times\frac{c-i\,d}{c-i\,d}=\frac{a\,c+b\,d+i(b\,c-a\,d)}{c^2+d^2} \tag{7.8}$$

たとえば，比 $(1+2\,i)/(3-i)$ を求めるには，分母分子に $(3+i)$ を掛ける．分母は $3^2+1^2=10$ で，複素数の分子は $1+7\,i$ となるので，$1/10+i\,7/10$ となる．

7.3　アルガン図 The Argand diagram

これまで複素数を代数的な観点から考慮してきたが，ときには幾何学的に考えると手助けとなる．これは「アルガン図」を用いれば容易に行うことができる．アルガン図では，水平 x 軸が複素数の実数部を表し，垂直 y 軸が虚数部を表す．$x-y$ 座標での (a,b) という点は，複素数 $z=a+i\,b$ に対応する（図 7.1）．その複素共役は，実軸に対して対称な点になる．グラフ上の点を表すも

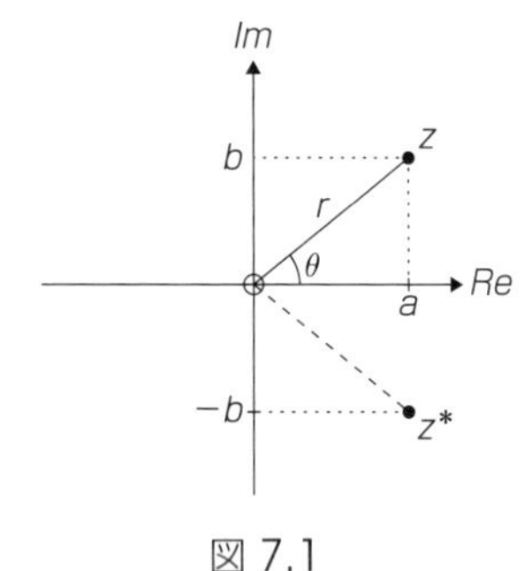

図 7.1

う一つの方法は，原点から距離 r と，この半径が（正の）実軸と反時計方向へなす角度 θ で表すことである．この方法では，r は z の「絶対値」,「大きさ」，あるいは「振幅」と呼ばれる．また θ は，「偏角」または「位相」と呼ばれる．

3.2 節で示した基本的な三角法を使って，r，θ と a，b をアルガン図で関係づけることができる．

$$a = r\cos\theta \qquad b = r\sin\theta \tag{7.9}$$

または，逆に

$$r^2 = a^2 + b^2 \qquad \theta = \tan^{-1}(b/a) \tag{7.10}$$

である．式 (7.7) と式 (7.10) の比較により，$z\,z^* = r^2$ が示される，ここで $r = |z|$ は複素数の絶対値である．式 (7.10) の第 2 の式 において，$\tan^{-1}(b/a)$ は曖昧な場合があることを示しておこう．たとえば，もし $z = -1 - i$ であれば，θ は $5\pi/4$ ラジアン（225°）であるが，$\tan^{-1}(1)$ は 45° となり正確な偏角を与えない．θ は 2π 以下でのみ定義されることに注意したい．なぜなら 360° の倍数を加えたり引いたりしても，アルガン図で同じ点となるからでる．

7.4 虚数の指数 The imaginary exponential

虚数の指数は，おそらく複素解析を学ぶうえで最も重要なことである*3.

$$e^{i\theta} = \cos\theta + i\sin\theta \tag{7.11}$$

この式はすぐには導けないが，$x = i\theta$ として式 (6.6) のテイラー展開に入れ，θ に関して奇数と偶数の乗数を別々に集めれば容易に確かめられる．式 (6.4) と式 (6.5) を比較し，$i^2 = -1$ を用いれば式 (7.11) が導ける*4．r と $e^{i\theta}$ の積は，絶対値と偏角という非常にコンパクトな形で複素数を表せることを意味する．

$$a + i\,b = r(\cos\theta + i\sin\theta) = r\,e^{i\theta} \tag{7.12}$$

ここで，a，b，r，θ は式 (7.9) と式 (7.10) で関係づけられている．

すぐあとで述べるように，複素数の指数形式は根や対数を扱うときに非常に便利である．また，掛け算や割り算のときにも重要である．二つの複素数 z_1 と z_2 を考える．振幅は r_1 と r_2，位相は θ_1 と θ_2 である．

$$z_1 = r_1\,e^{i\theta_1} \quad \text{および} \quad z_2 = r_2\,e^{i\theta_2}$$

1.2 節の結合則により，以下の結果が得られる．

$$z_1\,z_2 = r_1\,r_2\,e^{i(\theta_1+\theta_2)} \tag{7.13}$$

*3

$$e^{i\pi/4} = \frac{(1+i)}{\sqrt{2}}$$
$$e^{i\pi/2} = i$$
$$e^{i3\pi/4} = \frac{(-1+i)}{\sqrt{2}}$$
$$e^{i\pi} = -1$$

*4 訳注：$\theta < 1$ で成立するが，一般の θ でも式 (7.11) が成立することを証明できる．

いい換えると，$r\,e^{i\theta}$ という標準形の右辺を比較すると，積の絶対値は絶対値の積になることと，積の偏角は偏角の和になることがわかる．同じように，商の絶対値は絶対値の比になり，偏角は差になる．

$$\frac{z_1}{z_2} = \frac{r_1}{r_2} e^{i(\theta_1 - \theta_2)} \tag{7.14}$$

複素共役との積は，式 (7.13) の特別な場合 ($z_2 = z_1^*$) なので，$r_2 = r_1$，$\theta_2 = -\theta_1$ となり，よく知られた関係式 $z\,z^* = |z|^2$ になる．

7.5　根と対数 Roots and logarithms

この章のはじめで「-9 の平方根は何になるか」という疑問を投げかけた．この簡単な問題の解答は今や自明であり，$\pm 3\,i$ である．これを系統立てて考えるとどうなるだろうか．技術的には，$z^2 = -9$ という式を満足する複素数 z を見つけることになる．右辺を $r\,e^{i\theta}$ と書けば，問題は簡単になる．-9 の場合，振幅は 9 で偏角は 180°（$\pm$360°）である．したがって

$$z^2 = -9 = 9\,e^{i(\pi \pm 2\,n\,\pi)}$$

となる．ここで n は整数で，偏角はラジアン単位である．両辺の 1/2 乗をとると 1.2 節の規則に従い，平方根が得られる．

$$z = 9^{1/2}\,e^{i(\pi \pm 2\,n\,\pi)/2} = 3\,e^{i(\pi/2 \pm n\,\pi)}$$

ここで n を偶数にとると，($n = 0$ として) $z = 3\,i$ となる．奇数にとると ($n = 1$ として) もう一つの答えである $z = -3\,i$ が得られる．

このタイプの計算の二つ目の例として，i の 3 乗根を求めてみよう．つまり，$z^3 = i$ の解を求める．この場合も最良の方法は，右辺を $r\,e^{i\theta}$ の形で書くことである．

$$z^3 = i = e^{i(\pi/2 \pm 2\,n\,\pi)}$$

ここで n は整数である．両辺の 1/3 乗をとると

$$z = e^{i(\pi/2 \pm 2\,n\,\pi)/3} = e^{i(\pi/6 \pm 2\,n\,\pi/3)}$$

を得る．$n = 0$，$n = 1$，$n = 2$ に対応する三つの異なる解があり，それぞれ $(\sqrt{3}+i)/2$，$(-\sqrt{3}+i)/2$，$-i$ である．他の n の値でも同じ結果となる（たとえば，$n = 3$ は $n = 0$ と同じである）．

アルガン図で i の 3 乗根を表すと，解は正三角形の頂点にある（図 7.2）．一般的にこの種の問題では，円周の周りに解が均一に存在する．すなわち，複素数の m 乗根は，正 m 角形になる．

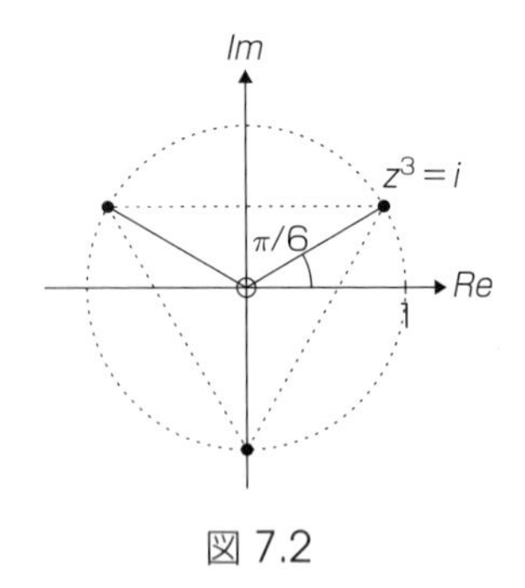

図 7.2

加えて，根あるいはべき乗において，複素数を $r\,e^{i\,\theta}$ と書けば，対数の領域を拡張することができる．実数に限定すれば，対数は引数が正の範囲でのみしか定義できないが，複素数を導入して 1.2 節の規則を使えば，いかなる数の対数もとることができる*5.

$$\ln(r\,e^{i\,\theta}) = \ln(r) + i\,\theta \tag{7.15}$$

*5

$$\ln(2\,i) = \ln[2\,e^{i(\pi/2 \pm n\,\pi)}] \\ = \ln 2 + i(\pi/2 \pm n\,\pi)$$

定義により振幅 r は正であり，実数のときは位相 θ はゼロである．θ は 2π ラジアンを加えると同じところに戻るので，対数の虚数部は無限で離散的な数にとることができる．慣例として，通常は $-\pi$ と π の間に位相をとる．

7.6 ドモアブルの定理と三角法 De Moivre's theorem and trigonometry

7.4 節の虚数の指数と式 (1.5) と結びつけると，よく使う三角法が得られる．

$$(e^{i\,\theta})^m = e^{i\,m\,\theta}$$

式 (7.11) の定義を両辺に使うと「ドモアブルの定理」が得られる．

$$(\cos\theta + i\sin\theta)^m = \cos(m\,\theta) + i\sin(m\,\theta) \tag{7.16}$$

たとえば，この定理からサインとコサインの多重角の公式が得られる．簡単な例として，$m = 2$ の場合

$$\cos(2\,\theta) + i\sin(2\,\theta) = \cos^2\,\theta + 2\,i\sin\theta\cos\theta - \sin^2\,\theta$$

実数部と虚数部を比較すると，式 (3.14) と (3.11) の倍角の公式になる．

式 (7.11) と複素共役を結びつけると，虚数の指数と三角法の間のもう一つの関係が得られる．

$$e^{-i\,\theta} = \cos\theta - i\sin\theta$$

二つの和はコサインになり，差はサインになる．

$$\sin\theta = \frac{e^{i\,\theta} - e^{-i\,\theta}}{2\,i} \quad \text{および} \quad \cos\theta = \frac{e^{i\,\theta} + e^{-i\,\theta}}{2} \tag{7.17}$$

タンジェントはこれらの比である（式 (3.3)）．サインとコサインのべき乗を，多重角の等式で書き直すことがよくある．以下がその簡単な例である．

$$\sin^2\,\theta = \left(\frac{e^{i\,\theta} - e^{-i\,\theta}}{2\,i}\right)^2 = \frac{e^{2\,i\,\theta} - 2 + e^{-2\,i\,\theta}}{-4} \\ = \frac{1}{2}\left[1 - \left(\frac{e^{2\,i\,\theta} + e^{-2\,i\,\theta}}{2}\right)\right]$$

これは，式 (3.15) で示したように，$(1-\cos 2\theta)/2$ となる．

7.7　双曲線関数 Hyperbolic functions

第 3 章で見みたすべての三角関数は，「双曲線（三角）関数」という相棒をもつ．それらは三角関数の後に h をつけて表す．たとえば，sinh，cosh，tanh はそれぞれ双曲線（ハイパボリック）サイン，双曲線コサイン，双曲線タンジェントである．複素数との関係を見ていく前に，まず $\sinh x$ と $\cosh x$ の定義から始めよう．

$$\sinh x = \frac{e^x - e^{-x}}{2} \qquad \cosh x = \frac{e^x + e^{-x}}{2} \tag{7.18}$$

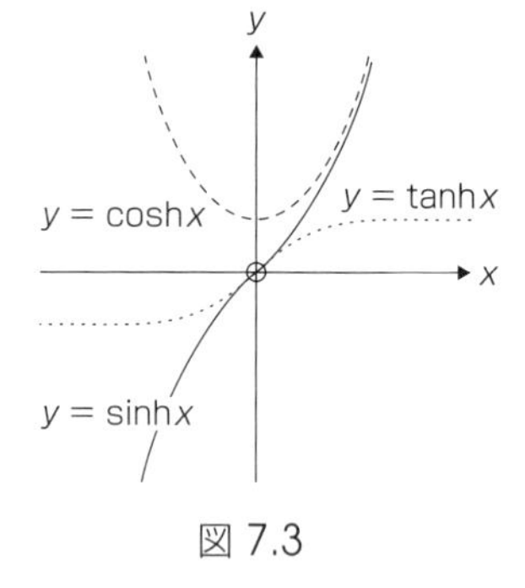

図 7.3

式 (3.3) と同じように，双曲線タンジェントは sinh と cosh の比である．

$$\tanh x = \frac{\sinh x}{\cosh x} = \frac{e^x - e^{-x}}{e^x + e^{-x}} = \frac{e^{2x} - 1}{e^{2x} + 1} \tag{7.19}$$

$y = \sinh x$，$\cosh x$，および $\tanh x$ の曲線の形は，2.4 節で見た指数関数の特性を考慮すればわかる（図 7.3）．特に，$y = e^x$ と $y = e^{-x}$ の $x \to \pm\infty$ の極限と $x = 0$ の挙動を見ればよい．

双曲線関数と通常の三角関数の関係は $\theta = i\,x$ を式 (7.17) に入れて式 (7.18) と比較するとよくわかる．

$$\sin(i\,x) = i\sinh(x) \qquad \cos(i\,x) = \cosh(x) \tag{7.20}$$

いい換えると，双曲線関数はサイン，コサインなどに，虚数の角度を適用したものである．式 (7.20) を使うと，3.3 節で議論したのと同じ等式が導かれる．たとえば，$\sin^2(i\,x) + \cos^2(i\,x) = 1$ なので，式 (3.8) から

$$\cosh^2 x - \sinh^2 x = 1 \tag{7.21}$$

となる．ここから，「オズボーンの法則」として知られている形が導かれる．すなわち，双曲線関数は，$\sinh^2 x$ が反対符号がつく以外は，通常の三角関数と同じである*6（例外として，$\tanh^2 x = \sinh^2 x/\cosh^2 x$ がある）．

双曲線関数の微分や積分でもまた，指数関数の通常の微分の特徴を使うことができる．式 (7.18) の定義を用いて，第 4 章の結果を使うと，次がすぐに示される*7．

$$\frac{\mathrm{d}}{\mathrm{d}x}\sinh x = \cosh x \quad \text{および} \quad \frac{\mathrm{d}}{\mathrm{d}x}\cosh x = \sinh x \tag{7.22}$$

逆双曲線関数の微分も逆三角関数と同じように求められる．すなわち，$x = \sinh y$ を x で微分し，式 (7.20) を使って，$y = \sinh^{-1} x$ として $\mathrm{d}y/\mathrm{d}x$ を求める*8*9．

*6

$$1 - \tanh^2 x = \mathrm{sech}^2\, x$$
$$1 - \coth^2 x = -\mathrm{cosech}^2\, x$$

*7

$$\frac{\mathrm{d}}{\mathrm{d}x}\tanh x = \mathrm{sech}^2\, x$$

*8　訳注：
$1 = (\mathrm{d}y/\mathrm{d}x)(\mathrm{d}\sinh y/\mathrm{d}y)$
$= (\mathrm{d}y/\mathrm{d}x)\cosh y$,
$\mathrm{d}y/\mathrm{d}x = 1/\cosh y$
$= 1/\sqrt{1+\sinh^2 y}$

*9

$$\frac{\mathrm{d}}{\mathrm{d}x}\cosh^{-1} x = \frac{1}{\sqrt{x^2-1}}$$
$$\frac{\mathrm{d}}{\mathrm{d}x}\tanh^{-1} x = \frac{1}{1-x^2}$$

$$\frac{\mathrm{d}}{\mathrm{d}x}\sinh^{-1}x=\frac{1}{\sqrt{1+x^2}} \tag{7.23}$$

ちなみに，以下のような逆双曲線関数の公式は，式 (7.18) と式 (7.19) の指数の定義から得られる[*10].

$$\tanh^{-1}x=\frac{1}{2}\ln\left(\frac{1+x}{1-x}\right) \tag{7.24}$$

$\tanh^{-1}x$ の微分は，式 (7.24) を x に関して微分すれば得られる．

*10 訳注：$\tanh^{-1}x=y$, $x=\tanh y$ $=(e^{2y}-1)/(e^{2y}+1)$, $e^{2y}-1=x\,e^{2y}+x$, $(1-x)e^{2y}=1+x$, e^{2y} $=(1+x)/(1-x)$

7.8 よく使ういくつかの性質 Some useful properties

以前に，複素数は多くの先進的な理論的な問題に取り組む際に，強力な解析的道具になることを述べた[*11].

*11 訳注：本書では述べないが，複素平面で定義される複素関数およびその線積分はたいへん重要である．G. B. Arfken, H. J. Weber, F. E. Harris, 'Mathematical Methods for Physicists: A Comprehensive Guide 7th-ed.,' Academic (2013) の第 11 章などを参照．

よく使う複素数の性質を具体的に述べておかねばならない．ここでは初歩的で必要なものだけを説明する．すなわち，式 (7.11) の指数関数の分解と，加算・減算における線形性のことである．すなわち，実部の和は和の実部になっているということである．数式で書くと

$$\sum_{k=1}^{N}\mathrm{Re}\{z_k\}=\mathrm{Re}\left\{\sum_{k=1}^{N}z_k\right\} \tag{7.25}$$

ここで z_k は k 番目の複素数で，$k=1,2,3,\cdots,N$ である．同じことが虚数部や差にもいえる[*12]．たとえば $t^2+i\cos(t)$ のように z が t の関数であれば，式 (7.4) の線形性から以下の式が導かれる．

*12
$$\sum_{k=0}^{\infty}\frac{\sin k\,\theta}{k!}=\sum_{k=0}^{\infty}\mathrm{Im}\left\{\frac{e^{i\,k\,\theta}}{k!}\right\}=\mathrm{Im}\left\{\sum_{k=0}^{\infty}\frac{(e^{i\,k})^{\theta}}{k!}\right\}$$

$$\frac{\mathrm{d}}{\mathrm{d}t}\left(\mathrm{Re}\{z\}\right)=\mathrm{Re}\left\{\frac{\mathrm{d}z}{\mathrm{d}t}\right\}\qquad\int\mathrm{Re}\{z\}\mathrm{d}t=\mathrm{Re}\left\{\int z\,\mathrm{d}t\right\} \tag{7.26}$$

同じことが虚数部にもいえる．

式 (7.25) と式 (7.26) は，右辺が左辺よりも簡単に計算できる場合に有効である．積分を含む例を示そう．

$$I=\int e^{a\,t}\cos(b\,t)\mathrm{d}t \tag{7.27}$$

ここで，a と b は実数である．この問題は 5.6 節で示したように，部分積分を 2 回行うか，複素数を使うとよい．後者の場合は，被積分関数を以下のように書くことが重要である．

$$e^{a\,t}\cos(b\,t)=e^{a\,t}\,\mathrm{Re}\left\{e^{i\,b\,t}\right\}=\mathrm{Re}\left\{e^{(a+i\,b)t}\right\} \tag{7.28}$$

式 (7.26) を使うと簡単な積分となり，次が得られる．

$$I=\mathrm{Re}\left\{\int e^{(a+i\,b)t}\,\mathrm{d}t\right\}=\mathrm{Re}\left\{\frac{e^{(a+i\,b)t}}{a+i\,b}\right\}+C \tag{7.29}$$

ここで，C は積分定数であり実数である．式 (7.29) の割り算の実数部を求めるにはもう少し努力が必要で，分母・分子に分母の複素共役 $(a - i\,b)$ を掛けると次のようになる．

$$\int e^{a\,t}\cos(b\,t)\mathrm{d}t = \frac{e^{a\,t}}{a^2+b^2}[a\cos(b\,t) + b\sin(b\,t)] + C$$

この積分の虚数成分から，$e^{a\,t}\sin(b\,t)$ の積分が計算できる．

7.9　演習問題

[**7.1**] $z = 2 + 3\,i$ とするとき，次を求めよ．

(1) $\mathrm{Re}\{z\}$　(2) $\mathrm{Im}\{z\}$　(3) z^*　(4) $z - z^*$
(5) $z + z^*$　(6) z^2　(7) $z\,z^*$

[**7.2**] $u = 2 + 3\,i$，$v = 1 - i$ とすると，次の実数部と虚数部はどうなるか．

(1) $u + v$　(2) $u - v$　(3) $u\,v$　(4) u/v　(5) v/u

[**7.3**] 問題 [7.2] の場合で，次はどうなるか．

(1) $|u|$　(2) $|v|$　(3) $|u\,v|$　(4) $|u/v|$　(5)$|v/u|$

[**7.4**] 以下の複素数の絶対値と偏角を（$-\pi$ から π の範囲で）求め，アルガン図にその位置を描け．

(1) 1　(2) $1 + i$　(3) i　(4) $-1 + i$　(5) -1
(6) $1 - i$　(7) $-i$　(8) $-1 - i$

[**7.5**] $z = 1 + i\sqrt{3}$ のとき，以下の複素数の位置をアルガン図に描け．

(1) z　(2) z^*　(3) z^2　(4) z^3　(5) $i\,z$　(6) $1/z$

[**7.6**] 以下の二次方程式を解け．

$z^2 - z + 1 = 0$

[**7.7**] 以下の式を解け．また，(1) の複数の解をアルガン図に描け．

(1) $z^5 = 1$　(2) $z^5 = 1{+}i$　(3) $(z{+}1)^5 = 1$　(4) $(z{+}1)^5 = z^5$

[**7.8**] $e^{i\,A}$ と $e^{i\,B}$ を用いて，3.4 節でとりあげた結合角の公式 $\sin(A + B)$ と $\cos(A + B)$ の結合角の公式を導け．

[**7.9**] ドモアブルの定理を使って，$\sin 4\,\theta$ と $\cos 4\,\theta$ を $\sin\theta$ と $\cos\theta$ のべき乗で表せ．

［**7.10**］$\cos^6\theta = (\cos 6\theta + 6\cos 4\theta + 15\cos 2\theta + 10)/32$ を示せ．

［**7.11**］式 (7.18) を使って，$\sinh(x+y) = \sinh x \cosh y + \cosh x \sinh y$ を示せ．$\cosh(x+y)$ についても同様な式を導け．

［**7.12**］以下を計算せよ．

(1) $\sum_{k=0}^{\infty} \frac{\cos k\theta}{k!}$　　(2) $\int e^{ax}\sin(bx)\mathrm{d}x$

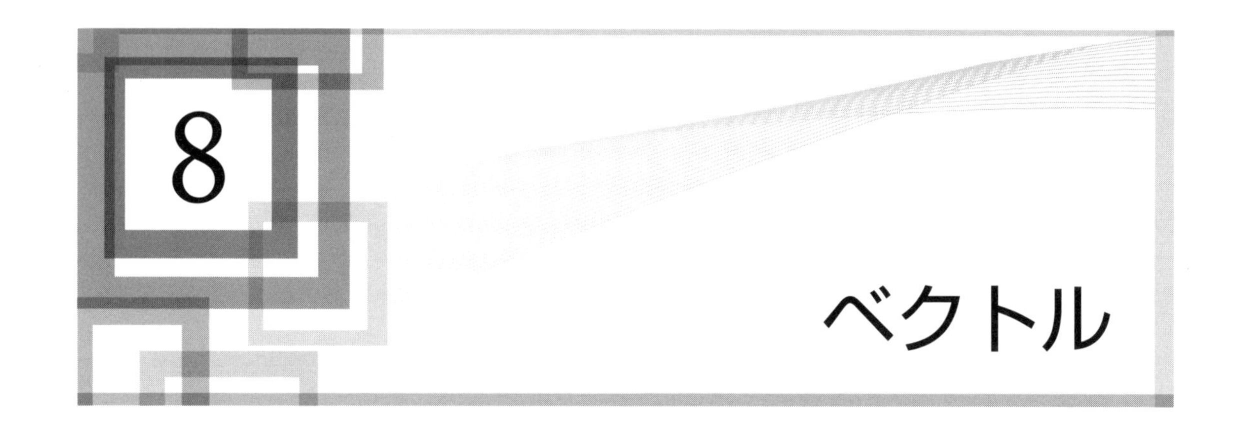

8.1　定義と直交座標系 Definition and Cartesian coordinates

ベクトルを可視化する最も簡単な方法は，鉛筆をもつことである．鉛筆の長さは「スカラー」量であり，たとえば普通の鉛筆なら 0.15 m 程度である．そして長さだけでなく，その鉛筆がどの方向を向いているかの情報も必要である．すなわちベクトルは，通常はある単位をもつ正の数である「大きさ」(絶対値)と空間での「方向」の両方をもつ．位置とか速度のような多くの物理量はベクトルであり，質量，長さ，時間のようなスカラー量とは少し異なる方法で演算しなければならない．

本書では，ベクトルを表すのに太字ではなく $\vec{X}$ を用い[*1]，その絶対値（長さ）を $|\vec{X}|$ で表し，長さ 1 のベクトル $\vec{X}/|\vec{X}|$ を「単位ベクトル」と呼ぶ．

*1　訳注：原著では $\underset{\sim}{X}$ を使っているが，あまりなじみがないので，本書では $\vec{X}$ とした．すなわち，$\vec{X} \equiv \underset{\sim}{X}$ である．

スカーラ量と違って，ベクトルを表すには二つ以上の量が必要である．鉛筆がある平面上（たとえばテーブルのような二次元平面上）に置かれている場合を考えていこう．長さと方向を定義するのに必要となるのは二つの数だけである．すなわち，鉛筆の一端から他端へ移動するのに必要な x 方向と y 方向へのずれである．これらの偏りはベクトルの「成分」と呼ばれ，スカラー量であり，ベクトルが x，y 軸に沿う単位ベクトル方向に，それぞれどれだけ移動するのかを意味している．鉛筆の平らな末端を原点とすると，とがった鉛筆の先端の位置ベクトルを $x\vec{i} + y\vec{j}$ で表現することができる．ここで直交単位ベクトル $\vec{i}$ と $\vec{j}$ は，それぞれ x 軸と y 軸に沿っている．

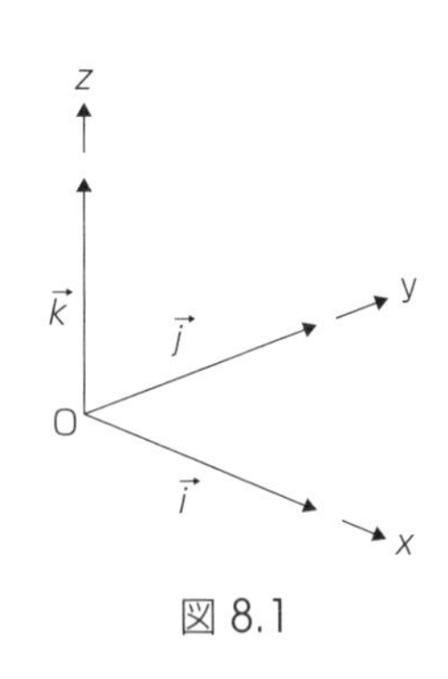

図 8.1

いま，平らな末端はそのままにして，鉛筆のとがった先端をテーブルからもち上げよう．この距離と方向を記述するためには，三つめの成分（z 方向）ともう一つの単位ベクトル $\vec{k}$ が必要である．$\vec{k}$ は $\vec{i}$ と $\vec{j}$ の両方と直交する (図 8.1)．数学的には，二次元から三次元の「ベクトル空間」に移行したということができる．とがった鉛筆先端の位置ベクトルは，$\vec{X} = x\vec{i} + y\vec{j} + z\vec{k}$ となり，(x, y, z) と簡単に書くことができる．ピタゴラスの定理より，このベクトルの絶対値の 2 乗を各成分で書くことができる．

$$|\vec{X}|^2 = x^2 + y^2 + z^2 \tag{8.1}$$

x_m のような添え字の形でベクトルの成分を書くこともある．たとえば，$m = 1, 2, 3$ として $x_1 = x$，$x_2 = y$，$x_3 = z$ となる．

お互いに直交する単位ベクトル $\vec{i}$，$\vec{j}$，$\vec{k}$ を「直交」座標系の基底と呼ぶ．慣例的に，$x - y$ 平面（あるいはグラフ用紙）から見て，$\vec{k}$ ベクトルは上方に向けてとる．$\vec{i}$，$\vec{j}$，$\vec{k}$ を右手の親指，人差し指，中指にならえて配置する*2 のに慣れると便利である．

*2　訳注：これを右手系という．

ここでは三次元にとどめるが，$N = 3$ 以上の N 次元空間にベクトルを適用する多くの方法がある．強力な最近のコンピュータのおかげで科学・技術者は百万次元のベクトルを扱うことが普通になっている．成分は N 個のスカラー量のセット（$a_1, a_2, \cdots, a_N$）としてコンピュータのメモリーに記憶されている．

8.2　スカラー量による足し算，引き算，掛け算 Addition, subtraction and multiplication by scalars

大きさと方向をもつのと同時に，ベクトルはいくつかの規則に従う．$\vec{a}$ と $\vec{b}$ を足し算すると $\vec{c}$ になるのを，$\vec{c} = \vec{a} + \vec{b}$ と書く（図 8.2）．ベクトルが等しいということは，すべての成分が等しいということなので，すべての m に対して $c_m = a_m + b_m$ となる*3．三次元空間の場合は三つの式で簡単に書くことができる．

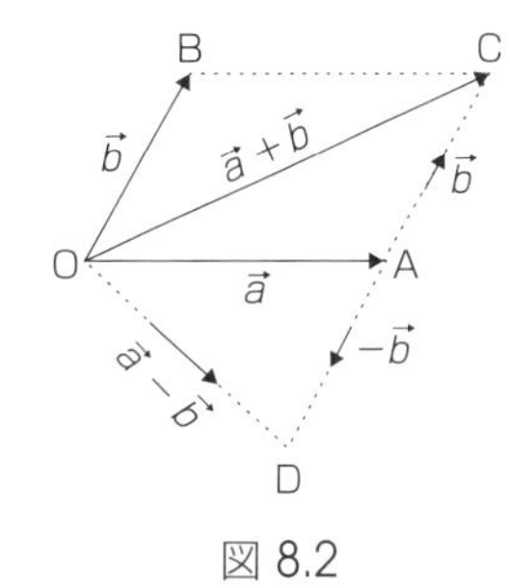

図 8.2

$\vec{a}$ から $\vec{b}$ を引くことは，$\vec{b}$ を逆向きにして $\vec{a}$ に加えることである（図 8.2）．すなわち，$\vec{d} = \vec{a} + (-\vec{b})$ であり，$d_m = a_m - b_m$ となる．原点と位置ベクトル $\vec{a}$ と $\vec{b}$ で表される点 A と点 B で作られる三角形で，ベクトル $\vec{d} = \vec{a} - \vec{b}$ は B から A へつないだベクトルであり，しばしば $\vec{\mathrm{BA}}$ とも書かれる*4．

*3　$\vec{a} = (a_1, a_2, a_3)$ などとするとき，$c_1 = a_1 + b_1$ などが成り立つ．

*4　訳注：点 B から出て点 A に到達する（B から A に向かう）ベクトルである，すなわち $\vec{\mathrm{OB}} + \vec{\mathrm{BA}} = \vec{b} + (\vec{a} - \vec{b}) = \vec{a} = \vec{\mathrm{OA}}$ としたら理解しやすい．

ベクトルとスカラーの掛け算もまたすぐにできて，$\vec{b} = \lambda\vec{a}$ とすると，$\vec{b}$ の向きは，λ が正であれば $\vec{a}$ の向きと同じで，λ が負であれば $\vec{a}$ と逆向きである．いずれの場合も $\vec{b}$ の絶対値は $\vec{a}$ の $|\lambda|$ 倍である．重要なのは $\vec{\mathrm{AB}}$ の中点の位置ベクトルである．すなわち，

$$\vec{e} = \vec{b} + \frac{1}{2}\vec{d} = \vec{b} + \frac{1}{2}(\vec{a} - \vec{b}) = \frac{1}{2}(\vec{a} + \vec{b})$$

となる*5．

*5　訳注：$\vec{d}$ の定義が曖昧になっている．$\vec{d} =$ 点 B から点 A に向かうベクトルの半分 $= \vec{b} + \frac{1}{2}(\vec{a} - \vec{b})$ と考えるのがわかりやすい．

これらの基本的な規則で，一般の位置ベクトルが三次元空間内の面，曲線，線上の点の「軌跡」として表すことが可能になる．最初の例は，

$$\vec{r} = \vec{a} + \lambda(\vec{b} - \vec{a}) \tag{8.2}$$

で，これは点 A と B を通る直線の「ベクトル方程式」となっている．最初の項

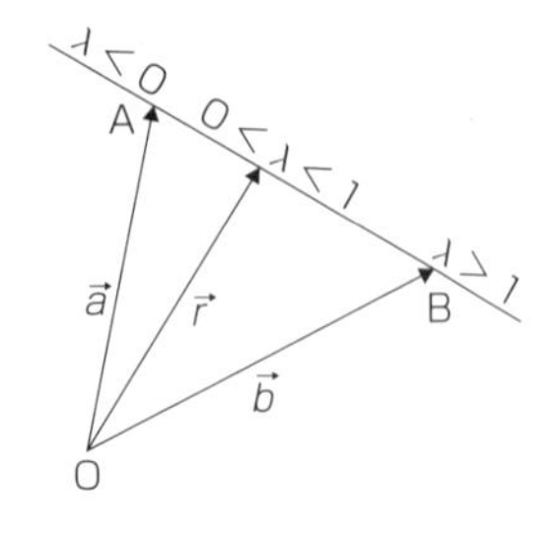

$\vec{r} = (1, 2, 3) + \lambda(3, 2, 1)$

$\lambda = \dfrac{x-1}{3} = \dfrac{y-2}{2} = \dfrac{z-3}{1}$

図 8.3

により，原点から直線上のある点 A へ到達し，第二項により，A から B の方向へ $|\vec{\mathrm{AB}}|$ の λ 倍の点に到達する．$\vec{a}$ と $\vec{b}$ がの既知だとすると，λ は $\vec{r}$ のそれぞれの成分 (x, y, z) で，直線の「デカルト式」が λ のそれに対応したものと等しいとすれば求めることができる．[*6]

二つ目の例は，

$$\vec{r} = \vec{a} + \mu(\vec{b} - \vec{a}) + \nu(\vec{c} - \vec{a}) \tag{8.3}$$

である．これは点 A，B，C を含む平面のベクトル方程式である．第一項により原点から点 A 連到達し，第二項と第三項により A から B と A から C へ向かう二つの方向に $|\vec{\mathrm{AB}}|$ の μ 倍と $|\vec{\mathrm{AC}}|$ の ν 倍の地点に到達する．A，B，C が一直線上になければ（同一直線上になければ），ベクトル $\vec{b} - \vec{a}$ と $\vec{c} - \vec{a}$ によって，二次元空間（平面）が決定される．このことは，μ と ν に適当な値を選べば，平面内のどの位置にも到達することができることを意味している．

最後の例は，

$$|\vec{r} - \vec{a}| = R \tag{8.4}$$

である．これは点 A が中心で半径が R の球を表す．$(\vec{r} - \vec{a})$ は A からの距離が常に一定のであることを意味している．これを視覚的に考えると，A が中心で半径が R の球となる．

*6　訳注：図 8.3 の式で，$\vec{a} = (1, 2, 3)$，$\vec{b} - \vec{a} = (3, 2, 1)$ のとき $\vec{r} = (x, y, z)$ とすれば λ が求められる．

8.3　内積（スカラー積）Scalar product

「内積」（「スカラー積」あるいは「ドット積」）は，ベクトルを掛け算する方法の一つである．以下のように定義される．

$$\vec{a} \cdot \vec{b} = |\vec{a}||\vec{b}| \cos\theta \tag{8.5}$$

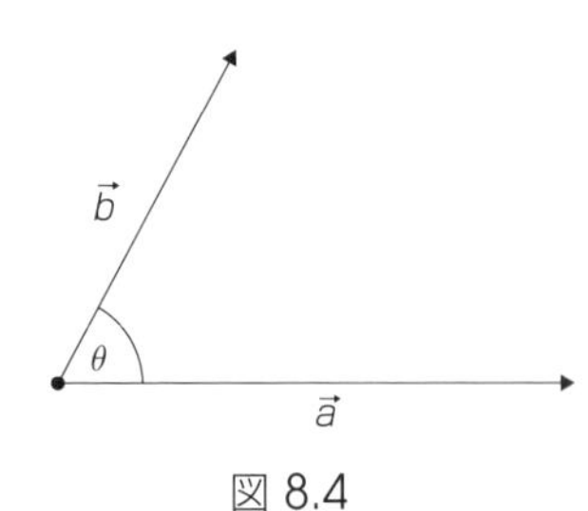

図 8.4

ここで，θ はベクトル $\vec{a}$ と $\vec{b}$ の間の角度である（図 8.4）．$\cos(-\theta) = \cos(\theta)$ なので，角度を測るときに，どちらの側からの角度なのかを気にする必要はない[*7]．結果は簡単なスカラーになる．もし，$\vec{b}$ が単位ベクトルなら内積の幾何学的な意味は明らかである．長さ $|\vec{a}| \cos\theta$ は，ベクトル $\vec{a}$ の $\vec{b}$ 方向への「射影」である．逆に，もし $\vec{a}$ が単位ベクトルであれば，$\vec{a} \cdot \vec{b}$ は $\vec{b}$ の $\vec{a}$ 方向への射影とみなせる．このように内積は，たとえば力のように，あるベクトルを特定の方向へ分解させるときに重要である．

$\theta = \pi/2$ のとき内積はゼロとなり，ベクトル $\vec{a}$ と $\vec{b}$ は「直交」する．θ が鋭角であれば内積は正となり，鈍角であれば負となる．$\theta = 0$ ならベクトル $\vec{a}$ と $\vec{b}$ は平行であり，$\vec{a} \cdot \vec{b} = |\vec{a}||\vec{b}|$ となる．ベクトルの絶対値を求めるには，$\vec{a} \cdot \vec{a} = |\vec{a}|^2$ を使うのが便利である．また，

*7　訳注：ちなみに $\cos(2\pi - \theta) = \cos(2\pi)\cos\theta - \sin(2\pi)\sin\theta = \cos\theta$ でもある．

$$|\vec{b}-\vec{c}|^2 = (\vec{b}-\vec{c})\cdot(\vec{b}-\vec{c}) = |\vec{b}|^2 + |\vec{c}|^2 - 2\vec{b}\cdot\vec{c} \tag{8.6}$$

となり，括弧の掛け算は通常の代数同じように計算できる．式 (8.6) は式 (3.23) で導入した三角形のコサインルールの非常に簡単な証明となっている．

次に，直交座標で内積を表す方法を見つける必要がある．これは，以下のように与えられる．

$$\vec{a}\cdot\vec{b} = (a_1\,\vec{i} + a_2\,\vec{j} + a_3\,\vec{k})\cdot(b_1\,\vec{i} + b_2\,\vec{j} + b_3\,\vec{k}) = a_1\,b_1 + a_2\,b_2 + a_3\,b_3 \tag{8.7}$$

ここでは再び以下の関係を使い，括弧の積の計算を行った．つまり $\vec{i}\cdot\vec{j} = \vec{j}\cdot\vec{k} = \vec{k}\cdot\vec{i} = 0$ を用いた．また単位ベクトルであるので $|\vec{i}|^2 = |\vec{j}|^2 = |\vec{k}|^2 = 1$ である．以上から，内積は対応する成分の積の和をとれば計算できることがわかる．

ベクトル方程式の内積をとることは有効である．内積をとれば，通常の代数規則に従って計算できるスカラー方程式が生み出される．ただし，ベクトルによる割り算は定義されてないので，行うことはできない．

8.4　ベクトル積 Vector product

$\vec{a}$ と $\vec{b}$ をかけ算するもう一つの方法は，「ベクトル積」（「クロス積」）であり，以下のようなベクトルになる．

$$\vec{a}\times\vec{b} = |\vec{a}||\vec{b}|\sin\theta\,\vec{u} \tag{8.8}$$

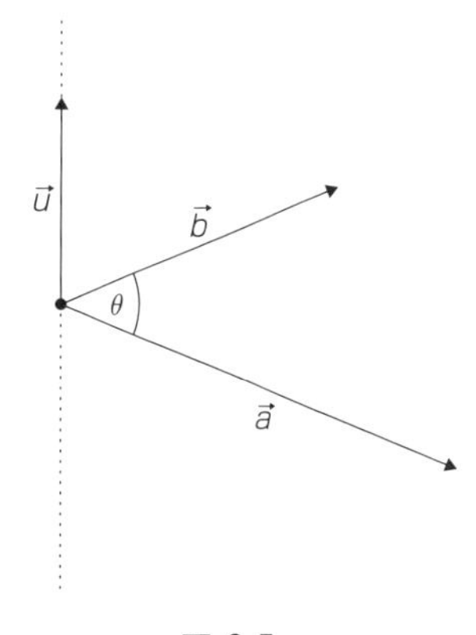

図 8.5

ベクトル積の大きさは，$|\vec{a}||\vec{b}|\sin\theta$ であり，θ はここでも $\vec{a}$ と $\vec{b}$ の間の角度であり，その方向は単位ベクトル $\vec{u}$ の方向である（図 8.5）．$\vec{u}$ の方向は，$\vec{a}$ と $\vec{b}$ の両方に垂直であり，ゆえにそれらを含む平面に垂直であり，「右ねじの法則」で一意的に定義される．すなわち，ねじ回しを右手でもっているとして，指（人差し指から小指まで）の曲がりが $\vec{a}$ から $\vec{b}$ へ回転する方向にあるときの，突き出た親指の向いてる方向が $\vec{u}$ の方向になる（図 8.6）．これにより $\vec{a}\times\vec{b}$ の方向はすぐに決まり，$\vec{b}\times\vec{a}$ とは逆方向になる．

$$\vec{a}\times\vec{b} = -\vec{b}\times\vec{a} \tag{8.9}$$

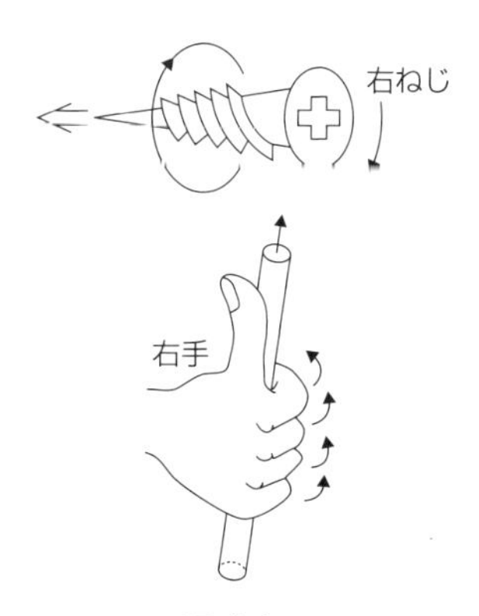

図 8.6

なぜなら $\vec{b}$ から $\vec{a}$ にいくと，回転と手の向き（親指も）が逆向きになるからである．$\theta = 0$ であれば $\sin\theta = 0$ となる．すなわち，ベクトルが平行であればベクトル積はゼロとなる．

$\vec{a}$ と $\vec{b}$ のベクトル積を直交座標で求めるには，それらの基底ベクトルのベクトル積をとった結果を知る必要がある．つまり，$\vec{i}\times\vec{i} = \vec{j}\times\vec{j} = \vec{k}\times\vec{k} = 0$，および $\vec{i}\times\vec{j} = \vec{k}$，$\vec{j}\times\vec{i} = -\vec{k}$ などである．$a_1\,\vec{i} + a_2\,\vec{j} + a_3\,\vec{k}$ と，$b_1\,\vec{i} + b_2\,\vec{j} + b_3\,\vec{k}$ のベクトル積 $\vec{a}\times\vec{b}$ は以下のようになる．

$$\vec{a}\times\vec{b}=(a_2\,b_3-b_3\,a_2, a_3\,b_1-b_3\,a_1, a_1\,b_2-b_1\,a_2) \tag{8.10}$$

9.3 節では，この計算を簡潔に行う方法について述べる．

幾何学的には，ベクトル積の大きさは平行四辺形の面積（あるいは，隣りあう辺が $\vec{a}$ と $\vec{b}$ によって与えられる三角形の面積の 2 倍）になる[*8]．定義により，平行四辺形の「ベクトル面積」は $\vec{a}\times\vec{b}$ で与えられ，方向はその平面に垂直となる．

*8　三角形の面積 $=|\vec{a}\times\vec{b}|/2$

ベクトル積が使えることを検証するために，式 (8.2) の両辺と $\vec{b}-\vec{a}$ のベクトル積をとる．そのとき，$(\vec{b}-\vec{a})\times(\vec{b}-\vec{a})=0$ であるためスカラーパラメータ λ は取り除かれ

$$\vec{r}\times(\vec{b}-\vec{a})=\vec{a}\times(\vec{b}-\vec{a})=\vec{a}\times\vec{b} \tag{8.11}$$

となる．これは直線のベクトル式のもう一つの形である．

8.5　スカラー三重積 Scalar triple product

次に，三つのベクトル $\vec{a}$, $\vec{b}$, $\vec{c}$ を掛け算することを考える．最も容易なのは $\vec{a}\cdot(\vec{b}\times\vec{c})$ と書かれるスカラー三重積である．これはときには $[\vec{a},\vec{b},\vec{c}]$ とも書かれ，スカラーを与える．成分表示では

$$\vec{a}\cdot(\vec{b}\times\vec{c})=a_1(b_2\,c_3-b_3\,c_2)+a_2(b_3\,c_1-b_1\,c_3)+a_3(b_1\,c_2-b_2\,c_1) \tag{8.12}$$

となるが，よりコンパクトな書き方は 9.3 節で導入する．

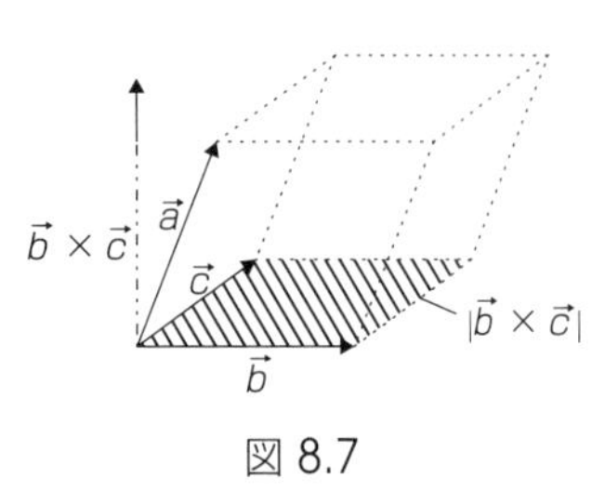

図 8.7

四面体の体積 $=|\vec{a}\cdot(\vec{b}\times\vec{c})|/6$

スカラー三重積は，ベクトル $\vec{a}$, $\vec{b}$, $\vec{c}$ で作られる平行六面体の体積を与える（図 8.7）．8.4 節で $\vec{b}\times\vec{c}$ は辺が $\vec{b}$ と $\vec{c}$ である平行四辺形の面積を与えることを示した．$\vec{a}$ とこの面積を垂直方向への高さで与えるベクトルとの内積は，$\vec{a}$ の底面に垂直な方向への射影となっているため，体積を与える．体積は固定された物理量であり，スカラー三重積の大きさは，$\vec{a}$, $\vec{b}$, $\vec{c}$ の順番に依存しないが，その符号には少し注意が必要である．具体的には，$\vec{a}$, $\vec{b}$, $\vec{c}$ の循環的な組み合わせはすべて同じで，$\vec{a}\cdot(\vec{b}\times\vec{c})=\vec{b}\cdot(\vec{c}\times\vec{a})=\vec{c}\cdot(\vec{a}\times\vec{b})$ である．反循環では，$\vec{a}\cdot(\vec{c}\times\vec{b})=\vec{b}\cdot(\vec{a}\times\vec{c})=\vec{c}\cdot(\vec{b}\times\vec{a})$ はすべて等しく，それはまた，$-\vec{a}\cdot(\vec{b}\times\vec{c})$ に等しくなる．これは式 (8.9) から自明である．

スカラー三重積の二つのベクトルが平行，あるいは同じであれば，その値はゼロとなる．それは高さゼロの平行六面体の体積となるからである．このことは，三つのベクトル $\vec{a}$, $\vec{b}$, $\vec{c}$ が同じ平面内（同一平面）にあるかどうかの便利なテストとなる．すなわち，三つのベクトルが同一平面内にあればスカラー三重積 $\vec{a}\cdot(\vec{b}\times\vec{c})$ は必ずゼロとなる．三つの同一平面内にないベクトルは，三次元のベクトル空間を張るといういいかたをされる．それは，次のようにして，空

間上のどのような点も表せるからである.

$$\vec{r} = l\,\vec{a} + m\,\vec{b} + n\,\vec{c} \tag{8.13}$$

ここで，l，m，n はスカラーである．もし三つのベクトルのうち二つが平行であれば，ベクトルは二次元空間を張るのみで，「線形従属」であるといわれ，以下の式を満たすスカラー p と q を探すことができる.

$$\vec{c} = p\,\vec{a} + q\,\vec{b} \tag{8.14}$$

たとえば，式 (8.13) の l を求めるには，両辺と $\vec{b} \times \vec{c}$ の内積をとりスカラー方程式をたて，両辺をスカラー量 $\vec{a} \cdot (\vec{b} \times \vec{c})$ で割ればよい*9.

この節を終わるにあたって，スカラー三重積を使って式 (8.3) で与えられる平面のベクトル式の別の形を導こう．まず，この式の両辺に以下のベクトル $\vec{n}$ との内積をとる.

$$\vec{n} = (\vec{b} - \vec{a}) \times (\vec{c} - \vec{a}) = \vec{b} \times \vec{c} + \vec{a} \times \vec{b} + \vec{c} \times \vec{a}$$

ここで，$\vec{n}$ を先に掛けても後に掛けても同じになることに注意しよう．$\vec{n}$ をこの形に選んで任意の定数 μ と ν をとり除く．スカラー三重積によって掛け算されているため，そしてそれらが二つの平行なベクトルを含んでいてゼロになるため，このようになる*10．ベクトル $\vec{n}$ は，ベクトル $(\vec{b} - \vec{a})$ とベクトル $(\vec{c} - \vec{a})$ を含む平面に垂直な方向にある.

$$\frac{\vec{r} \cdot \vec{n}}{|\vec{n}|} = \frac{\vec{a} \cdot (\vec{b} \times \vec{c})}{|\vec{n}|} = D \tag{8.15}$$

ここで，両辺を $|\vec{n}|$ で割って単位ベクトル $\vec{n}/|\vec{n}|$ と $\vec{r}$ の内積をとった．これによって，平面が明確に現れる（図 8.8）．式 (8.15) の左辺は，$\vec{r}$ の平面法線単位ベクトルへの射影となる*11．D は原点から平面への垂直距離となる*12．平面の直交座標の方程式は，式 (8.15) で $r = (x, y, z)$ とすれば求められる.

*9　訳注：$\vec{r} \cdot (\vec{b} \times \vec{c}) = l\vec{a} \cdot (\vec{b} \times \vec{c})$

*10　訳注：$\vec{r} = a + \mu(\vec{b} - \vec{a}) + \nu(\vec{c} - \vec{a})$，$\vec{n} \cdot (\vec{b} - \vec{a}) = \vec{n} \cdot (\vec{c} - \vec{a}) = 0$

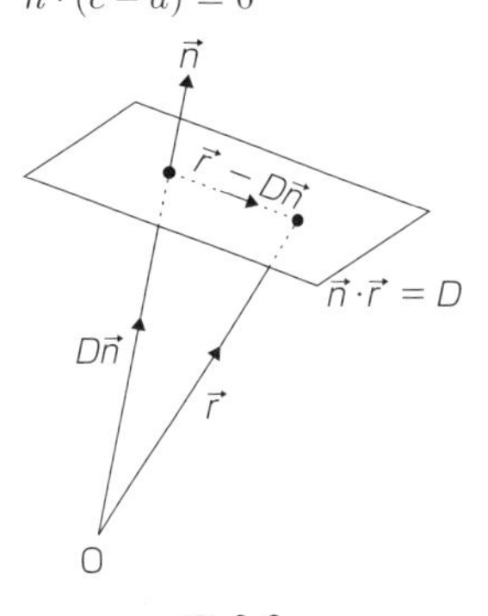

図 8.8

*11　訳注：法線ベクトルはある平面に垂直なベクトルである.

*12

$\vec{r} \cdot (1, 2, 3) = 5$

$x + 2y + 3z = 5$

$D = 5/\sqrt{14}$

8.6　ベクトル三重積 Vector triple product

三つのベクトルを組み合わせるもう一つの方法は，ベクトル三重積 $\vec{a} \times (\vec{b} \times \vec{c})$ である．これはベクトル量で，以下のように簡単になる.

$$\underbrace{\vec{a} \times (\vec{b}}_{\mathrm{AB}} \times \vec{c}) = \underbrace{(\vec{a} \cdot \vec{c})}_{\mathrm{AC}}\vec{b} - \underbrace{(\vec{a} \cdot \vec{b})}_{\mathrm{AB}}\vec{c} \tag{8.16}$$

「ABACAB」と覚えることができる．式 (8.16) を使う方法として，二つの平面の交線を見つけ出す方法がある．式 (8.15) から二つの平面を以下のように書く.

$$\vec{r}\cdot\vec{a}=u \qquad \vec{r}\cdot\vec{b}=v$$

ベクトル三積 $\vec{r}\times(\vec{a}\times\vec{b})$ を考えるために「ABACAB」ルールを当てはめると

$$\vec{r}\times(\vec{a}\times\vec{b})=(\vec{r}\cdot\vec{b})\vec{a}-(\vec{r}\cdot\vec{a})\vec{b}=v\,\vec{a}-u\,\vec{b}$$

ここで，$\vec{r}$ は両方の面内に存在しなければならない．式 (8.11) と比較すると交線のベクトル方程式を容易に得ることができる．その方向は，$(\vec{a}\times\vec{b})$ で与えられる．

8.7　極座標 Polar coordinates

二次元空間でのグラフ上での点の位置は，通常は直交座標 (x, y) で与えられる．一方 7.3 節では，原点からの距離 r と正の x 軸からの半径方向への反時計方向の角度 θ で表す方法について述べた．これは極座標 (r, θ) として知られるものである [*13]．直交座標と極座標の間の関係は，式 (7.9) と式 (7.10) で与えられる．

*13

$x=r\cos\theta$

$y=r\sin\theta$

$x^2+y^2=r^2$

$\theta=\tan^{-1}(y/x)$

三次元の場合，二つのよく使われる極座標の定式化がある．最初のは簡単で，x と y が r と θ に置き換わられ，z はそのまま使うという方法である．この (r，θ，z) は「円柱極座標」と呼ばれる．二番目の方法では，ある点の位置を，原点からの距離と二つの角度 θ と ϕ で表す（図 8.9）．θ と ϕ は緯度（北極からの角度）と経度と考えればよい．すなわち，θ は z 軸から測り，$0°$ は「真北」で，$90°$ は $x-y$ 平面（$z=0$）で，$180°$ は「南極」である．経度 ϕ は，「赤道面」での x 軸の正方向から半径方向への反時計方向の角度である．(r，θ，ϕ) は「球極座標」と呼れている．三角法で少し考えると，r，θ，ϕ は，直交座標で以下のように書かれる．

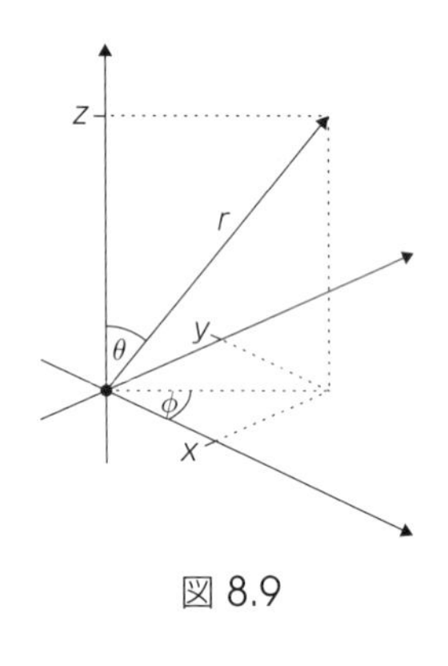

図 8.9

$$x=r\sin\theta\cos\phi \tag{8.17}$$
$$y=r\sin\theta\sin\phi$$
$$z=r\cos\theta$$

逆に変換できることも確かめられており，最も有効なのはよく知られている $r^2=x^2+y^2+z^2$ である．

直交座標系で十分で，式変形もはるかに容易なときに，異なる座標系をもつことは必要ないようにも思えるが，第 7 章で極座標を使う意味を見てきた．それぞれの問題について，幾何学に自然な座標系を使う利点（たとえば計算が簡単になること）は 12 章でも見る．本書では直方体，円筒状，球状の場合だけを考える．あまり使わないが，他にもある．

8.8 演習問題

[**8.1**] 次のうち，どれがベクトル量か述べよ．

(1) 温度　(2) 磁場　(3) 加速度

(4) 力　(5) 分子量　(6) 面積

[**8.2**] 点 A, B, C, D は位置ベクトル $\vec{a}=(1,2,3), \vec{b}=(2,0,1), \vec{c}=(1,1,1)$, および $\vec{d}=(5,2,5)$ で与えられる．以下を計算せよ．

(1) $\vec{a}+\vec{b}-\vec{c}+\vec{d}$

(2) $2\vec{a}-3\vec{b}-5\vec{c}+\vec{d}/2$

(3) $\vec{\mathrm{BC}}$ と $\vec{\mathrm{AD}}$ の中点の位置ベクトル

[**8.3**] $\vec{a}$, $\vec{b}$, $\vec{c}$, $\vec{d}$ を演習問題 [8.2] と同じにとる．このとき以下を求めよ．

(1) A と C を通る直線のベクトル方程式

(2) $\vec{\mathrm{AB}}$ の中点と $\vec{\mathrm{CD}}$ の中点を通るベクトル方程式

(3) $\vec{r}=\vec{a}+\lambda\vec{b}$ と $\vec{r}=\vec{c}+\lambda\vec{d}$ によって定義される直線の直交座標方程式

[**8.4**] $\vec{a}$, $\vec{b}$, $\vec{c}$, および $\vec{d}$ を演習問題 [8.2] と同じにとる．

(1) $\vec{a}\cdot\vec{b}$, $\vec{a}\cdot\vec{c}$, $\vec{a}\cdot\vec{d}$ を求めよ．

(2) $\vec{b}$ と $\vec{c}$ の角度，$\vec{c}$ の $\vec{d}$ 角度を求めよ．

(3) $(\vec{a}\cdot\vec{c})\vec{b}$ と $(\vec{a}\cdot\vec{b})\vec{c}$ を求めよ．

[**8.5**] 内積を使って，$\cos(A\pm B)=\cos A\cos B\mp\sin A\sin B$ を導け．

[**8.6**] $\vec{a}$, $\vec{b}$, $\vec{c}$, および $\vec{d}$ を演習問題 [8.2] と同じにとる．

(1) $\vec{a}\times\vec{b}$, $\vec{a}\times\vec{c}$, および $\vec{a}\times\vec{d}$ を求めよ．

(2) $\vec{b}$ と $\vec{c}$ および $\vec{c}$ と $\vec{d}$ の角度を求めよ．

(3) 演習 [8.3](3) で議論した二つの直線を $\vec{r}\times\vec{p}=\vec{q}$ の形で書け．

[**8.7**] 式 (3.22) のサインルールをベクトル積から求めよ．

[**8.8**] $\vec{a}$, $\vec{b}$, $\vec{c}$, および $\vec{d}$ を演習問題 [8.2] と同じにとる．

(1) $\vec{a}\cdot(\vec{b}\times\vec{c})$, $\vec{a}\cdot(\vec{c}\times\vec{d})$, および $\vec{a}\cdot(\vec{b}\times\vec{d})$ を求めよ．

(2) 同一平面内にある三つの位置ベクトルを決定し，直交座標でこの平面の方程式を，直交座標とベクトルの形でも求めよ．

(3) 原点から平面への垂直距離を求めよ．

[**8.9**] ベクトル $(1,2,4)$，$(2,0,-3)$，$(-4,4,17)$ のスカラー三重積を求めよ．それらは線形従属か，そうでないか．三つめのベクトルは最初の二つの線形結合で表すことができるか．もしそうであれば，この線形結合を求めよ．

[**8.10**] 演習問題 [8.4] の結果を使って，式 (8.16) の「ABACAB」の規則を確かめよ．

[**8.11**] $\vec{a}$，$\vec{b}$，および $\vec{c}$ の逆ベクトルは以下のように定義される．

$$\vec{a'} = \vec{b} \times \vec{c}/s$$
$$\vec{b'} = \vec{c} \times \vec{a}/s$$
$$\vec{c'} = \vec{a} \times \vec{b}/s$$

ここで，$s = \vec{a} \cdot (\vec{b} \times \vec{c})$ である．
(1) $\vec{a'} \cdot \vec{a} = \vec{b'} \cdot \vec{b} = \vec{c'} \cdot \vec{c} = 1$ を示せ．
(2) $\vec{a'} \cdot \vec{b} = \vec{a'} \cdot \vec{c} = 0$ を示せ．
(3) 逆ベクトルのスカラー三重積を s で表せ．
(4) あるベクトル $\vec{x}$ がこれらの逆ベクトルの線形結合で表されれば，$\vec{a'}$ の係数は $\vec{a} \cdot \vec{x}$ で与えられることを示せ．

9 行列

9.1 定義と命名法 Definition and nomenclature

本章では「行列」について考えていく[*1]．最初はかなり抽象的な議論が続くが，「線形代数」の名のもとに進められる重要なトピックである．

行列の最も簡単な定義は，数字を長方形に配列して大きな丸括弧で囲うというものである．M 行 N 列からなる行列は，$M \times N$ 行列と表現する．たとえば

$$\boldsymbol{A} = \begin{pmatrix} 2 & 5 & 3 \\ 1 & 4 & 7 \end{pmatrix} \tag{9.1}$$

は 2×3（2 行 3 列）行列である[*2]．

式 (9.1) のように行列を記号 $\boldsymbol{A}$ で書けば，その個々の「要素」は $\{A\}$ に二つの添え字 i と j を加えて A_{ij} と書かれる[*3]．式 (9.1) の場合，i は 1 または 2 で，j は $j = 1, 2$，または 3 である．したがって，$A_{11} = 2$，$A_{21} = 1$，$A_{12} = 5$ などとなる（図 9.1）．大きさ（または形）や要素によって，行列にはさまざまな名前がつけられている．たとえば，「行」行列は 1 行のみ（$M = 1$）の行列で，「列」行列は 1 列のみ（$N = 1$）の行列である．これらはベクトルであると考えればよく，添え字は一つのみであり，要素はベクトルの成分である[*4]．

行と列の数が等しい場合（$M = N$）を「正方」行列であるという．正方行列は特に興味深い性質をもつので，本章の大半はそれについて述べる．

通常の行列は，「実数性」と「対称性」をもつ（実対称行列）．前者は要素が複素数ではないことを，後者は正方行列であることを仮定している．この場合，行と列を交換しても行列は同じになる．行と列をスイッチする操作は「転置」と呼ばれ，行列に T の上付き文字をつけて表す[*5]．$\boldsymbol{A}^T$ の ij 番目の要素は，$\boldsymbol{A}$ の ji 番目の要素に等しい．

$$(A^T)_{ij} = A_{ji} \tag{9.2}$$

列行列の転置はもちろん行行列であり，その逆も成立する．実対称行列は以下

*1 訳注：原著では行列を二重下線チルド $\underset{\approx}{A}$ で表しているが，本書では太字のイタリック体で表記する．$\boldsymbol{A} \equiv \underset{\approx}{A}$

*2 訳注：左右に横に並ぶのが「行」で，上下に縦に並ぶのが「列」である．英語では行は Row，列は Column である．R の文字の下の空いている部分が横なので「行」，C の文字の右の空いている部分が縦なので「列」と覚えるらしい．

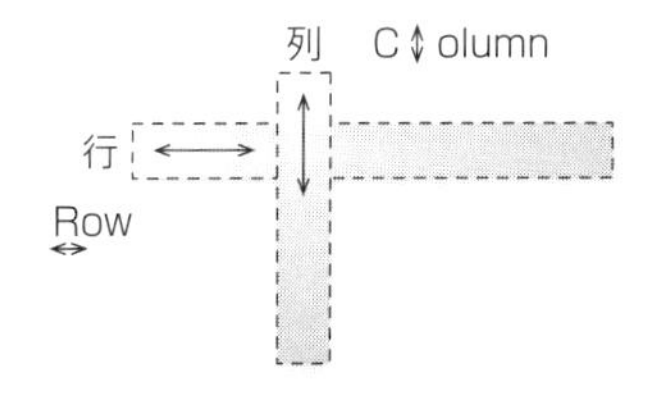

図 9.1

*3 訳注：i 行 j 列の要素を A_{ij} と書く．

$$\boldsymbol{A} = \begin{pmatrix} A_{11} & A_{12} & \cdots & A_{1N} \\ A_{21} & A_{22} & \cdots & A_{2N} \\ \cdot & \cdot & \cdots & \cdot \\ \cdot & \cdot & \cdots & \cdot \\ A_{M1} & A_{M2} & \cdots & A_{MN} \end{pmatrix}$$

*4 訳注：ベクトルの内積は，列行列と行行列の積となる．

$$\vec{a} \cdot \vec{b} = \begin{pmatrix} a_x & a_y & a_z \end{pmatrix} \begin{pmatrix} b_x \\ b_y \\ b_z \end{pmatrix} = a_x b_x + a_y b_y + a_z b_z$$

によって定義される.

$$\boldsymbol{A}^* = \boldsymbol{A} \qquad \boldsymbol{A}^T = \boldsymbol{A} \tag{9.3}$$

ここで上付き文字「*」は，それぞれの要素を複素共役で置き換えることを意味する.「エルミート行列」は量子力学で中心的な働きをする行列であり，以下の条件を満足する.

$$\boldsymbol{A}^T = \boldsymbol{A}^* \tag{9.4}$$

式 (9.3) と式 (9.4) より，実対称行列はエルミート行列の特別な場合であることがわかる（$\boldsymbol{A}^T = \boldsymbol{A}^* = \boldsymbol{A}$).

9.2　行列の演算 Matrix arithmetic

二つの行列 $\boldsymbol{A}$ と $\boldsymbol{B}$ の和や差は，それぞれに対応する要素を足したり引いたりすることで計算できる[*6].

$$\boldsymbol{C} = \boldsymbol{A} \pm \boldsymbol{B} \iff C_{ij} = A_{ij} \pm B_{ij} \tag{9.5}$$

この式が成立するためには，行列が同じ大きさでないといけない．いい換えるなら，$\boldsymbol{A}$ が $M \times N$ 行列であれば，$\boldsymbol{B}$（そして $\boldsymbol{C}$）も $M \times N$ 行列でなければならない.

行列の掛け算は，足し算や引き算ほど簡単ではない．掛け算は以下のように定義される．$\boldsymbol{A}$ と $\boldsymbol{B}$ の積（すなわち $\boldsymbol{C}$）の ij 番目の要素は，$\boldsymbol{A}$ の i 番目の行と $\boldsymbol{B}$ の j 番目の列との内積であり，スカラーとして与えられる[*7*8]．厳密に書くと，

$$\boldsymbol{C} = \boldsymbol{A}\boldsymbol{B} \iff C_{ij} = \sum_k A_{ik} B_{kj} \tag{9.6}$$

となる．この式が成立するには，$\boldsymbol{A}$ の列の数が $\boldsymbol{B}$ の行の数と等しいことが必要である[*9]．式 (9.6) の少し奇妙な規則の利点は後に明らかになるが，注意しておかなくてならないのは，掛け算が交換可能ではないことである．すなわち，一般には

$$\boldsymbol{A}\boldsymbol{B} \neq \boldsymbol{B}\boldsymbol{A}$$

である（訳注：この非可換性が量子力学の本質である)．$\boldsymbol{A}\boldsymbol{B}$ は計算可能でも，行と列の大きさがに条件があるため，一般に $\boldsymbol{B}\boldsymbol{A}$ は計算できない[*10].

交換不可能であるということは，行列が先に掛けれるのか後に掛けられるのか，順番を非常に注意しなければならないことを意味する.

ちなみに，行列の積の転置は転置行列の積であるが，積の順番が逆になる.

*5

$$\boldsymbol{A}^T = \begin{pmatrix} A_{11} & A_{21} & \cdots & A_{M1} \\ A_{12} & A_{22} & \cdots & A_{M2} \\ A_{13} & A_{23} & \cdots & A_{M3} \\ \cdot & \cdot & \cdots & \cdot \\ \cdot & \cdot & \cdots & \cdot \\ A_{1N} & A_{2N} & \cdots & A_{MN} \end{pmatrix}$$

*6

$$\begin{pmatrix} 2 & 5 \\ 1 & 4 \\ 6 & 1 \end{pmatrix} + \begin{pmatrix} 3 & -1 \\ 7 & 0 \\ -3 & 1 \end{pmatrix} = \begin{pmatrix} 5 & 4 \\ 8 & 4 \\ 3 & 2 \end{pmatrix}$$

*7　訳注：

$$\begin{pmatrix} C_{11} & C_{12} & \cdots & C_{1N} \\ C_{21} & C_{22} & \cdots & C_{2N} \\ \cdot & \cdot & \cdots & \cdot \\ \cdot & \cdot & \cdots & \cdot \\ C_{M1} & C_{M2} & \cdots & C_{MN} \end{pmatrix} = \begin{pmatrix} A_{11} & A_{12} & \cdots & A_{1L} \\ A_{21} & A_{22} & \cdots & A_{2L} \\ \cdot & \cdot & \cdots & \cdot \\ \cdot & \cdot & \cdots & \cdot \\ A_{M1} & A_{M2} & \cdots & A_{ML} \end{pmatrix} \begin{pmatrix} B_{11} & B_{12} & \cdots & B_{1N} \\ B_{21} & B_{22} & \cdots & B_{2N} \\ \cdot & \cdot & \cdots & \cdot \\ \cdot & \cdot & \cdots & \cdot \\ B_{L1} & B_{L2} & \cdots & B_{LN} \end{pmatrix}$$

*8

$$\begin{pmatrix} 2 & 5 \\ 1 & 4 \\ 6 & 1 \end{pmatrix} \begin{pmatrix} 3 & -1 \\ 7 & 0 \end{pmatrix} = \begin{pmatrix} 41 & -2 \\ 31 & -1 \\ 25 & -6 \end{pmatrix}$$

*9　訳注：$\boldsymbol{C}$ が $M \times N$ 行列であるなら，$\boldsymbol{A}$ は $M \times L$ 行列で，$\boldsymbol{B}$ は $L \times N$ 行列でなければならない.

*10　訳注：$\boldsymbol{B}\boldsymbol{A}$ は $L \times N$ 行列と $M \times L$ 行列の積なので，$N = M$ でない場合は計算できない．また，二つの行列とも n 次正方行列であっても，$C_{ij} = \sum_{k=1}^{n} A_{ik} B_{kj} \neq D_{ij} = \sum_{l=1}^{n} B_{il} A_{lj}$ であり，一般には交換できない.

$$(\boldsymbol{A}\,\boldsymbol{B})^T = \boldsymbol{B}^T\,\boldsymbol{A}^T \tag{9.7}$$

これは，式 (9.2) と式 (9.6) から得られる*11.

行列の割り算はできないが，スカラー（あるいは 1×1 行列）で割ることは可能である．掛け算でもそうであるが，これは特殊な場合であり，常に簡単な演算となる*12.

$$\boldsymbol{C} = \alpha\,\boldsymbol{B} \iff C_{ij} = \alpha\,B_{ij} \tag{9.8}$$

ここでは行列のすべての要素が，定数 α で掛けたり，割ったりされる．

9.3 行列式 Determinants

行列の一般的な話を続ける前に，少し横道にそれ，「行列式」について考えてみよう．行列式は，本章の後半で扱われる正方行列に関して議論するための基本的前提条件となる．

1×1 行列の場合は，最も簡単で，その行列式は要素そのものである．つまり，$\det(\boldsymbol{A}) = |A_{11}| = A_{11}$ である．（$\det(\boldsymbol{A})$ とは $\boldsymbol{A}$ の行列式のことをさす．）2×2 行列の場合の行列式は，以下のように定義される*13.

$$\det\boldsymbol{A} = \begin{vmatrix} A_{11} & A_{12} \\ A_{21} & A_{22} \end{vmatrix} = A_{11}\,A_{22} - A_{12}\,A_{21} \tag{9.9}$$

さらに高次の行列では，その行列式は非常にややこしくなるが，簡単な規則によって，より低次の行列式と関連づけられる．行列式は，ある行および列に対応する「余因子」の積，内積，スカラー（あるいは内積）によって与えられる．

行列要素の A_{ij} の余因子は，i 番目の行と j 番目の列を除いた行列式に $(-1)^{i+j}$ を掛けたものである．そのため，$+1$ と -1 が碁盤目のようになっており*14，i 番目の行と j 番目の列を除いた行列式は「小行列式」と知られており，もとの行列式より 1 行 1 列小さい大きさをもつ*15.

したがって，たとえば 3×3 の行列式は，三つの 2×2 の行列式で書かれる*16.

$$\begin{vmatrix} A_{11} & A_{12} & A_{13} \\ A_{21} & A_{22} & A_{23} \\ A_{31} & A_{32} & A_{33} \end{vmatrix} = A_{11}\begin{vmatrix} A_{22} & A_{23} \\ A_{32} & A_{33} \end{vmatrix} - A_{12}\begin{vmatrix} A_{21} & A_{23} \\ A_{31} & A_{33} \end{vmatrix} + A_{13}\begin{vmatrix} A_{21} & A_{22} \\ A_{31} & A_{32} \end{vmatrix}$$

ここで，展開は第 1 行に関して行った．

式 (9.9) より，2×2 の行列の行列式は二つの 1×1 行列式で書かれる．こ

*11 訳注：$\boldsymbol{C}^T = \boldsymbol{B}^T\,\boldsymbol{A}^T \iff C_{ji} = \sum_k B_{jk}\,A_{ki}$

*12

$$2\begin{pmatrix} 3 & -1 \\ 7 & 0 \\ -3 & 1 \end{pmatrix} = \begin{pmatrix} 6 & -2 \\ 14 & 0 \\ -6 & 2 \end{pmatrix}$$

*13

$$\begin{vmatrix} 2 & 5 \\ 1 & 4 \end{vmatrix} = 2\times4-5\times1 = 3$$

*14

$$\begin{pmatrix} + & - & + & \cdots & \cdots \\ - & + & - & \cdots & \cdots \\ + & - & + & \cdots & \cdots \\ \cdot & \cdot & \cdot & \cdots & \cdots \\ \cdot & \cdot & \cdot & \cdots & + \end{pmatrix}$$

*15 訳注：n 次正方行列 $\boldsymbol{A} = (A_{ij})$ の第 (i,j) 余因子を $\tilde{A}_{ij}$ で表すと
$\det\boldsymbol{A} = |\boldsymbol{A}| = \sum_{j=1}^{n} A_{ij}\,\tilde{A}_{ij} = \sum_{i=1}^{n} A_{ij}\,\tilde{A}_{ij}$
となる．最初の和の式は，i 番目の行（$i = 1,2,3,\cdots,n$ のどれでもよい）での展開を示し，2 番目の式は j 番目の列（$j = 1,2,3,\cdots,n$ のどれでもよい）での展開となる．また，$\boldsymbol{A}$ の第 (i,j) 小行列式を Δ_{ij} とすると，$\tilde{A}_{ij} = (-1)^{i+j}\Delta_{ij}$ である．

2 列での展開

$$\begin{pmatrix} A_{11} & A_{12} & \cdots & A_{1N} \\ A_{21} & A_{22} & \cdots & A_{2N} \\ \cdot & \cdot & \cdots & \cdot \\ \cdot & \cdot & \cdots & \cdot \\ A_{N1} & A_{N2} & \cdots & A_{NN} \end{pmatrix}$$

$$\begin{pmatrix} A_{11} & A_{12} & \cdots & A_{1N} \\ A_{21} & A_{22} & \cdots & A_{2N} \\ \cdot & \cdot & \cdots & \cdot \\ \cdot & \cdot & \cdots & \cdot \\ A_{N1} & A_{N2} & \cdots & A_{NN} \end{pmatrix}$$

$$\begin{pmatrix} A_{11} & A_{12} & \cdots & A_{1N} \\ A_{21} & A_{22} & \cdots & A_{2N} \\ \cdot & \cdot & \cdots & \cdot \\ \cdot & \cdot & \cdots & \cdot \\ A_{N1} & A_{N2} & \cdots & A_{NN} \end{pmatrix}$$

れは演習としては使える．というのは，余因子規則によって得られた行列式は，行か列かの選択に依存しないことを確かめることができるからである．

*16

$$\begin{vmatrix} 1 & 0 & 2 \\ 3 & -1 & 5 \\ 4 & 3 & 7 \end{vmatrix} = \begin{vmatrix} -1 & 5 \\ 3 & 7 \end{vmatrix} + 2 \begin{vmatrix} 3 & -1 \\ 4 & 3 \end{vmatrix} = -7 - 15 + 2(9+4) = 4$$

行列式にはいくつかの一般的な特徴があり，いくつかは計算を楽にするために使える．証明なしで示すが，2×2 行列でそれらが正しいかチェックするとよいだろう．

①行と列を交換しても行列式は変わらない*17

*17　$\det(\boldsymbol{A}^T) = \det(\boldsymbol{A})$

②行または列に定数 k を掛けると，行列式も k 倍になる

③ある行（または列）がすべてゼロの場合，行列式もゼロになる

④ある行（または列）が他の行（または列）にある数を掛けたものになっている場合，行列式はゼロとなる

⑤二つの行（または列）を交換すると，その行列式は -1 を掛けたものになる

⑥ある行（または列）の何倍かを他の行（または列）に加えても行列式は変わらない

⑦行列の積の行列式は，それぞれの行列式の積である*18．

*18　$\det(\boldsymbol{AB}) = \det(\boldsymbol{A}) \det(\boldsymbol{B})$

ちなみに，行列式に対する余因子規則は，8.4 節で見たベクトル積の公式を思い出させるのによい．

$$\vec{a} \times \vec{b} = \begin{vmatrix} \vec{i} & \vec{j} & \vec{k} \\ a_x & a_y & a_z \\ b_x & b_y & b_z \end{vmatrix} \tag{9.10}$$

さらには，第 1 行を 3 番目のベクトル $\vec{c}$ の成分で置き換えればスカラー三重積も容易に得られる*19．このようにして，8.5 節で示されたように，3×3 行列の行列式が平行六面体の体積を表すことが分かる．事実，行（または列）を平行六面体の辺のベクトルとすれば，生じた立体の体積を行列式の大きさが与えるというのは，行列式の一般的な物理的解釈である．行列式の大きさは，したがって，1×1 行列の場合は長さになり，2×2 行列の場合は面積になる．

*19

$$(\vec{a} \times \vec{b}) \cdot \vec{c} = \begin{vmatrix} c_x & c_y & c_z \\ a_x & a_y & a_z \\ b_x & b_y & b_z \end{vmatrix}$$

9.4　逆行列 Inverse matrices

9.2 節で，行列の割り算は許されないと述べた．しかし，正方行列には割り算に似た演算がある．逆行列による掛け算である．これは，以下のような性質をもつ*20．

$$\boldsymbol{A}^{-1}\boldsymbol{A} = \boldsymbol{A}\boldsymbol{A}^{-1} = \boldsymbol{I} \tag{9.11}$$

ここで $\boldsymbol{I}$ は 1 に等価な行列で，対角項は 1 でそれ以外はゼロである．これを，「単位行列」と呼ぶ*20．何かに $\boldsymbol{I}$ を（計算可能なら）掛けると，その何か自身に戻る．

*20

$$\boldsymbol{I} = \begin{pmatrix} 1 & 0 & \cdots & 0 \\ 0 & 1 & \cdots & 0 \\ . & . & \cdots & . \\ 0 & 0 & \cdots & 1 \end{pmatrix}$$

逆行列は式 (9.11) の定義から求められるが，より系統的な方法がある．

$$\boldsymbol{A}^{-1} = \frac{\mathrm{adj}(\boldsymbol{A})}{\det(\boldsymbol{A})} \tag{9.12}$$

ここで，$\mathrm{adj}(\boldsymbol{A})$ は $\boldsymbol{A}$ の「余因子行列（随伴行列）」と呼ばれるものであり，$\boldsymbol{A}$ の要素を転置した $\boldsymbol{A}^T$ とその余因子からなる*21*22.

式 (9.12) の分母は $\boldsymbol{A}$ の逆行列 $\boldsymbol{A}^{-1}$ が，もし行列式 $\det(\boldsymbol{A})$ がゼロであれば存在しないことを示す．そのような行列は「特異行列」であるといわれる.

*21　訳注：余因子行列は i と j がひっくり返っていることに注意.

$$\mathrm{adj}(\boldsymbol{A}) = \begin{pmatrix} \tilde{A}_{11} & \tilde{A}_{21} & \cdots & \tilde{A}_{n1} \\ \tilde{A}_{12} & \tilde{A}_{22} & \cdots & \tilde{A}_{n2} \\ \cdot & \cdot & \cdots & \cdot \\ \cdot & \cdot & \cdots & \cdot \\ \tilde{A}_{1n} & \tilde{A}_{2n} & \cdots & \tilde{A}_{nn} \end{pmatrix}$$

$$[\mathrm{adj}(\boldsymbol{A})]_{ij} = (\tilde{\boldsymbol{A}}^T)_{ij} = \tilde{A}_{ji} = (-1)^{j+i}\,\Delta_{ji}$$

*22

$$\begin{pmatrix} 5 & 3 \\ 2 & 1 \end{pmatrix}^{-1} = \frac{1}{5-6}\begin{pmatrix} 1 & -3 \\ -2 & 5 \end{pmatrix} = \begin{pmatrix} -1 & 3 \\ 2 & -5 \end{pmatrix}$$

9.5 連立一次方程式 Linear simultaneous equations

1.4 節で連立方程式を見た．そして，解くのに最も簡単なのは線形の場合であることに着目した．本章では，それを以下の形から解く.

$$\boldsymbol{A}\,\vec{X} = \vec{B} \tag{9.13}$$

ここで $\boldsymbol{A}$ は行列で，$\vec{X}$ と $\vec{B}$ はベクトル（あるいは列行列）であり，$\boldsymbol{A}$ と $\vec{B}$ の要素は既知で，$\vec{X}$ の要素が式 (9.13) を満たすと考える．たとえば，1.4 節の対の式は，以下のように書かれる.

$$\begin{pmatrix} a & b \\ c & d \end{pmatrix}\begin{pmatrix} x \\ y \end{pmatrix} = \begin{pmatrix} \alpha \\ \beta \end{pmatrix}$$

ここで，a，b，c，d，α，および β は定数である.

式 (9.13) は，逆行列 $\boldsymbol{A}^{-1}$ を前から掛けることによって解ける.

$$\boldsymbol{A}^{-1}\,\boldsymbol{A}\,\vec{X} = \boldsymbol{A}^{-1}\,\vec{B} \quad \Longrightarrow \quad \boldsymbol{I}\,\vec{X} = \vec{X} = \boldsymbol{A}^{-1}\,\vec{B} \tag{9.14}$$

ここで，式 (9.11) の性質と単位行列を使った．逆行列を求めることはもちろん少々骨が折れるが，式 (9.14) を使って $\vec{X}$ を求めるのと簡単である*23.

*23

$$\begin{pmatrix} x \\ y \end{pmatrix} = \begin{pmatrix} a & b \\ c & d \end{pmatrix}^{-1}\begin{pmatrix} \alpha \\ \beta \end{pmatrix} = \frac{1}{\Delta}\begin{pmatrix} d & -b \\ -c & a \end{pmatrix}\begin{pmatrix} \alpha \\ \beta \end{pmatrix}$$

なぜなら $\Delta = a\,d - b\,c \neq 0$

9.4 節での議論と同様，以下の二つが暗に仮定されている.

①行列 $\boldsymbol{A}$ は正方であること

②$\det(\boldsymbol{A}) \neq 0$

①は未知数と同じ数だけの連立方程式が必要であるということ，そして②は「線形独立」であることを意味している．それはすなわち，他の式の組合せでは方程式を表せないという意味であり，そのため実際に表れるよりも少ない方程式の数になる．もし $\boldsymbol{A}$ が特異行列であれば，解は一つに決まらないか，もしくは全くないことになる．幾何学的には，2×2 行列の場合は，直線の交点を探すことになる．もし線が平行であれば，一つの点で交差しないし（解がない），お互いが同一線上にあれば線のどの部分もが解になる（解は一つに決まらない）.

9.6 変換 Transformations

行列が（必ずしも正方行列である必要はない）ベクトルに作用すると，新しい列行列（ベクトル）を生む．

$$\boldsymbol{A}\vec{X}=\vec{Y} \tag{9.15}$$

入力の $\vec{X}$ から出力の $\vec{Y}$ への変化は「写像」あるいは「変換」と呼ばれ，行列 $\boldsymbol{A}$ はしばしば「演算子」といわれる．たとえば二次元のベクトルに，前から以下の行列を掛けると，ベクトルは反時計方向に角度 θ 回転する（図 9.2）．

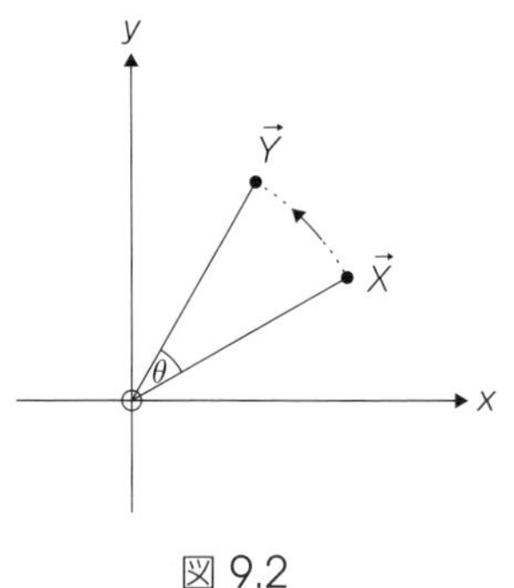

図 9.2

$$\boldsymbol{A}=\begin{pmatrix}\cos\theta & -\sin\theta\\ \sin\theta & \cos\theta\end{pmatrix} \tag{9.16}$$

すべての 2×2 行列では，正方形の角の点の動き考えれば，どのような変換かが理解できる．すなわち，(0,0)，(0,1)，(1,0)，および (1,1) がどこに変換されるのかを考えればよい．もし $\boldsymbol{A}$ が正方行列で特異行列でなければ，逆行列 $\boldsymbol{A}^{-1}$ を $\vec{Y}$ に作用させれば逆変換が得られる．

9.7　固有値と固有ベクトル Eigenvalues and eigenvectors

式 (9.15) には固有値方程式と呼ばれる特別な場合があり，物理的に非常に重要である．それは，$\vec{X}$ に長さ λ 倍を掛けて変換するときに起こる．

$$\boldsymbol{A}\vec{X}=\lambda\vec{X} \tag{9.17}$$

λ の値と $\vec{X}$ は，$\boldsymbol{A}$ の「固有値」と「固有ベクトル」とそれぞれ呼ばれる式を満足する．

ここで行列 $\boldsymbol{A}$ は暗に正方であることになっており，よって式 (9.17) は以下のようになる．

$$(\boldsymbol{A}-\lambda\boldsymbol{I})\vec{X}=0 \tag{9.18}$$

ここで，$\boldsymbol{I}\vec{X}=\vec{X}$ を使った．また，単位行列は $\boldsymbol{A}$ と同じ大きさである．9.5 節の議論に従うと，式 (9.18) の両辺に前から $(\boldsymbol{A}-\lambda\boldsymbol{I})$ の逆行列を掛けると，$\vec{X}=0$ という結論になる．これは避ける唯一の方法は

$$\det(\boldsymbol{A}-\lambda\boldsymbol{I})=0 \tag{9.19}$$

とすることであり，このとき $(\boldsymbol{A}-\lambda\boldsymbol{I})^{-1}$ は存在しない．こうすれば，自明な解 $\vec{X}=0$ を無理矢理受け入れる必要はなくなる．

固有値方程式を解く第一段階が，式 (9.19) を使うことである．$\boldsymbol{A}$ の対角成分から λ を引き算し，その行列の行列式をゼロとする*24．$N\times N$ 行列の場合は，λ の N 次多項式（特性方程式と呼ばれる）の根を見つける問題になる．したがって，N 個の固有値（$\lambda_1,\lambda_2,\lambda_3,\cdots,\lambda_N$）があり，それに対応する固有ベ

*24

$$\begin{vmatrix}4-\lambda & 1\\ 2 & 3-\lambda\end{vmatrix}=0$$
$\Rightarrow \lambda^2-7\lambda+10=0$
$\Rightarrow \lambda=2$ または $\lambda=5$

クトル（$\vec{X}_1, \vec{X}_2, \vec{X}_3, \cdots, \vec{X}_N$）を見つけなければならない．

固有ベクトルを見つける最もよい方法は，λ を一つずつ，式 (9.17) または式 (9.18) に入れていくことである[*25]．$\vec{X}$ の一つの成分を t のようなパラメータとし，他も t で表す．未知の変数（t）があるということは，単に $\vec{X}$ に対する解が唯一の点ではないことを示している．要素間の関係は固定されているが，ある決められた方向をもつということを確かめることができる．慣例によると，個々の固有ベクトルは，長さが 1 になるような t の値を使って「規格化」される．この方法では解けないことがしばしばあるが，その場合は，異なる成分を参照して（上のことを）繰り返すとよいだろう．

*25 $\lambda = 2$ のとき
$2x + y = 0$
$\Rightarrow \vec{X} = t\begin{pmatrix} 1 \\ -2 \end{pmatrix}$
$\lambda = 5$ のとき
$-x + y = 0$
$\Rightarrow \vec{X} = t\begin{pmatrix} 1 \\ 1 \end{pmatrix}$

物理的な問題を扱うときには，対象の行列は実数で対称またはエルミートである傾向があり，それぞれ式 (9.3) と式 (9.4) で定義される．これらの行列は，便利でうれしい固有値特性をもつ．すなわち，すべての固有値は実数で，固有ベクトルはお互いに直交する．

$$\lambda_i = \lambda_i^* \qquad \vec{X}_i^T \vec{X}_j = \vec{X}_i \cdot \vec{X}_j = 0 \quad ただし\ i \neq j \tag{9.20}$$

ここで，添え字は式 (9.17) の異なる解を示している．さらに，固有値の積は $\det(\boldsymbol{A})$ に等しくなり，固有の和は $\boldsymbol{A}$ の対角成分の和（対角和またはトレース）で与えられる[*26]．

*26

$\det(\boldsymbol{A}) = \lambda_1 \lambda_2 \lambda_3 \cdots \lambda_N$
$\mathrm{trace}(\boldsymbol{A}) =$
$\lambda_1 + \lambda_2 + \lambda_3 + \cdots + \lambda_N$

9.8 対角化 Diagonalisation

以下のスカラー量を考えることで，固有値と固有ベクトルの幾何学的な解釈を得よう．

$$Q = \vec{X}^T \boldsymbol{A} \vec{X} \tag{9.21}$$

これは「二次形式」と呼ばれる．たとえば，もし $\boldsymbol{A}$ が実対称の 2×2 行列なら，両方の固有値は同じ符号をもち，ベクトル $\vec{X}^T$ は行行列 $(x\ y)$ であり，式 (9.21) は楕円の式となる．その結果として得られた式は式 (2.10) ほどは単純ではない．なぜなら，一般に，楕円は x，y 軸に対して傾いているからである．このように，固有ベクトルは主軸の方向を向き，対応する幅の 2 乗の逆数に比例する．高次の行列では多次元の楕円体を与えるが，主軸と固有値問題との関係は保たれる．

$\boldsymbol{A}$ の固有値と固有ベクトルを求めたら，その後は新しい座標系 $\vec{Y}$ で考えるほうが，解析が簡単になることが多い．その新しい座標系は楕円の主軸に沿った方向である（図 9.3）．$\vec{X}$ と $\vec{Y}$ の変換は以下のように与えられる．

$$\vec{X} = \boldsymbol{O} \vec{Y} \tag{9.22}$$

ここで行列 $\boldsymbol{O}$ の列は，$\boldsymbol{A}$ の規格化された固有ベクトルから構成される．式 (9.20)

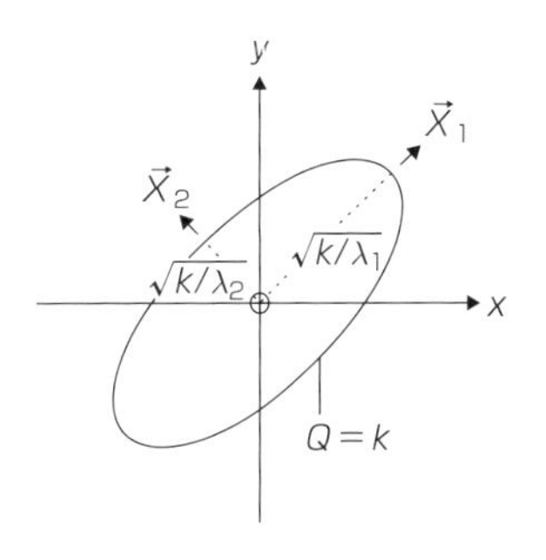

図 9.3

とあわせて，写像行列は「直交」していて以下の関係を満たす*27.

$$O^T O = I \tag{9.23}$$

式 (9.22) において，式 (9.21) の二次形式は以下のようになる.

$$Q = \vec{Y}^T \Lambda \vec{Y} \tag{9.24}$$

ここで，Λ は「対角」行列で，対角成分以外はすべてゼロであり，対角成分の要素は A の固有値に等しい*28.

固有値解析の物理的な価値は，一見複雑な挙動を基本的構成パーツに分解することである．たとえば，分子振動に関連した固有ベクトルは，系の「基準（ノーマル）モード」に対応し，固有値は固有振動数を与える．同じように，量子力学の問題で出会う固有ベクトルと固有値は「定常状態」の波動関数とエネルギー準位に関連する.

ちなみに，もし二つの固有値が等しければ（たとえば $\lambda_1 = \lambda_2$）二次形式は円になり，これは「縮退」している場合として知られている．はっきりとした主軸がないので，平面内のすべての方向が固有ベクトルとなる．二次元のいかなるベクトルでも二つの基底ベクトルから構成することができるので，二つの独立した方向を固有ベクトルとして選択できる自由度をもつ．慣例では，直交したものが選ばれる.

*27 $O = \begin{pmatrix} | & | & & | \\ \vec{X}_1 & \vec{X}_2 & \cdots & \vec{X}_N \\ | & | & & | \end{pmatrix}$

*28 訳注：
$Q = \vec{X}^T A \vec{X}$
$= \vec{Y}^T O^T A O \vec{Y}$
$O^T A O = \Lambda$
$\Lambda = \begin{pmatrix} \lambda_1 & 0 & 0 & \cdots & 0 \\ 0 & \lambda_2 & 0 & \cdots & 0 \\ 0 & 0 & \lambda_3 & \cdots & 0 \\ . & . & . & \cdots & . \\ 0 & 0 & 0 & \cdots & \lambda_N \end{pmatrix}$

9.9　演習問題

［**9.1**］以下を求めよ．ただし，A，B は以下とする.

$$A = \begin{pmatrix} 2 & 1 \\ 1 & 2 \end{pmatrix} \quad \text{および} \quad B = \begin{pmatrix} 3 & 3 \\ 0 & 4 \end{pmatrix}$$

(1) $A + B$　　(2) $A - B$　　(3) $A\,B$　　(4) $B\,A$

(5) 以下が成り立つことも確かめよ.

$$(A\,B)^T = B^T A^T,\ \det(A\,B) = \det(A)\det(B)$$

［**9.2**］ベクトル三重積やスカラー三重積を求める際，3×3 の行列式をどのように使えばよいか.

［**9.3**］以下の行列の逆行列を求めよ.

$$C = \begin{pmatrix} 2 & -1 & 1 \\ 1 & -1 & 2 \\ -1 & 1 & -1 \end{pmatrix}$$

また，$C\,C^{-1} = C^{-1}\,C = I$ となることを確かめよ.

[**9.4**] エルミート行列の固有値は実数であること，および異なる固有値に対する固有ベクトルは直交することを示せ．

[**9.5**] 次の行列の固有値と固有ベクトルを求めよ．

$$\boldsymbol{A} = \begin{pmatrix} 1 & 0 & 1 \\ 0 & -1 & 0 \\ 1 & 0 & 1 \end{pmatrix}$$

固有ベクトルは互いに直交し，固有値の和は $\boldsymbol{A}$ のトレース（対角和）に，固有値の積は $\det(\boldsymbol{A})$ に等しくなることを確かめよ．$\boldsymbol{A}$ の規格化された固有ベクトルから対角化行列 $\boldsymbol{O}$ を作り，以下を確かめよ．

$$\boldsymbol{O}\,\boldsymbol{O}^T = \boldsymbol{O}^T\,\boldsymbol{O} = \boldsymbol{I}$$

最後に，相似変換 $\boldsymbol{O}^T\,\boldsymbol{A}\,\boldsymbol{O} = \boldsymbol{\Lambda}$ が $\boldsymbol{A}$ の固有値に関係した対角行列を生み出すことを確かめよ．

10 偏微分

10.1　定義と勾配ベクトル Definition and the gradient vector

第 4 章で，二つの量がともに変化する場合の微分について学んだ．もちろん現実には，多くの場合，数種類の量がからむ．たとえば熱力学変数がそうであり，気体の内部エネルギーは温度，圧力，体積に依存する．「偏微分」はこれまでの議論の自然な拡張である．

計算がややこしくなるのを避け，アイデアを明確にするために，パラメータ z が二つの変数 x と y の関数 $z = f(x, y)$ である場合を主に考える．z を標高，x，y を平面（地面）の二次元座標と考えれば可視化できる（図 10.1）．現実の地形を描くには芸術的な才能が必要だが，実際的な情報を示すには「等高線地図」を書けばよい．実際の地形図のように，丘や谷は同じ標高を結んだ線の連続で描かれる．

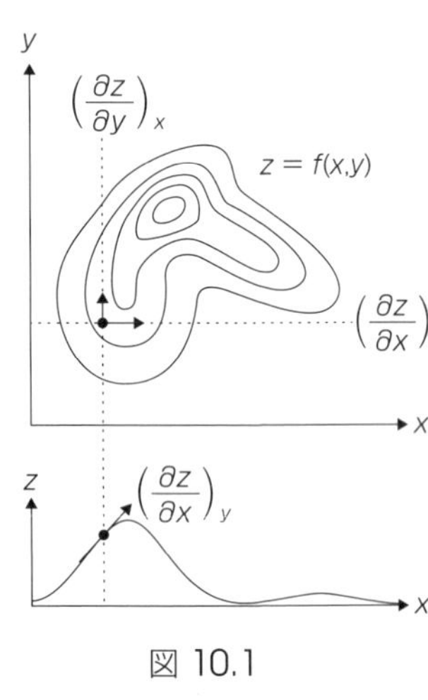

図 10.1

ある与えられた地点 (x, y) での勾配を，どのように表現することが可能だろうか．一つの可能性としては，問題を二つに分けて，それぞれを第 4 章で議論したように解析する方法である．それは，すなわち z 表面を x と y 方向に沿って，それぞれスライスすることを意味する（図 10.1 下段）．二つのスライスは，y を固定した $z-x$ 断面と x を固定した $z-y$ 断面であり，これは通常のグラフでプロットできる．このようにして得られる二つの勾配は，「偏微分」と呼ばれる．なぜなら，それぞれが望みの勾配に関する洞察を与えるからである．偏微分は「湾曲した d」（∂）*1 で表される．

$$\left(\frac{\partial z}{\partial x}\right)_y \qquad \left(\frac{\partial z}{\partial y}\right)_x$$

ここで，添え字は一定に保たれる量を示している．

この方法は，数学的には以下のように定式化される．

*1　訳注：ラウンド・ディー，パーシャル・ディーなどと読む．

$$\left(\frac{\partial z}{\partial x}\right)_y = \lim_{\delta x \to 0}\left[\frac{f(x+\delta x, y) - f(x,y)}{\delta x}\right]$$
$$\left(\frac{\partial z}{\partial y}\right)_x = \lim_{\delta y \to 0}\left[\frac{f(x, y+\delta y) - f(x,y)}{\delta y}\right] \tag{10.1}$$

ここで，式 (4.1) を適当に一般化することによって，この式を定式化できる．式 (10.1) は $z = f(x,y)$ の偏微分の第一原理的な導入となる．関連するパラメータが一定であるという以外は，第 4 章の結果をもとに考えれば普通に求められる．たとえば，$z = 3x^2 + y^3$ の y を一定として x に関する微分は，$(\partial z/\partial x)_y = 6x$ と容易に計算でき，$(\partial z/\partial y)_x = 3y^2$ も自明である．これは，式 (10.1) でも確かめかれる．

$$\left(\frac{\partial z}{\partial x}\right)_y = \lim_{\delta x \to 0}\left[\frac{3(x+\delta x)^2 + y^3 - (3x^2 + y^3)}{\delta x}\right] = \lim_{\delta x \to 0}(6x + 3\delta x)$$

などである．

もし現実の世界で丘の上に立てば，一般には偏微分をその場所の傾きだとは考えない．むしろ，最も勾配の大きい方向を見つけようとするだろう．この最も勾配の大きい傾斜は「勾配ベクトル」$\vec{\nabla} z$ としてとらえられる．その定義は

$$\vec{\nabla} z = \left(\frac{\partial z}{\partial x}, \frac{\partial z}{\partial y}\right) \tag{10.2}$$

である． ここで，偏微分の添え字は，明らかなので簡単のために省略した．式 (10.1) で議論した量は，$\vec{\nabla} z$ の x および y 成分に対応し，ベクトルの向きは勾配が最大の方向（z の変化が最大の方向）を向き，その大きさはその方向に沿った傾きの値となる．式 (10.2) の勾配ベクトルは二次元なので，等高線図では矢印として描くのが最もよい．等高線は z の変化のない点をつなぐものであるが，$\vec{\nabla} z$ は等高線に垂直な方向になる（図 10.2）*2.

ここまでは 2 変数関数ついてのみ考えてきたが，容易に多変数の形に一般化できる．たとえば，3 変数の関数 $\Phi = f(x,y,z)$ なら，勾配ベクトルは以下のように与えられる*3.

$$\vec{\nabla}\Phi = \left(\frac{\partial \Phi}{\partial x}, \frac{\partial \Phi}{\partial y}, \frac{\partial \Phi}{\partial z}\right) \tag{10.3}$$

ここで，簡単のため偏微分の添え字は省略した．$\partial\Phi/\partial x$ は，実際には y と z を一定にして x について微分する $(\partial\Phi/\partial x)_{yz}$ という意味になる．同じように，$\partial\Phi/\partial y$ は $(\partial\Phi/\partial y)_{xz}$ である．二次元での等高線は三次元の Φ が一定の値をもつ曲面に置き換わる．点 (x,y,z) での勾配ベクトルは局所的な等高面に垂直で，Φ が最も速く増加する経路の方向を向き，$\vec{\nabla}\Phi$ の大きさは最大変化率を与える．

$\vec{\nabla} z = (\partial z/\partial x)_y \vec{i} + (\partial z/\partial y)_x \vec{j}$

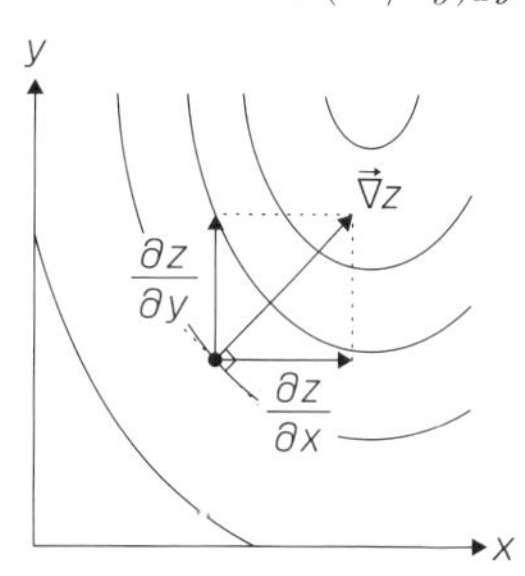

図 10.2

*2 訳註：厳密な証明は，http://www.ohom.konan-u.ac.jp/PCSI/web_material/gradient.pdf にある．

*3
$\Phi = 3x^2 + y^3 \sin x + \ln z$
$(\partial\Phi/\partial x)_{yz} = 6x + y^3 \cos x$
$(\partial\Phi/\partial y)_{zx} = 3y^2 \sin x$
$(\partial\Phi/\partial z)_{xy} = 1/z$

10.2　2 階あるいは高階微分 Second and higher derivatives

4.2 節で述べた通常の微分と同じように，2 階あるいは高階の偏微分もまた得られる．たとえば，$z = f(x,y)$ のとき，次が成り立つ．

$$\frac{\partial^2 z}{\partial x^2} = \frac{\partial}{\partial x}\left(\frac{\partial z}{\partial x}\right) \tag{10.4}$$

ここで，$\partial/\partial x$ は y を固定したときの x の変化率に対する微分演算子である．同じように，$\partial^2 z/\partial y^2 = \partial/\partial y(\partial z/\partial y)$ となる[*4]．他に二つの 2 階微分がある．完全微分の場合は（定式化はおいておくが），これらの混合項は常に等しい[*5]．

$$\frac{\partial}{\partial x}\left(\frac{\partial z}{\partial y}\right) = \frac{\partial}{\partial y}\left(\frac{\partial z}{\partial x}\right) \tag{10.5}$$

そして，簡単に $\partial^2 z/\partial x \partial y$ と書かれる[*6]．式 (10.5) はきわめて重要であり，多くの有用な結果が導かれる．

*4　$(\partial^2\Phi/\partial x^2) = 6 - y^3 \sin x$
$(\partial^2\Phi/\partial y^2)_{zx} = 6\, y \sin x$

*5　訳注：交差項が等しい場合を完全微分といい，始状態と終状態の差のみで決まる状態関数の場合はそうなることが示される．これは熱力学においてきわめて重要である．また，経路による関数は交差微分が等しくない不完全微分となる（11.2 節参照）．

*6　$(\partial^2\Phi/\partial x\partial y) = 3\, y^2 \cos x$

10.3　増分と連鎖則 Increments and chain rules

$z = f(x,y)$ の場合，x と y が少し変化したとき，関数はどれだけ変化するだろうか．勾配ベクトルは，勾配の最も大きい方向への z の変化速度を与える．z の微小変化は $x-y$ 平面での微少な移動によって引き起こされ，それゆえスカラーで与えられる．いい換えると，$\vec{\nabla} z$ と経路ベクトル $(\delta x, \delta y)$ の内積で与えられる．

$$\delta z \simeq \left(\frac{\partial z}{\partial x}\right)_y \delta x + \left(\frac{\partial z}{\partial y}\right)_x \delta y \tag{10.6}$$

ここで，等式は $\delta x \to 0$，$\delta y \to 0$ の極限で成立する．式 (10.6) は，三次元やそれ以上の次元をもつ場合に簡単に拡張できる．$\Phi = f(x,y,z)$ とすれば，以下のようになる．

$$\delta\Phi \simeq \left(\frac{\partial \Phi}{\partial x}\right)_{yz} \delta x + \left(\frac{\partial \Phi}{\partial y}\right)_{zx} \delta y + \left(\frac{\partial \Phi}{\partial z}\right)_{xy} \delta z \tag{10.7}$$

などである．

式 (10.6) や式 (10.7) のような増分の式は非常に有効である．なぜならこれらの関係から，微分係数間の異なる関係式を自然に導くことができるからである．たとえば，式 (10.6) を δu で割る．ここで量 u は，x, y, z でも，その他何でもよい．そうすると以下を得る．

$$\frac{\delta z}{\delta u} \simeq \left(\frac{\partial z}{\partial x}\right)_y \frac{\delta x}{\delta u} + \left(\frac{\partial z}{\partial y}\right)_x \frac{\delta y}{\delta u}$$

$\delta u \to 0$ の極限をとると

$$\frac{\mathrm{d}z}{\mathrm{d}u} = \left(\frac{\partial z}{\partial x}\right)_y \frac{\mathrm{d}x}{\mathrm{d}u} + \left(\frac{\partial z}{\partial y}\right)_x \frac{\mathrm{d}y}{\mathrm{d}u} \tag{10.8}$$

一方，一定の v で同じことを行うと

$$\left(\frac{\partial z}{\partial u}\right)_v = \left(\frac{\partial z}{\partial x}\right)_y \left(\frac{\partial x}{\partial u}\right)_v + \left(\frac{\partial z}{\partial y}\right)_x \left(\frac{\partial y}{\partial u}\right)_v \tag{10.9}$$

式 (10.9) の最も簡単な例は，$u = z$，$v = y$ として，少し並び替えると

$$\left(\frac{\partial z}{\partial x}\right)_y = \frac{1}{(\partial x/\partial z)_y} \tag{10.10}$$

となる．なぜなら $(\partial z/\partial z)_y = 1, (\partial y/\partial z)_y = 0$ となるからである[*7]．

逆数の関係は，同じパラメータが固定されていたときにのみ成立する．同様に，$u = x$，$v = z$ とすると

$$\left(\frac{\partial z}{\partial y}\right)_x \left(\frac{\partial y}{\partial x}\right)_z \left(\frac{\partial x}{\partial z}\right)_y = -1 \tag{10.11}$$

ここで式 (10.10) を再び使った[*8]．

式 (10.10) と式 (10.11) は式 (10.9) から導かれているが，式 (10.8) を忘れてはならない．これは，いわゆる「全微分」(微分記号は普通の d) につながるので大事である．x と y がたとえば t の関数で，$z = f(x, y)$ とすると，式 (10.8) から（$u = t$ として）$\mathrm{d}z/\mathrm{d}t$ が求められる．これは，直接 $z = f(t)$ と置き換えるのが難しいときに有効である[*9]．

式 (10.9) の連鎖則は，偏微係数に含まれる変数間の変換のときに便利である[*10]．たとえば，極座標から直交座標への変換では，$x = r\cos\theta$，$y = r\sin\theta$ であり，式 (10.9) で $u = r$，$\nu = \theta$ とおけば

$$\left(\frac{\partial z}{\partial r}\right)_\theta = \cos\theta \left(\frac{\partial z}{\partial x}\right)_y + \sin\theta \left(\frac{\partial z}{\partial y}\right)_x \tag{10.12}$$

を得る．$u = \theta$，$v = r$ とすれば相補的な関係 $(\partial z/\partial\theta)_r$ は $(\partial z/\partial x)_y$ と $(\partial z/\partial y)_x$ を用いて与えられる．高階の微分をするときには注意が必要である．それらがどのように定義されたのかについて留意する必要がある．

$$\frac{\partial^2 z}{\partial r^2} = \left[\frac{\partial}{\partial r}\left(\frac{\partial z}{\partial r}\right)_\theta\right]_\theta = \cos\theta \left[\frac{\partial}{\partial r}\left(\frac{\partial z}{\partial x}\right)_y\right]_\theta + \sin\theta \left[\frac{\partial}{\partial r}\left(\frac{\partial z}{\partial y}\right)_x\right]_\theta$$

ここで，微分の掛け算則を右辺で 2 回使った[*11]．$[\partial/\partial r(\partial z/\partial x)_y]_\theta$ と $[\partial/\partial r\,(\partial z/\partial y)_x]_\theta$ により，式 (10.12) から微分演算子 $[\partial/\partial r]_\theta$ が次のように書けることを確かめられる．

$$\left[\frac{\partial}{\partial r}\right]_\theta = \cos\theta \left(\frac{\partial}{\partial x}\right)_y + \sin\theta \left(\frac{\partial}{\partial y}\right)_x$$

*7　訳注：$\left(\frac{\partial z}{\partial z}\right)_y \simeq \left(\frac{\partial z}{\partial x}\right)_y \left(\frac{\partial x}{\partial z}\right)_y + \left(\frac{\partial z}{\partial y}\right)_x \left(\frac{\partial y}{\partial z}\right)_y$

*8　訳注：$\left(\frac{\partial z}{\partial x}\right)_z \simeq \left(\frac{\partial z}{\partial x}\right)_y \left(\frac{\partial x}{\partial x}\right)_z + \left(\frac{\partial z}{\partial y}\right)_x \left(\frac{\partial y}{\partial x}\right)_z$

*9　訳注：$\frac{\mathrm{d}z}{\mathrm{d}t} \simeq \left(\frac{\partial z}{\partial x}\right)_y \frac{\mathrm{d}x}{\mathrm{d}t} + \left(\frac{\partial z}{\partial y}\right)_x \frac{\mathrm{d}y}{\mathrm{d}t}$
全微分と熱力学については，加納健司・山本雅博著，『たのしい物理化学 1』，講談社 (2017) に詳しい．

*10

$$\left(\frac{\partial z}{\partial \theta}\right)_r = -r\sin\theta \left(\frac{\partial z}{\partial x}\right)_y + r\cos\theta \left(\frac{\partial z}{\partial y}\right)_x$$

*11

$$\frac{\partial}{\partial r_\theta}\left(\frac{\partial z}{\partial x}\right)_y = \cos\theta \frac{\partial^2 z}{\partial x^2} + \sin\theta \frac{\partial^2 z}{\partial x\,\partial y}$$

代数のいつもの規則に従い，演算子はすぐ右の量に作用する．

最後に，上で議論した連鎖則の別の使い方，すなわち直接の陰関数微分について述べたい．たとえば，$z^2 = x^3\,y + \ln(y)$ から偏微分 $(\partial y/\partial x)_z$ を得る最も容易な方法は，演算子 $[\partial/\partial x]_z$ を両辺に作用させることである．

$$2\,z\left(\frac{\partial z}{\partial x}\right)_z = x^3\left(\frac{\partial y}{\partial x}\right)_z + 3\,x^2\,y\left(\frac{\partial x}{\partial x}\right)_z + \frac{1}{y}\left(\frac{\partial y}{\partial x}\right)_z$$

$(\partial z/\partial x)_z = 0$, $(\partial x/\partial x)_z = 1$ なので，少し変形すると，$(\partial y/\partial x)_z = -3\,x^2\,y^2/(x^3\,y{+}1)$ となる．これは，$(\partial z/\partial x)_y$, $(\partial z/\partial y)_x$ と式 (10.10)，および式 (10.11) から得られる．

10.4　テイラー展開 Taylor series

第 6 章で，テイラー展開を使って，$y = f(x)$ の曲線が低次の多項式で局所的に近似されることを述べた．これは，2 変数やもっと多くの変数の関数にも拡張できる．実際に，式 (10.6) は $z = f(x, y)$ の一次の展開である．

$$f(x,y) = f(x_0,y_0) + (x-x_0)\left.\frac{\partial f}{\partial x}\right|_{x_0,y_0} + (y-y_0)\left.\frac{\partial f}{\partial y}\right|_{x_0,y_0} + \cdots$$

ここで，偏微分は (x_0, y_0) でとられる．これは，二次元表面を興味ある点で傾いた平面で近似することに対応する．さらには $f(x, y)$ の 2 階微分を含む二つの項を追加すればよりよい見積もりとなる．

$$\frac{1}{2}\left[(x-x_0)^2\left.\frac{\partial^2 f}{\partial x^2}\right|_{x_0,y_0} + 2(x-x_0)(y-y_0)\left.\frac{\partial^2 f}{\partial x\,\partial y}\right|_{x_0,y_0} + (y-y_0)^2\left.\frac{\partial^2 f}{\partial y^2}\right|_{x_0,y_0}\right]$$

これは，展開に放物面的な寄与を導入している．さらに高次の項は非常にややこしくなるので，ほとんど使われない．

2 変数以上関数に対しては，行列－ベクトルの概念を採用してテイラー展開を一般化するのが最良である．

$$f(\vec{x}) = f(\vec{x}_0) + (\vec{x}-\vec{x}_0)^T\vec{\nabla}f(\vec{x}_0) + \frac{1}{2}(\vec{x}-\vec{x}_0)^T\vec{\nabla}\vec{\nabla}f(\vec{x}_0)(\vec{x}-\vec{x}_0) + \cdots$$

ここで列行列 $\vec{x}$ は $(x_1, x_2, x_3, \cdots, x_N)$ の成分をもち，$\vec{\nabla}f(\vec{x}_0)$ は，$\vec{x}_0$ の点での N 次元勾配ベクトルであり，$\vec{\nabla}\vec{\nabla}f(\vec{x}_0)$ は $N \times N$ 行列でその ij 番目の要素は，$\vec{x}_0$ での 2 階微分 $\partial^2 f/\partial x_i\,\partial x_j$ により与えられる．

10.5　最大と最小 Maxima and minima

4.6 節で，曲線 $y = f(x)$ の最大と最小について議論した．その議論を，いくつかの変数をもつ関数にも適用できるように拡張する．停留点では傾きがゼロという式 (4.14) の中心的なアイデアは，非常に容易に一般化される．

$$\vec{\nabla} f = 0 \tag{10.13}$$

違いは一つの微分ではなく勾配ベクトルを扱わなくてはならないということである．ベクトルをゼロに等しくする唯一の方法は，すべての成分をゼロにするということである．このことは，$i = 1, 2, \cdots, N$ の N 個の連立方程式 $\partial f/\partial x_i = 0$ を導く．2 パラメータの問題の場合，これは以下のように書ける．

$$\left(\frac{\partial z}{\partial x}\right)_y = 0 \qquad \left(\frac{\partial z}{\partial y}\right)_x = 0 \tag{10.14}$$

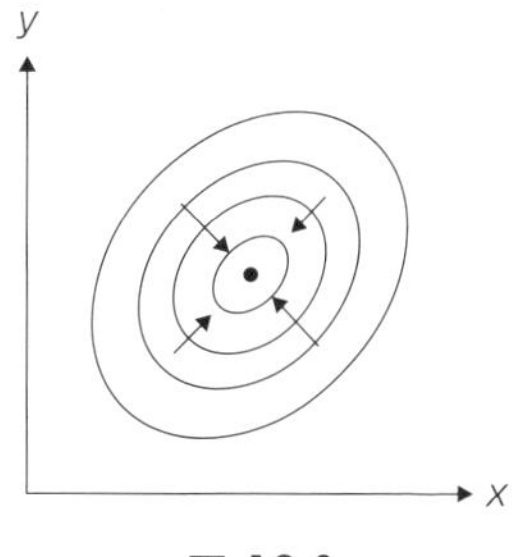

図 10.3

式 (10.14) のすべての解を見つける最良の方法は，偏微分を可能な限り因数分解することである．

式 (10.14) を使う具体的な例として，以下の関数 $z = x^2 y^2 - x^2 - y^2$ を考える．停留点となる二つの条件は

$$\left(\frac{\partial z}{\partial x}\right)_y = 2x(y^2 - 1) = 0 \qquad \left(\frac{\partial z}{\partial y}\right)_x = 2y(x^2 - 1) = 0$$

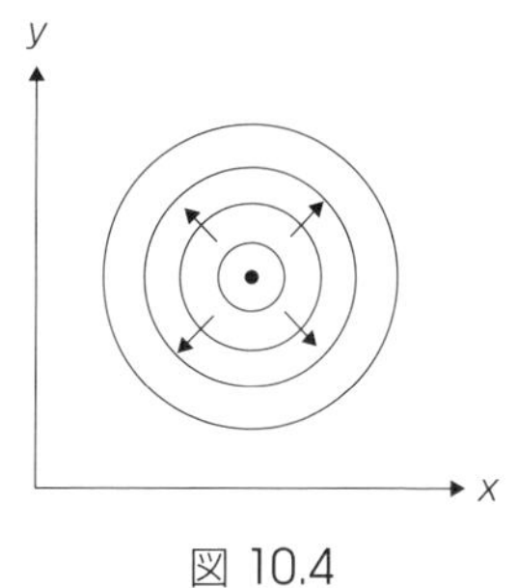

図 10.4

である．偏微分 $(\partial z/\partial x)_y$ は，$x = 0$ または $y = \pm 1$ のときにゼロとなる．偏微分 $(\partial z/\partial y)_x$ は，$y = 0$ または $x = \pm 1$ のときにゼロとなる．それゆえ，連立方程式を満たすのは五つの点 $(0,0), (1,1), (1,-1), (-1,1), (-1,-1)$ となる．

式 (10.13) を使って停留点を見つけたが，次にするのはその性質を決めることである．4.6 節で $\mathrm{d}^2y/\mathrm{d}x^2$ の符号を吟味した．多変数関数の場合は，多くの 2 階微分があるのでややこしい*12．事実，10.4 節のテイラー展開の議論で，$\vec{\nabla}\vec{\nabla} f$ 行列の性質を見る必要があることを示唆した．2 乗の項によって導入された放物面の寄与は $\vec{\nabla}\vec{\nabla} f$ の停留点で求められたすべての固有値が負であるとき最大となり（図 10.3），固有値がすべて正であるとき最小となる（図 10.4）．固有値が正と負が混じっている場合は，鞍点（あんてん：saddle point）となる（図 10.5）．すなわちある方向には関数は増加し他の方向には減少する．

*12
$$\vec{\nabla}\vec{\nabla} z = \begin{pmatrix} \frac{\partial^2 z}{\partial x^2} & \frac{\partial^2 z}{\partial x\,\partial y} \\ \frac{\partial^2 z}{\partial x\,\partial y} & \frac{\partial^2 z}{\partial y^2} \end{pmatrix}$$

2 パラメータ $z = f(x, y)$ の場合，2×2 の $\vec{\nabla}\vec{\nabla} z$ 行列の固有値をきちんと計算する必要はない．なぜなら，対称実行列 $\vec{\nabla}\vec{\nabla} z$ の場合，固有値の積が行列式になるからである．

$$\det(\vec{\nabla}\vec{\nabla} z) = \left(\frac{\partial^2 z}{\partial x^2}\right)\left(\frac{\partial^2 z}{\partial y^2}\right) - \left(\frac{\partial^2 z}{\partial x\,\partial y}\right)^2 \tag{10.15}$$

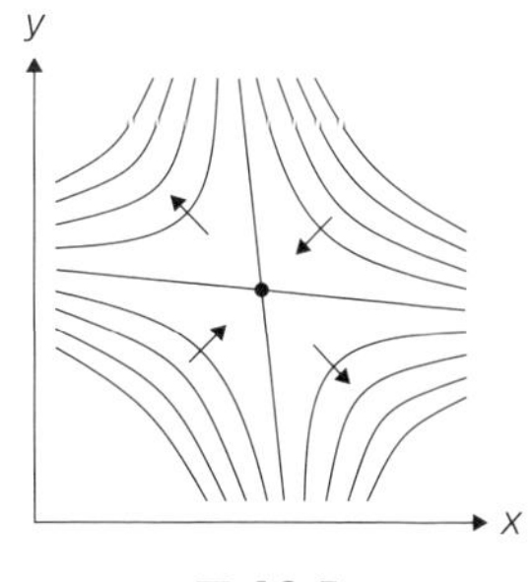

図 10.5

それで，もし $\det(\vec{\nabla}\vec{\nabla} z) > 0$ なら両方の固有値は同じ符号で，停留点は最大か最小となる．行列式が負ならば鞍点となり，ゼロならば（4. 節の $\mathrm{d}^2y/\mathrm{d}x^2 = 0$ のように）明確な結果とはならない．$\det(\vec{\nabla}\vec{\nabla} z) > 0$ であれば，最大か最小か

は $\partial^2 z/\partial x^2$ または $\partial^2 z/\partial y^2$(またはその和の）の符号を見ればよい．負であれば最大で，正であれば最小である．

最後に，上の解析を先に述べた例，$\partial^2 z/\partial x^2 = 2(y^2-1)$，$\partial^2 z/\partial y^2 = 2(x^2-1)$，$\partial^2 z/\partial x\,\partial y = 4\,x\,y$ に適用すると，(0,0) は最大値で，他の $(\pm1, \pm1)$ は鞍点である．

10.6　拘束条件下での最適化 Constrained optimisation

しばしば，関数の最大や最小には興味はないが，ある拘束条件下で最大や最小を見つけたいときがある．この例が，限られた予算でコンピュータや車などを買おうとする場合である．熱力学では，一定の粒子数，全エネルギーの条件で，エネルギーレベルに粒子をばらまく場合がそうである．

解析法をもう少し説明するために，2 変数関数 $z = f(x,y)$ の最適値を $g(x,y)=0$ の条件下で探してみよう．もし，x が陽に y で書き換えれる（あるいはその逆）とすれば，$f(x,y)$ での適当な置き換えにより，一変数関数になることも考えられる．たとえば，$x^2+y^2-1=0$ という条件のもとに，$z = x^2 - x + 2\,y^2$ の停留値を求めることは，$z = x^2 - x + 2(1-x^2)$ の $\mathrm{d}z/\mathrm{d}x = 0$ の解を拘束条件 $y^2 = 1 - x^2$ のもとに解くことと等価である．それは，$x = -1/2$ と $y = \pm\sqrt{3}/2$ という条件つきの最大値となる．

この方法は限定された条件でしか使えない．なぜなら，与えられた $g(x,y)$ に関して，x を y で表すこと（あるいは y を x で表すこと）はしばしば非常に困難だからである．いくつかの解が得られない可能性があることもさらなる欠点となる．拘束された条件での最適化のより一般的なアプローチは，「ラグランジュ未定乗数法」を用いることである．この方法は，問題が $f(x,y)$ と $g(x,y)$ から構成される新しい関数 $F(x,y)$ の通常の（条件がつかない）停留値を探す問題に等価となる．その関数は以下のように与えられる．

$$F(x,y) = f(x,y) + \lambda g(x,y) \tag{10.16}$$

ここで λ は定数で，値が未知のラグランジュ未定乗数である．式 (10.16) がどうして成立するのかは簡単に説明できないが，その応用は簡単である．λ と関連した x，y の値は，以下の三つの連立方程式から得られる．

$$(\partial F/\partial x)_y = 0$$
$$(\partial F/\partial y)_x = 0$$
$$g(x,y) = 0$$

以前の例では，これらの式は，$2\,x(1+\lambda)-1=0$, $2\,y(2+\lambda)=0$, $x^2+y^2-1=0$ となる．少し手を動かすと，解は以前と同じ $x=-1/2$，$y=\pm\sqrt{3}/2$ となり，

そのとき $\lambda = -2$ であり，また $\lambda = 1 \mp 1/2$ で $x = \pm 1$，$y = 0$ で拘束条件下での最小値になる（図 10.6）.

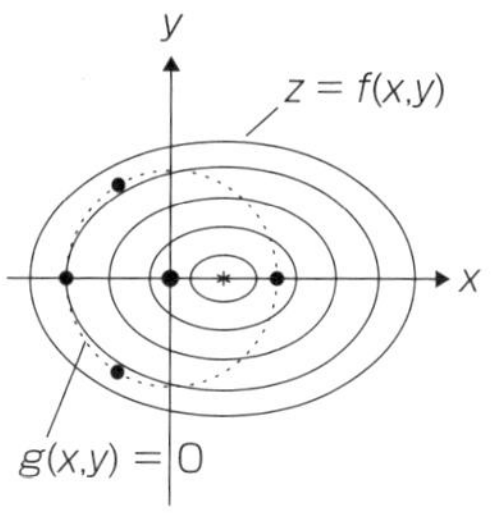

図 10.6

ラグランジュの未定乗数法を，最も簡単な設定のもとで行ってきたが，この方法は多変数関数で多くの拘束条件がある場合にも自然に一般化できる．$f(\vec{x})$ の停留点を拘束条件 $g_1(\vec{x}) = 0$，$g_2(\vec{x}) = 0, \cdots, g_M(\vec{x}) = 0$ のもとに見つけたいとしよう．ここで，$\vec{x}$ は成分（$x_1, x_2, \cdots, x_N$）をもつ．混成関数を以下のように作ることから始める．

$$F(\vec{x}) = f(\vec{x}) + \lambda_1\, g_1(\vec{x}) + \lambda_2\, g_2(\vec{x}) + \cdots + \lambda_M\, g_M(\vec{x})$$

ここで λ_i は，$i = 1$ から M のラグランジュ未定乗数である．求める値は，$N + M$ 個のパラメータ $x_1, x_2, \cdots, x_N, \lambda_1, \lambda_2, \cdots, \lambda_M$ であり，それは $N + M$ 個の連立方程式 $\partial F/\partial x_1 = 0$，$\partial F/\partial x_2 = 0, \cdots, \partial F/\partial x_N = 0$，$g_1(\vec{x}) = 0$，$g_2(\vec{x}) = 0, \cdots, g_M(\vec{x}) = 0$ を満足する．

10.7　演習問題

[**10.1**] 第一原理から偏微分 $(\partial z/\partial x)_y$，$(\partial z/\partial y)_x$ を決定せよ．ここで，$z(x, y) = x^3/(1-y)$ である．$\partial^2 z/\partial x^2$，$\partial^2 z/\partial y^2$ を求め（どんな方法でもよい），$\partial^2 z/\partial x\,\partial y = \partial^2 z/\partial y\,\partial x$ となることを確かめよ．

[**10.2**] $f(x, y, z) = \cos(x\,y\,z)$ のとき，適当な変数が固定されている $\partial^3 f/\partial x\,\partial y\,\partial z$ を求めよ．

[**10.3**] $x^2 = y^2 \sin(y\,z)$ は $(\partial x/\partial y)_z(\partial y/\partial z)_x(\partial z/\partial x)_y = -1$ を満足することを確かめよ

[**10.4**] $f(x, y) = x\,y(1-y+x)$ という関数を考える．勾配ベクトル $\vec{\nabla} f$ を点 $(-1/2, 0)$，$(-1/2, 1/2)$，$(0, 1/2)$ で計算せよ．点 $(-1, 0)$，$(0, 0)$，$(0, 1)$ で囲まれた三角形の中にある停留点を見つけよ．この三角形の中での関数を描き，$\vec{\nabla} f$ の方向を，勾配ベクトルが計算されたところで描け．

[**10.5**] $f(u, v) = 0$，$u = x + y$，および $v = x^2 + x\,y + z^2$ のとき，$x + y = 2\,z[(\partial z/\partial y)_x - (\partial z/\partial x)_y]$ を証明せよ．

[**10.6**] $u = x + c\,t$，$v = x - c\,t$ とおいて，波動方程式 $c^2\,\partial^2 z/\partial x^2 = \partial^2 z/\partial t^2$ を $\partial^2 z/\partial u\,\partial v = 0$ の形に変形せよ．

[**10.7**] 関数 $f(x, y) = y^2(a^2 + x^2) - x^2(2\,a^2 - x^2)$ のすべての（実数の）停

留値を求め分類せよ．ここで a は定数である．

[**10.8**] ラグランジュ未定乗数法を使って，$x^2 + y^2 = 1$ の拘束条件下で e^{-xy} の停留値を求めよ．

[**10.9**] テイラー展開の多変数型を使って，多変数関数 $f(\vec{x})$ の停留点を見つけるニュートン – ラフソンアルゴリズムを導け．

11 線積分

11.1 線積分 Line integrals

本章では，線積分をとりあげる．これがどのように使われるのか，例として，物理でなじみの公式である「なされた仕事=力 × 距離」を考えよう．第 8 章で学んだように，力と移動した距離はともにベクトル量であり，掛け算は実際は内積であるべきである．力が定数ではない，あるいは運動が直線ではない場合は，仕事は多くの小さい仕事の和として解析されるべきである．

$$\text{なされた仕事} = \int_{\text{path}} \vec{F} \cdot d\vec{l} \tag{11.1}$$

ここで，$\vec{F}$ はベクトル力場で，$\mathrm{d}\vec{l}$ は直線の非常に微少の要素であり，全体の移動はある特別な経路（path）に沿ってとる．

運動が二次元平面内であるなら，$\vec{F} = (F_x, F_y)$ と $d\vec{l} = (\mathrm{d}x, \mathrm{d}y)$ となる．したがって

$$\text{なされた仕事} = \int_{\text{path}} F_x\,\mathrm{d}x + F_y\,\mathrm{d}y \tag{11.2}$$

となる．これは，($\mathrm{d}x$ と $\mathrm{d}y$) に対する二つの別々な積分の和となり，力の成分 F_x と F_y は x と y の関数となる．経路は点 $\mathrm{A}(x_\mathrm{A}, y_\mathrm{A})$ から点 $\mathrm{B}\ (x_\mathrm{B}, y_\mathrm{B})$ へ向かい，曲線 $y = f(x)$ で定義される軌跡に沿う．式 (11.2) の積分を，何もかも x で表すと

$$\int_{\text{path}} F_x(x,y)\mathrm{d}x + F_y(x,y)\mathrm{d}y$$
$$= \int_{x_\mathrm{A}}^{x_\mathrm{B}} [F_x(x, f(x)) + F_y(x, f(x)) f'(x)]\mathrm{d}x$$

となる．ここで，微分 $f'(x) = \mathrm{d}y/\mathrm{d}x$ を使って，$\mathrm{d}y$ を $f'(x)\ \mathrm{d}x$ で置き換えた．もちろん，そのほう都合がよいのであれば，すべてを y に変換することもできる．この議論の具体的な例として，$y^3\,\mathrm{d}x + x\,\mathrm{d}y$ の積分を (0,0) から (1,1)

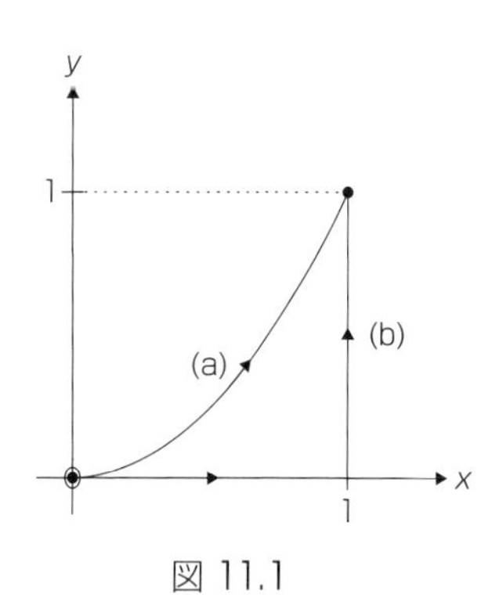

図 11.1

まで二つの異なる経路で行う（図 11.1）：(a) $y=x^2$，および (b) (0,0) から (1,0) への直線と (1,0) から (1,1) への直線である．(a) の場合は，$y=x^2$ と $\mathrm{d}y=2\,x\,\mathrm{d}x$ のように置き換えると，以下のようになる．

$$\int_{\mathrm{path(a)}} y^3\,\mathrm{d}x + x\,\mathrm{d}y = \int_0^1 (x^6 + 2\,x^2)\mathrm{d}x = \left[\frac{x^7}{7} + \frac{2\,x^3}{3}\right]_0^1 = \frac{17}{21}$$

二つの直線からなるルートでは，(0,0) と (1,0) の間は $y=0$，$\mathrm{d}y=0$ となり（積分の第一項はゼロ），(1,0) から (1,1) の間は $x=1$，$\mathrm{d}x=0$ である．ゆえにこれらの直線の寄与は

$$\int_{\mathrm{path(b)}} y^3\,\mathrm{d}x + x\,\mathrm{d}y = \int_0^1 \mathrm{d}y = [y]_0^1 = 1 \neq \frac{17}{21}$$

となる．このように，線積分は一般に始点から終点への経路に依存する．例外としては，（11.2 節で短く述べるように）被積分関数が完全微分であればとられた経路に依存せず，複雑な経路は計算が容易な簡単なものに置きかえることができる．

線積分の別の形についても述べなくてはならない．これは，スカラー量を扱うときに適当な形である．

$$I = \int_{\mathrm{path}} F(x,y)\mathrm{d}l \tag{11.3}$$

ここで積分は $y=f(x)$ の弧の長さ $\mathrm{d}l$ に関して行う．経路はまた $x=g(t)$ および $y=h(t)$ のようなパラメータ方程式で特定されるであろう．式 (11.3) を扱う方法は，$\mathrm{d}l$ を $\mathrm{d}x$ または $\mathrm{d}t$ に関連づける以外は式 (11.2) と非常に似ていて，以下のように与えられる．

$$\mathrm{d}l = \sqrt{1+\left(\frac{\mathrm{d}y}{\mathrm{d}x}\right)^2}\,\mathrm{d}x \quad \text{または} \quad \mathrm{d}l = \sqrt{\left(\frac{\mathrm{d}x}{\mathrm{d}t}\right)^2 + \left(\frac{\mathrm{d}y}{\mathrm{d}t}\right)^2}\,\mathrm{d}t \tag{11.4}$$

これらは基本的にはピタゴラスの定理 $\mathrm{d}l^2 = \mathrm{d}x^2 + \mathrm{d}y^2$ からきている．たとえば，$y=x^2$ であれば，$\mathrm{d}l = \sqrt{1+4\,x^2}\,\mathrm{d}x$ となる．$F(x,y)$ は，積分の経路で使われる形式に依存して，$F(x,f(x))$ または $F(g(t),h(t))$ として記述されることはいうまでもない．

11.2　完全微分 Exact differentials

ときに，$P(x,y)\,\mathrm{d}x + Q(x,y)\,\mathrm{d}y$ の型の表現に出会う．ここで，P と Q は x と y の任意の関数である．問題は，この関数がある量 $f(x,y)$ の微少増加 $\mathrm{d}f$ の対しての式を構成するかがどうかである．もし構成するなら，$P\,\mathrm{d}x + Q\,\mathrm{d}y$ は「完全微分」であり，そうでないなら不完全微分である．どのようにそれを

調べればよいのだろうか.

そのような $f(x,y)$ が存在すれば，式 (10.6) の極限形との比較により

$$P(x,y)=\left(\frac{\partial f}{\partial x}\right)_y \qquad Q(x,y)=\left(\frac{\partial f}{\partial y}\right)_x \tag{11.5}$$

となる[*1]. この式が正しかったとしても，$f(x,y)$ を明確に知る必要があるのでそれほど助けにならない. $f(x,y)$ の形とは独立に，完全性を調べるには式 (10.5) と式 (11.5) から

$$\mathrm{d}f=\left(\frac{\partial f}{\partial x}\right)_y \mathrm{d}x+\left(\frac{\partial f}{\partial y}\right)_x \mathrm{d}y$$

*1　訳注：証明は，加納健司・山本雅博著，『たのしい物理化学 1』，講談社（2016）の第 1 章に記述してある.

$$\left(\frac{\partial P}{\partial y}\right)_x=\left(\frac{\partial Q}{\partial x}\right)_y \tag{11.6}$$

となる. たとえば, $3\,x\,y^2\,\mathrm{d}x+3\,x^2\,y\,\mathrm{d}y$ は完全微分であり，$\cos y\,\mathrm{d}x+\sin x\,\mathrm{d}y$ はそうではない.

しかし，なぜ完全微分を考える必要があるのだろうか. これを理解するためには，$P\,\mathrm{d}x+Q\,\mathrm{d}y$ のある始点 A $(x_\mathrm{A},y_\mathrm{A})$ から点 B $(x_\mathrm{B},y_\mathrm{B})$ までの積分を考える必要がある（図 11.2). もし，$P\,\mathrm{d}x+Q\,\mathrm{d}y=\mathrm{d}f$ なら

$$\int_\mathrm{A}^\mathrm{B} P\,\mathrm{d}x+Q\,\mathrm{d}y=\int_\mathrm{A}^\mathrm{B}\mathrm{d}f=[f(x,y)]_\mathrm{A}^\mathrm{B}=f(x_\mathrm{B},y_\mathrm{B})-f(x_\mathrm{A},y_\mathrm{A}) \tag{11.7}$$

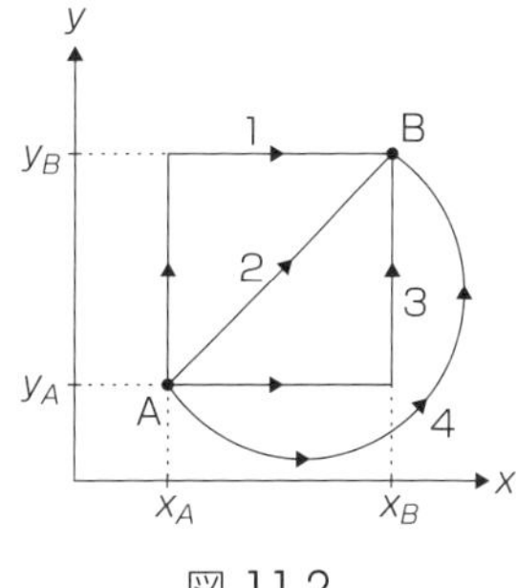

図 11.2

いい換えると，積分はあるところから他の場所への経路には依存せず，端点（始点と終点）にのみ依存する. $P\,\mathrm{d}x+Q\,\mathrm{d}y$ が完全微分でなければ，上の第一段階が同じにならず，したがって積分の経路の詳細を特定して，複雑な計算をしなくてはならない.

本節での議論と物理との関連について触れると，完全微分は「保存場」（または保存力）と「状態関数」にかかわりがある. たとえば，物体の重力ポテンシャルエネルギーの変化はその高さの差だけで決まり，運動の他の特性には依存しない. 同じように，熱力学においては，状態関数は系の温度，圧力，体積などの状態に文字通り依存し，どのようにそこに行くのかには依存しない.

11.3　演習問題

[11.1] $y^3\,\mathrm{d}x+3\,x\,y^2\,\mathrm{d}y$ の積分が経路に依存しないことを，原点と点 (1,1) の間の二つの経路 (1)，(2) での積分を求めて示せ.

(1) $y=x^2$

(2) (0,0) から (0,1) への直線と (1,0) から (1,1) への直線

[11.2] $xy\ \mathrm{d}l$ を上の問題の例で用いた二つの経路 (a)，(b) で積分せよ

[**11.3**] もし定容熱容量 C_V が体積 V に依存しないとすると,

$$\delta q = C_V \,\mathrm{d}T + (RT/V)\,\mathrm{d}V$$

は完全微分ではないことを証明せよ. ここで R は定数である. この式を T で割り算すれば完全微分になることを示せ. このことが, 熱力学へどのように関連するかについても述べよ.

12 多重積分

12.1 物理的な例 Physical examples

第 5 章で積分を学んだ際は，曲線 $y = f(x)$ の下の面積に注目した．偏微分についてのこれまでの議論から，複数の変数をもつ関数がたくさんあることがわかる．それゆえ「多重積分」というトピックは，多くのパラメータを扱うという考えから，自然に出てくるものである．

多重積分がどのように出てくるのかを理解するために，いくつかの物理的な問題を考えよう．強風が壁に与える力を計算したいとする．もし圧力が面積 A のすべての領域で一定なら，総力は単に $P \times A$ となる．場所によって圧力 $P(x, y)$ が違うなら，答えはそれほど簡単ではない．壁が，それぞれ $\delta x\, \delta y$ の面積をもつ多くの小さい正方形の小片から構成されると考えれば扱える．圧力の合計は $P(x, y)\delta x\, \delta y$ の和をとったものであり，$\delta x \to 0$，$\delta y \to 0$ の極限をとると

$$\text{圧力} = \iint_{\text{wall}} P(x, y)\, \mathrm{d}x\, \mathrm{d}y \tag{12.1}$$

ここで「二重積分」は，無限小の和が二次元の表面上（x と y 方向）で行われることを示している．ちなみに，もし壁が通常の（長方形の）形をしてないときは，その面積は同じように以下のように計算できる

$$\text{面積} = \iint_{\text{wall}} \mathrm{d}x\, \mathrm{d}y \tag{12.2}$$

二重積分は「表面積分」とも呼ばれる．

もう一つの例は量子力学である．波動関数の絶対値の二乗 $|\Psi(x, y, z)|^2$ が，空間のある点に（たとえば）電子を見つける「存在確率」を与える．電子が微少体積 $\delta x\, \delta y\, \delta z$ にいる確率は，$|\Psi(x, y, z)|^2\, \delta x\, \delta y\, \delta z$ となる．よって，有限の領域 V に存在する確率は，

$$\text{存在確率} = \iiint_V |\Psi(x, y, z)|^2\, \mathrm{d}x\, \mathrm{d}y\, \mathrm{d}z \tag{12.3}$$

となる．ここで三重積分は「体積積分」として知られている．

12.2　積分の順序 The order of integration

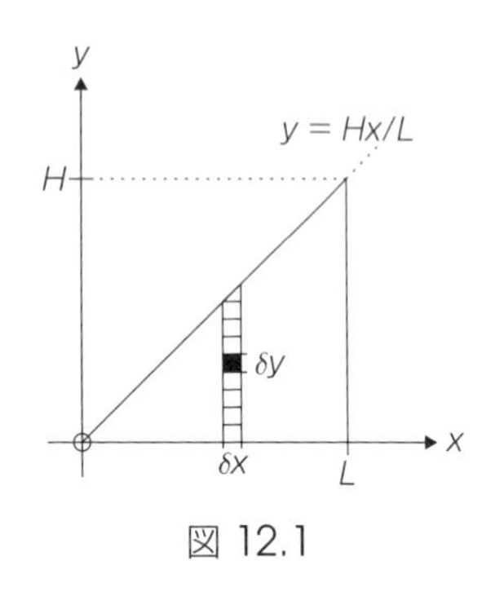

図 12.1

どのように多重積分を計算するのか，非常に簡単な例を考えてみよう．すなわち，直角三角形の面積を求める式を考えていく．最も簡単な設定は，一つの頂点を原点におき，長さ L の底辺を x 軸に沿わせ，高さ H の一辺を $(L,0)$ から (L,H) に向けて引く（図 12.1）．もし我々は小さな面積素片 $\delta x\delta y$ の集まりをとりあげ，ある x 軸の点で $(0<x<L)$ y 軸に平行に積み上げ，$y=0$ から $y=Hx/L$ までの細い幅の縦方向の短冊を得る．$\delta x\to 0$，$\delta y\to 0$ の極限で，その面積は

$$\text{短冊の面積}\int_{y=0}^{y=\frac{H\,x}{L}}\mathrm{d}x\,\mathrm{d}y=\mathrm{d}x\int_{y=0}^{y=\frac{H\,x}{L}}\mathrm{d}y$$

ここで，y の積分から $\mathrm{d}x$ を取り出した．なぜならそれは y に依存しないからである．三角形の面積は，このような細かい長方形の面積の総和となっており，x は $x=0$ から $x=L$ までとなる．

$$\text{直角三角形の面積}=\int_{x=0}^{x=L}\mathrm{d}x\int_{y=0}^{y=\frac{H\,x}{L}}\mathrm{d}y \tag{12.4}$$

ここで慣例に従って，積分は一番右側から先に求められる．そのため，結果は以下のようになる[*1]．

*1 $\int_{y=0}^{y=\pi/2}\cos(x\,y)\mathrm{d}y$
$=\left[\frac{1}{x}\sin(x\,y)\right]_{y=0}^{y=\pi/2}$
$=\frac{1}{x}\sin(\frac{\pi\,x}{2})$

$$\text{面積}=\int_0^L[y]_0^{H\,x/L}\mathrm{d}x=\frac{H}{L}\int_0^L x\,\mathrm{d}x=\frac{H}{L}\left[\frac{x^2}{2}\right]_0^L=\frac{1}{2}H\,L$$

これは，簡単に得られる式を，かなりひねくれた方法で求めたものであるが，形が複雑であるとか，積分が式 (12.2) ではなくで式 (12.1) のような場合，すなわち $P(x,y)$ は均一ではないというときに本質的な意味をもつ．偏微分と同じように，y での積分での中で x が出現しても，定数であるとみなす（逆も同じである）．

もちろん，x 方向にならんだ短冊を積み重ねて先に $x=L\,y/H$ から $x=L$ まで計算して，それからすべての垂直方向へ $y=0$ から $y=H$ へ積分して，加算していくこともできる（図 12.2）．

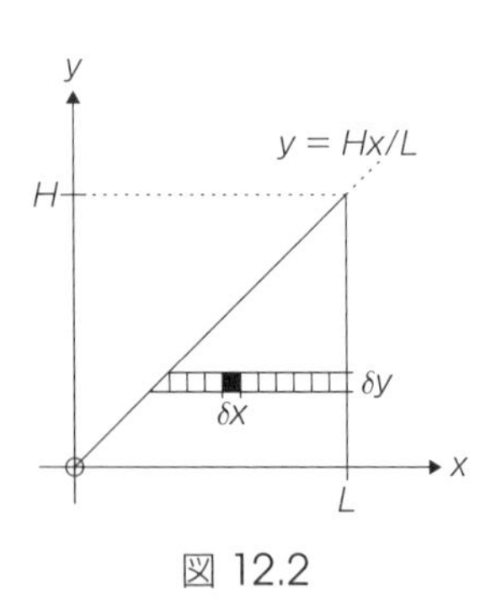

図 12.2

$$\text{直角三角形の面積}=\int_{y=0}^{y=H}\mathrm{d}y\int_{x=\frac{L\,y}{H}}^{x=L}\mathrm{d}x \tag{12.5}$$

$$\text{面積}=\int_0^H[x]_{L\,y/H}^{L}\mathrm{d}y=L\int_0^H\left(1-\frac{y}{H}\right)\mathrm{d}y=L\left[y-\frac{y^2}{2\,H}\right]_0^H$$
$$=\frac{1}{2}H\,L$$

y の積分の前に x で積分しても，先と同じ結果が得られた．このことは，多重積分において，積分の順番は関係なく交換可能であるということを示している．注意しなければならないのは，積分の範囲である．なぜなら，たとえば式 (12.4) では x は 0 から L であり，式 (12.5) では Ly/H から L となるように，通常は積分の範囲を変えなければならない．ある範囲で正しい値が得られているかどうかを確かめるのに最もよい方法は，考えている領域の図を描くことである．

多重積分の順番は問われないが，順番によって計算の難しさに差が出ることがある．一般的な経験則から，最初に容易な積分を行って，難しい積分は最後まで残すのがよい．

12.3 座標の選択 Choice of coordinates

前節の三角形のやり方を応用して，円の面積の公式を求めよう（図 12.3）．対称性より，問題を $x^2 + y^2 \leq R^2$ の 1/4 の第一象限だけを考えればよい．最初に y について積分し，x 方向の狭い幅のすべての短冊の和をとると

$$\text{円の面積} = 4 \int_{x=0}^{x=R} \mathrm{d}x \int_{y=0}^{y=\sqrt{R^2-x^2}} \mathrm{d}y \tag{12.6}$$

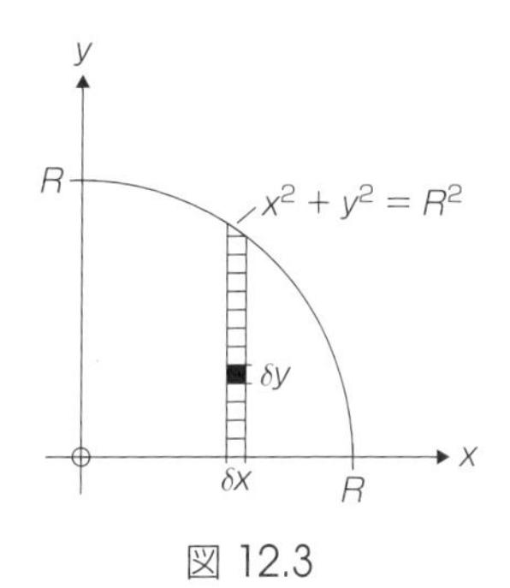

図 12.3

y 積分は簡単で $\sqrt{R^2 - x^2}$ となる．2 番目の過程は（$x = R\sin\theta$ と置き換えればよいが）それほど簡単でない．積分の順序を変えても計算が簡単にはならないが，直交座標から極座標に変えると簡単になる．すなわち，x と y で計算するよりは，（8.7 節のように）r と θ で問題を取り扱えばよい．

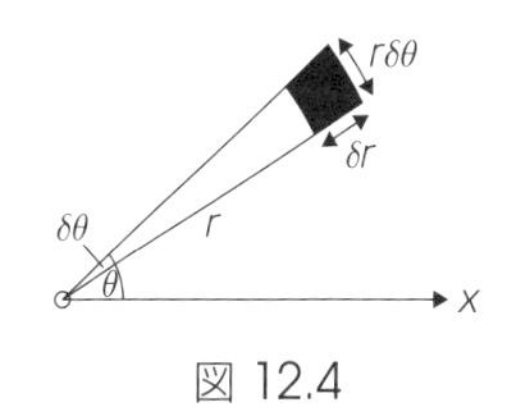

図 12.4

微少面積要素を足し算するということを意識すれば，極座標では，微少面積要素は微少長さ δr と $r\,\delta\theta$（角度はラジアン単位）で与えればよいことがわかる（図 12.4）．式で表せば

$$\text{微小面積要素} = \mathrm{d}x\,\mathrm{d}y = r\,\mathrm{d}r\,\mathrm{d}\theta \tag{12.7}$$

この式を使えば，式 (12.6) を以下のように書き換えられる．

$$\text{円の面積} = 4 \int_{r=0}^{r=R} r\,\mathrm{d}r \int_{\theta=0}^{\theta=\pi/2} \mathrm{d}\theta \tag{12.8}$$

ここで，$\theta = 0$ から $\pi/2$ と $r = 0$ から R への範囲で第一象限をカバーし，積分の順番によらない．式 (12.8) では，微少片は最初にある一定の半径の周りに積み重ねられ，その後これらの薄いリングが円の中心から周まで加算される（図 12.5）．式 (12.8) における二つの積分は容易に求められ，円の面積は πR^2 となる．

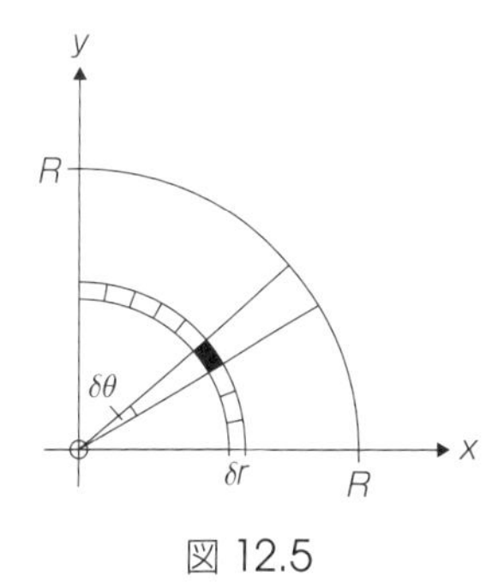

図 12.5

この例は多重積分が，他の数学的な演算と同じように，取り扱っている図形にあう座標系で定式化されると，より単純化されることを示している．本書の例は二重積分だけであったが，三重積分やより高次への一般化は簡単である．

特に，積分の順序と座標系の選択に関しての結論は多次元でも成立する．直交，円筒極座標，球極座標は，直方体，円筒，球の特性をもつ問題に最適である．積分の範囲は別として，唯一気をつけなければならないのは，面積（体積）素片の正確な変換についてである．これは二次元の極座標のときのように図を描けば最もわかりやすいが，「ヤコビアン」行列式で計算することもできる*2.

*2　訳注：$\mathrm{d}^2\mathrm{Vol} = \mathrm{d}x\,\mathrm{d}y$ (Cartesian) $= (r\cos^2\theta\, r + r\sin^2\theta)\,\mathrm{d}r\,\mathrm{d}\theta = r\,\mathrm{d}r\,\mathrm{d}\theta$
$\mathrm{d}^3\mathrm{Vol} = \mathrm{d}x\,\mathrm{d}y\,\mathrm{d}z$ (Cartesian) $= r\,\mathrm{d}r\,\mathrm{d}\theta\,\mathrm{d}z$ (Cylindrical) $= r^2\,\mathrm{d}r\,\sin\theta\,\mathrm{d}\theta\,\mathrm{d}\phi$ (Spherical)

$$\mathrm{d}^M\mathrm{Vol} = \mathrm{d}x_1\,\mathrm{d}x_2\cdots\mathrm{d}x_M$$
$$= \begin{vmatrix} \frac{\partial x_1}{\partial X_1} & \frac{\partial x_1}{\partial X_2} & \cdots & \frac{\partial x_1}{\partial X_M} \\ \frac{\partial x_2}{\partial X_1} & \frac{\partial x_2}{\partial X_2} & \cdots & \frac{\partial x_2}{\partial X_M} \\ \vdots & \vdots & \cdots & \vdots \\ \frac{\partial x_M}{\partial X_1} & \frac{\partial x_M}{\partial X_2} & \cdots & \frac{\partial x_M}{\partial X_M} \end{vmatrix} \mathrm{d}X_1\,\mathrm{d}X_2\cdots\mathrm{d}X_M \tag{12.9}$$

ここで，M は「体積」の次元であり（よって面積の場合は $M = 2$ である)，小文字の x は直交座標の成分（$x_1 = x, x_2 = y, x_3 = z$ など）であり，大文字の X はもう一つの座標系である（たとえば，$X_1 = r$，$X_2 = \theta$ など)．二次元の直交座標を極座標へ変換するには，たとえば，$x = r\cos\theta$ と $y = r\sin\theta$ とすればよい．もしくは式 (12.9) は r のヤコビアンから，式 (12.7) の結果を得てもよい．

本節で学んだ方法から，第 5 章で飛ばした「ガウス関数」の積分を行うことができる．

$$I = \int_0^\infty e^{-x^2}\mathrm{d}x \tag{12.10}$$

直感的でないが，まず I を二乗する．

$$I^2 = \int_{x=0}^{x=\infty}\int_{y=0}^{y=\infty} e^{-(x^2+y^2)}\,\mathrm{d}x\,\mathrm{d}y \tag{12.11}$$

ここで，式 (12.10) をそれ自身で掛けており，x でなく y を使っている（ダミー変数である)．直交座標を極座標に変えると，式 (12.7) により式 (12.11) は

$$I^2 = \int_{r=0}^{r=\infty} r\,e^{-r^2}\mathrm{d}r \int_{\theta=0}^{\theta=\pi/2}\mathrm{d}\theta$$

となる．ここで，新たな積分範囲は第一，第二象限になる．二つの容易な積分の積は，$I^2 = \pi/4$ となり，平方根をとると，式 (12.10) は $\sqrt{\pi}/2$ となる*3.

*3　訳注：$I = \int_{-\infty}^{\infty} e^{-x^2}\mathrm{d}x$ で考えるほうがわかりやすい．$I^2 = \int_{x=-\infty}^{x=\infty}\int_{y=-\infty}^{y=\infty} e^{-(x^2+y^2)}\,\mathrm{d}x\,\mathrm{d}y = \int_{r=0}^{r=\infty} r\,e^{-r^2}\mathrm{d}r\int_{\theta=0}^{\theta=2\pi}\mathrm{d}\theta$，$r^2 = R$ とすれば $\mathrm{d}R = 2r\,\mathrm{d}r$ より，$I^2 = 2\pi(1/2)\int_{R=0}^{R=\infty} e^{-R}\,\mathrm{d}R = \pi[-e^{-R}]_0^\infty = \pi$，$I = \sqrt{\pi}$

12.4　演習問題

[**12.1**] 楕円 $(x/a)^2 + (y/b)^2 = 1$ の面積が，$\pi\,a\,b$ であることを示せ．

[**12.2**] 適当な図を書いて，球極座標の体積素片が $r^2\sin\theta\,\mathrm{d}r\,\mathrm{d}\theta\,\mathrm{d}\phi$ で与えられることを示し，球の体積の式を導け．

[**12.3**] 円筒極座標を使って，$a \leq x \leq b$ の範囲で，$y = f(x)$ という曲線を x 軸の周りに $360°$ 回転させてできる固体の体積が $\pi \int_a^b y^2 \, \mathrm{d}x$ となることを示せ．

[**12.4**] 二重積分 $\iint x^2(1 - x^2 - y^2) \, \mathrm{d}x \, \mathrm{d}y$ を $x = 0$，$y = 0$ に中心をもつ半径 1 の円上で以下の座標系を使って行え．

(1) 直交座標　　(2) 極座標

13.1 用語の定義 Definition of terms

常微分方程式（ODE）は，「D」演算子として知られている $y(x)$ の通常の微分 $\mathrm{d}y/\mathrm{d}x$ と，そのまた微分からなり，第 10 章で議論したような偏微分 ∂ はない．微分方程式の「階数」は，方程式に現れる y の最も高次の微分に等しい．すなわち，1 階の微分方程式は $y' = \mathrm{d}y/\mathrm{d}x$ のみを含み，$y'' = \mathrm{d}^2y/\mathrm{d}x^2$ や $y''' = \mathrm{d}^3y/\mathrm{d}x^3$ などの高次の微分をもたない．第 4 章で線形性の概念について触れたが，微分方程式において線形性とは，y とすべての微分が一次以上のべき乗をもたないことを意味する．逆に，そうでない場合を「非線形」と呼ぶ．微分方程式の次数は最も高次の（y の）微分のべき乗に等しい．

13.2 1 階：変数分離 First-order: separable

最も基本的な常微分方程式は，次式である．

$$\frac{\mathrm{d}y}{\mathrm{d}x} = k \tag{13.1}$$

ここで k は定数で，方程式は，1 階，線形，一次である．第 4 章で学んだように，この方程式は関数 $f(x)$ が一定の勾配をもつことを表しており，それゆえ解は直線となる．この直線の式を，式 (13.1) の両辺を x に関して積分してみる．

$$y = kx + A \tag{13.2}$$

1 回積分すると，一つの任意の定数 A が表れる．このことから，n 階の常微分方程式の「一般解」は，n 個の任意の定数を含まなければならないというきわめて重要な結論が導かれる．1 階の場合は，ただ一つの任意の定数が必要であるということは容易に理解できるだろう．式 (13.1) は $y(x)$ が一定の勾配 k をもつことを意味するが，$x = 0$ での切片は定まらない．それゆえ，A がいかなる値であっても式 (13.1) は満たされる．A の値を決めるには「境界条件」が必要となる．たとえば，$x = 0$ で $y = 0$ という条件であれば，$A = 0$ となり，勾

配 k で原点を通る直線が解となる．

より一般的な1階の常微分方程式は，次式である．

$$\frac{\mathrm{d}y}{\mathrm{d}x} = X(x)\,Y(y) \tag{13.3}$$

ここで，X と Y はそれぞれ x と y の関数である．式 (13.1) と同様に，これは「変数分離」型の式である．なぜなら，両辺を Y で割って，x と y に関して積分すると

$$\int \frac{\mathrm{d}y}{Y(y)} = \int X(x)\mathrm{d}x \tag{13.4}$$

となる．$y(x)$ の解を得るためにこの式が使える．使い方の例をあげよう．もし，$X(x) = \cos x$ および $Y(y) = y$ なら，式 (13.4) は

$$\ln y = \sin x + A \quad \Longrightarrow \quad y = B\,e^{\sin x}$$

となる．ここでは付加的な定数は，指数の掛け算のかたち $B = e^A$ で表される．

13.3 1階：同次 First-order: homogeneous

ある関数 $f(x, y)$ について，もし x と y に λ を掛けたらある因子 λ^m 倍となるものを「同次」という（m はしばしば関数の次数と呼ばれる．常微分方程式の次数と混同しないように）．たとえば，$f = x^3 + 3\,x^2\,y + 3\,y^2\,x + 5\,y^3$ なら，x，y の三次の同次関数となる．なぜならもし x，y が2倍になると，f は 2^3 倍になるからである．同次関数は $f = x^m\,F(V)$ のようにも書かれる．ここで F は $V = y/x$ だけの関数で，この場合は $F(V) = 1 + 3\,V + 3\,V^2 + 5\,V^3$ となる．次に，常微分方程式を考えよう．

$$\frac{\mathrm{d}y}{\mathrm{d}x} = \frac{\theta(x, y)}{\phi(x, y)} \tag{13.5}$$

ここで $\theta(x, y)$ と $\phi(x, y)$ は，同じ次数をもつ同次関数である．これは，次のように表せることを意味する．

$$\frac{\mathrm{d}y}{\mathrm{d}x} = \frac{x^m\,\Theta(V)}{x^m\,\Phi(V)} = \Psi(V) \tag{13.6}$$

ここで因子 x^m は相殺され，前と同じように，$y = V\,x$ である．式 (4.9) の積の法則によると，$y = V\,x$ を x で微分できて

$$\frac{\mathrm{d}y}{\mathrm{d}x} = V + x\frac{\mathrm{d}V}{\mathrm{d}x} = \Psi(V) \tag{13.7}$$

となる．式 (13.4) の変数分離型に式を整理して

$$\int \frac{\mathrm{d}V}{\Psi(V) - V} = \int \frac{\mathrm{d}x}{x}$$

としてから V について解く．解 $y(x)$ は $y = V\,x$ となり，適当な境界条件があれば一つに決めることができる．

いくつかの「非同次」1 階常微分方程式を，解ける形の同次関数に変数変換するための，多くの手法がある．次の非同次 1 階常微分方程式を考えよう．

$$\frac{\mathrm{d}y}{\mathrm{d}x} = \frac{x+y+1}{x-y}$$

$u = x + a$ および $v = y + b$ とし[*1]，定数 a と b は，分母・分子を見て $a + b = 1$ と $a = b$ の連立方程式の解で，両方とも 1/2 とすると，常微分方程式は，次式になる．

*1　$\mathrm{d}u = \mathrm{d}x$ および $\mathrm{d}v = \mathrm{d}y$

$$\frac{\mathrm{d}y}{\mathrm{d}x} = \frac{\mathrm{d}v}{\mathrm{d}u} = \frac{u+v}{u-v}$$

これは同次で，前に示した方法で解くことができる．

13.4　1 階：積分因子 First-order: integrating factor

一般の線形 1 階常微分方程式は

$$\frac{\mathrm{d}y}{\mathrm{d}x} + y\,P(x) = Q(x) \tag{13.8}$$

の型である．この型は，「積分因子」$I(x)$ を両辺に掛ければ解ける．

$$I(x) = \exp\left(\int P(x)\mathrm{d}x\right) \tag{13.9}$$

次の例を考えてみよう．

$$\frac{\mathrm{d}y}{\mathrm{d}x} + \frac{y}{x} = x$$

ここで，$I(x) = \exp(\int dx/x) = \exp(\ln x) = x$ なので，以下のようになる．

$$x\left(\frac{\mathrm{d}y}{\mathrm{d}x} + \frac{y}{x}\right) = \frac{\mathrm{d}}{\mathrm{d}x}(y\,x) = x^2 \Longrightarrow y = \frac{1}{x}\left(\frac{x^3}{3} + A\right)$$

ここで問題となるのは，式 (13.9) から計算する積分因子 $I(x)$ であり，「$I(x)$ と式 (13.8) の左辺の積は $I(x)$ と y の積の微分で与えられる」ことがわかる[*2]（以下に示す）．また任意の定数 A が，最後の解を得るまでくっついてくることも重要である．

*2　$y(x)\,I(x) = \int I(x)\,Q(x)\mathrm{d}x$
訳注：$\mathrm{d}I/\mathrm{d}x = I\,P(x)$

式 (13.9) から積分因子が導けることを確かめよう．式 (4.9) の積の規則を使って，$I(x) \times y$ を微分して，$I(x)$ と式 (13.8) の積に等しいとすると，

$$\frac{\mathrm{d}}{\mathrm{d}x}(y\,I) = y\frac{\mathrm{d}I}{\mathrm{d}x} + I\frac{\mathrm{d}y}{\mathrm{d}x} = I\frac{\mathrm{d}y}{\mathrm{d}x} + I\,y\,P(x)$$

となる．これは変数分離の 1 階の常微分方程式である．

$$\int \frac{\mathrm{d}I}{I} = \int P(x)\mathrm{d}x \tag{13.10}$$

これは容易に解けて式 (13.9) を得る．再び，変数変換が複雑な常微分方程式を，式 (13.8) に変換する*3．

*3　訳注：この説明はわかりにくい．以下に別解を書く．$\mathrm{d}I/\mathrm{d}x = I(x)\,P(x)$ を満たす関数 $I(x)$ を考える．$\mathrm{d}I/I = P(x)\mathrm{d}x$，$\ln I = \int P(x)\,\mathrm{d}x$，$I = \exp(\int P(x)\,\mathrm{d}x) \equiv \exp(F)$，$F(x) \equiv \int P(x)\,\mathrm{d}x$ となる．式 (13.8) に I を掛けたものは，$I\,\mathrm{d}y/\mathrm{d}x\,L + I\,y\,P = I\,Q$ となり，$\mathrm{d}I/I = P(x)\,\mathrm{d}x$ を代入すると，$\mathrm{d}(I\,y)/\mathrm{d}x = y\,\mathrm{d}I/\mathrm{d}x + I\,\mathrm{d}y/\mathrm{d}x = I\,P\,y + I\mathrm{d}y/\mathrm{d}x = I\,Q$ となる．これを積分すると $I\,y = \int I\,Q\,\mathrm{d}x + A$ となり I で割ると，$y = (1/I)\int I\,Q\,\mathrm{d}x + A/I = \exp(-F)[\int \exp(F)\,Q\,\mathrm{d}x + A]$ となる．

13.5　2 階：同次 Second-order: homogeneous

次に，2 階の線形同次常微分方程式（右辺はゼロ）を考える．

$$\frac{\mathrm{d}^2 y}{\mathrm{d}x^2} + k_1 \frac{\mathrm{d}y}{\mathrm{d}x} + k_2\, y = 0 \tag{13.11}$$

ここで，k_1 と k_2 は「定数係数」である．この式の解の形は $y = A\,e^{\alpha\,x}$ になると予測する．なぜなら 4.3 節によると，繰り返し微分をしても同じ関数型を保つのは指数関数だけだからである．この予測のもとに，式 (13.11) に入れると

$$A\,e^{\alpha\,x}(\alpha^2 + k_1\,\alpha + k_2) = 0 \quad\Longrightarrow\quad \alpha^2 + k_1\,\alpha + k_2 = 0 \tag{13.12}$$

となる．この二次式は，ときに「特性行程式」といわれ，α の値を求めることができる．以下の三つの場合が特に興味深い．

① α に対して，二つの異なる実解がある場合．たとえば

$$\begin{aligned}\frac{\mathrm{d}^2 y}{\mathrm{d}x^2} - \omega_0^2\, y = 0 &\Longrightarrow (\alpha + \omega_0)(\alpha - \omega_0) = 0\\ &\Longrightarrow y = A\,e^{\omega_0\,x} + B\,e^{-\omega_0\,x}\end{aligned} \tag{13.13}$$

ここで，A と B は定数であり，「重ねあわせの原理」を用いた．線形の同次微分方程式は，一般解は許される解の線形結合により得られるという性質をもつ．7.7 節で使った双曲線関数を使うと，式 (13.13) の一般解は $y = C\cosh(\omega_0\,x) + D\sinh(\omega_0\,x)$ とも書け，新しい任意の定数は $C = A + B$，$D = A - B$ となる．

13.2 節で議論したように，2 階の微分方程式の一般解を得るためには二つの任意の定数が必要となる．A と B（または C と D）は二つの積分の結果であることが直感的に自明であるが，ここでは解を推測し 2 回微分するという逆のアプローチで得た．

② α に対して複素数の解がある場合．たとえば

$$\begin{aligned}\frac{\mathrm{d}^2 y}{\mathrm{d}x^2} + \omega_0^2\, y = 0 &\Longrightarrow (\alpha + i\,\omega_0)(\alpha - i\,\omega_0) = 0\\ &\Longrightarrow y = A\,e^{i\,\omega_0\,x} + B\,e^{-i\,\omega_0\,x}\end{aligned} \tag{13.14}$$

この式は，多くの振動する系での変位を記述するので（ここで x は時間である）特に物理学で重要である．振り子がその例であり，「単振動」の方程式ともいわ

れる．この場合，解は 7.6 節で得られた三角関数の公式から $y = C\cos(\omega_0\,x) + D\sin(\omega_0\,x)$ とも書かれ，$C = A + B$，$D = i(A - B)$ である．

加えて，「減衰項」を $\mathrm{d}y/\mathrm{d}x$ の係数がゼロにならないように入れる[*4] と，少々ややこしくなるが，次のことがわかる．

*4　$\alpha = (1/2)(-1 + i\sqrt{3})$

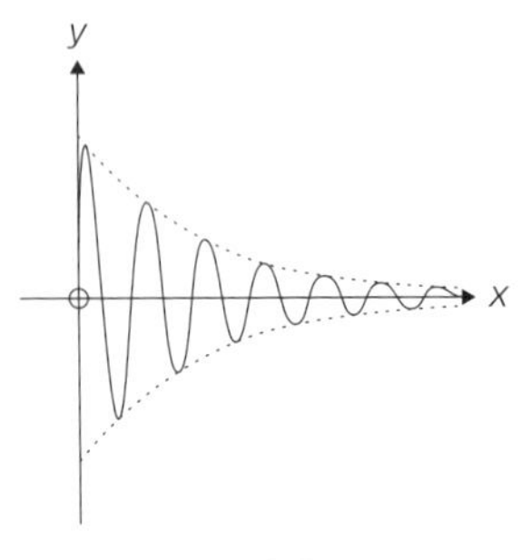

図 13.1

$$\frac{\mathrm{d}^2y}{\mathrm{d}x^2} + \frac{\mathrm{d}y}{\mathrm{d}x} + y = 0 \Longrightarrow y = [C\,\sin(\sqrt{3}\,x/2) + D\cos(\sqrt{3}\,x/2)]\,e^{-x/2} \tag{13.15}$$

この解の形が，なぜ系が減衰することを表すだろうか．指数関数項を掛け算した振動が，時間 x が無限大になればゼロになり，振り子の振れが時間とともに減衰することを意味するからである（図 13.1）．

③ 二次方程式の解が等しい場合．たとえば，

$$\frac{\mathrm{d}^2y}{\mathrm{d}x^2} + 2\,\frac{\mathrm{d}y}{\mathrm{d}x} + y = 0 \Longrightarrow (\alpha + 1)^2 = 0 \Longrightarrow y = (A + B)\,e^{-x} = C\,e^{-x} \tag{13.16}$$

解はただ一つの任意の定数（$C = A + B$）をもち，二つ目の関数形が推測されなくてはならない．正確な形は $y = x\,e^{-\alpha\,x}$ となり，式 (13.16) に代入するとゼロになる．一般解は $y = (A + B\,x)\,e^{-x}$ となる．これはしばしば「臨界減衰」と呼ばれる．

いくつかの定数係数を持たない 2 階の線形常微分方程式は，適当な変数変換で式 (13.11) の単純な形にもっていける．たとえば

$$x^2\,\frac{\mathrm{d}^2y}{\mathrm{d}x^2} + x\,\frac{\mathrm{d}y}{\mathrm{d}x} + y = 0 \tag{13.17}$$

$u = \ln(x)$ とし，式 (4.12) の連鎖規則を使うと[*5]

*5 $$\frac{\mathrm{d}u}{\mathrm{d}x} = \frac{1}{x}$$

$$x\,\frac{\mathrm{d}y}{\mathrm{d}x} = x\,\frac{\mathrm{d}y}{\mathrm{d}u}\,\frac{\mathrm{d}u}{\mathrm{d}x} = \frac{\mathrm{d}y}{\mathrm{d}u} \tag{13.18}$$

$$x^2\,\frac{\mathrm{d}^2y}{\mathrm{d}x^2} = x^2\,\frac{\mathrm{d}}{\mathrm{d}x}\left(\frac{\mathrm{d}y}{\mathrm{d}x}\right) = x^2\,\frac{\mathrm{d}u}{\mathrm{d}x}\,\frac{\mathrm{d}}{\mathrm{d}u}\left(\frac{1}{x}\,\frac{\mathrm{d}y}{\mathrm{d}u}\right) = \left(\frac{\mathrm{d}^2y}{\mathrm{d}u^2} - \frac{\mathrm{d}y}{\mathrm{d}u}\right) \tag{13.19}$$

式 (13.18) と式 (13.19) を式 (13.17) に入れると，y と u の定数係数の 2 階常微分方程式に変換される．

13.6　2 階：非同次 Second-order: inhomogeneous

2 階の線形非同次常微分方程式は，一般に

$$\frac{\mathrm{d}^2y}{\mathrm{d}x^2} + k_1\,\frac{\mathrm{d}y}{\mathrm{d}x} + k_2\,y = F(x) \tag{13.20}$$

と書くことができる．ここで，$F(x)$ は x のある関数である．この常微分方程式

の線形性を使って，補関数 $c(x)$ と特別な積分 $p(x)$ を導入することにより，解を導くことができる．つまり，$y(x) = c(x) + p(x)$ となる．$c(x)$ は式 (13.20) の右辺が $F(x)$ ではなくゼロとした同次関数の解である．13.5 節で，$c(x)$ に従う常微分方程式をどのように解くのか学んだ．式 (13.11) で $y(x) = c(x)$ とすればよく，それを解いて y に対する一般解を得る際には，二つの任意の定数が必要となる．それゆえ，次は $p(x)$ 見つけ，それを式 (13.20) の左辺に代入すると，追加の定数なしに右辺の $F(x)$ が導出されなければならない．

ある与えられた $F(x)$ に対して適当な $p(x)$ を見つける簡単な方法がある．ただし，計算は少々ややこしい．$p(x)$ を，$F(x)$ と 1 階，2 階微分によって作られるすべての型の関数の線形重ね合わせとして構築する．関連する係数の値は，式 (13.20) の両辺のそれぞれの関数の前置因子を等しくとって決定する．次の例で具体的に見ていこう．

$$\frac{\mathrm{d}^2 y}{\mathrm{d}x^2} + \omega_0^2\, y = x\,\sin x \tag{13.21}$$

13.5 節の方法に従えば，$c(x) = C\cos(\omega_0\, x) + D\sin(\omega_0\, x)$ となることはわかっているので，$p(x)$ を見つけることだけが必要であることがわかる．ここでは，$p(x) = a\,x\sin x + b\,x\cos x + c\sin x + d\cos x$ で試すことを提案する．というのは，$x\sin x$ の 0 階，1 階，2 階微分からくる四つのタイプの線形結合は，これだけだからである．式 (13.21) に代入して，四つの関数系の係数を等しくとれば，四つの連立方程式が得られ，定数を得ることができる[*6]．いまの場合，$a = 1/(\omega_0^2 - 1)$，$b = 0$，$c = 0$，$d = -2/(\omega_0^2 - 1)^2$ となる．

*6

$$\begin{aligned} a(\omega_0^2 - 1) &= 1(x\sin x) \\ b(\omega_0^2 - 1) &= 0(x\cos x) \\ -2b + c(\omega_0^2 + 1) &= 0(\sin x) \\ 2a + d(\omega_0^2 - 1) &= 0(\cos x) \end{aligned}$$

物理的には，式 (13.20) は力 $F(x)$ により駆動された振動系を表す．現実には減衰項が常に存在し，補関数は時間 x とともにゼロとなる．この部分の解は境界条件にのみ依存し，「過渡的」といわれる．特別な積分は「定常状態」の解を与える．定常状態の解はしばしば試行関数を用いると見つけられ，それは複素数の係数または「複素振幅」に試行関数 $\exp(i\,m\,x)$ を掛けたものになる．

式 (13.20) を解くのが困難なときがある．$k_1 = 0$，$k_2 = 1$，$F(x) = \sin(x)$ という，一見無害に見える場合を考えよう．補関数は式 (13.14) の解で $\omega_0 = 1$，すなわち $y = C\sin x + D\cos x$ となる．特別な積分には何を試せばよいだろうか．ここでは，$F(x)$ を微分して見つけた関数の線形結合で試行することを提案する．不幸なことに，試行関数は $p(x) = a\sin x + b\cos x$ となる．というのは，式 (13.20) の左辺に代入するとゼロとなり，補関数と同じになるからである．それでは，ゼロとならない $\sin x$ の項をいかに $F(x)$ の対応する項にマッチさせられるだろうか．微分すると $\sin x$ の項を作る関数を推測する必要がある．最初に推測できるのは，$p(x) = a\,x\sin x + b\,x\cos x$ である．この試行関数を式 (13.20) に代入して，係数を等しくすると，$a = 0$，$b = -1/2$ となり，一般解は，$y = A\sin x + B\cos x - x\cos x/2$ となる．

13.7　演習問題

[**13.1**] 試料の中に，放射性の原子が N 個あり，時間 t とともに $\mathrm{d}N/\mathrm{d}t = -\lambda N$ の法則に従って減衰する．もともと N_0 個の放射性原子があるとして，それが $N_0/2$ になる「半減期」を求めよ．

[**13.2**] 以下の 1 階の常微分方程式の一般解を得よ．

$$(1)\quad \frac{\mathrm{d}y}{\mathrm{d}x} = \frac{1-y^2}{x} \qquad (2)\quad \frac{\mathrm{d}y}{\mathrm{d}x} = \frac{2y^2 + xy}{x^2}$$

$$(3)\quad \frac{\mathrm{d}y}{\mathrm{d}x} = \frac{x+y+5}{x-y+2} \qquad (4)\quad \frac{\mathrm{d}y}{\mathrm{d}x} + y\cot x = \operatorname{cosec} x$$

$$(5)\quad \frac{\mathrm{d}y}{\mathrm{d}x} + 2xy = x \qquad (6)\quad \frac{\mathrm{d}y}{\mathrm{d}x} + \frac{y}{x} = \cos x$$

[**13.3**] ベルヌーイ方程式は

$$\frac{\mathrm{d}y}{\mathrm{d}x} + P(x)\,y = y^{\alpha}\,Q(x)$$

となる．$v = y^{-(\alpha-1)}$ と変数変換し，積分因子を使って解けるように変形せよ．また，$P(x) = x$，$Q(x) = x$，$\alpha = 2$ のときの $y(x)$ を解け．

[**13.4**] 一般の線形一次常微分方程式 (式 13.8) は $[Q(x) - P(x)\,y]dx - dy = 0$ と書けることを示せ．また，$I(x)$ を乗じ，完全性の試験 (式 11.6) の条件を適用して，$I(x) = \exp(\int P(x)\mathrm{d}x)$ となることを示せ．

[**13.5**] $y'' + k_1 y' + k_2 y = F(x)$ の以下の場合での一般解を求めよ．

(1) $k_1 = -2$，$k_2 = -3$，$F(x) = \sin x$

境界条件 $y(0) = 0$，y は $x \to \infty$ で有限として，完全解を求めよ．

(2) $k_1 = -2$，$k_2 = -8$，$F(x) = x^2$

(3) $k_1 = 0$，$k_2 = \omega_0^2$，$F(x) = \cos(\omega x)$

$\omega = \omega_0$ の場合はどうなるか．

(4) $k_1 = 1$，$k_2 = 1$，$F(x) = \cos(\omega x)$

右辺を複素指数の実数部とし $p = \mathrm{Re}\{A\exp(i\omega x)\}$ とするとどのようになるか．

(5) $k_1 = 0$，$k_2 = 4$，$F(x) = \cos(2x)$

[**13.6**] 以下を解け．(1) 試行関数として $y = Ax^{\lambda}$ を使え．(2) $u = \ln x$ という置換を使え．

$$x^2\frac{\mathrm{d}^2y}{\mathrm{d}x^2} + 3x\frac{\mathrm{d}y}{\mathrm{d}x} + y = 0$$

14 偏微分方程式

14.1 単純な場合 Elementary cases

前章で常微分方程式を取り扱ったが，変数は一つの場合のみを扱った．今度は，多変数の解析に拡張しよう．第 10 章で学んだように，$\mathrm{d}y/\mathrm{d}x$ のような常微分を $\partial y/\partial x$ のような偏微分へ置き換えることで一般化できる．このため，本章のタイトルは，「偏微分方程式」(PDE: Partial Differential Equation) となっている．簡単のため，たいていの例は，2 変数関数とする．

最も単純な偏微分方程式から始めよう．

$$\left(\frac{\partial z}{\partial x}\right)_y = 0 \tag{14.1}$$

微分がゼロであれば，その積分は定数になる．よって式 (14.1) では，y は固定され，その関数 $g(y)$ はどれも定数である．それゆえ，最も一般的な解は

$$z(x, y) = g(y)$$

となる．これは，常微分方程式が「積分定数」を生み出したのに対して，偏微分方程式が「積分関数」を発生することを示している．

さらに興味深い場合を考えよう．完全微分 $\mathrm{d}f = [(x-y)/x^2]\mathrm{d}x + [1/x]\mathrm{d}y$ があるとき，$f(x, y)$ はどうなるであろうか．式 (11.5) より

$$\left(\frac{\partial f}{\partial x}\right)_y = \frac{x-y}{x^2} \qquad \left(\frac{\partial f}{\partial y}\right)_x = \frac{1}{x} \tag{14.2}$$

となる．より単純な二つめの式から始めると，$f(x, y)$ の y に関する微分は定数で，この場合は $1/x$ であるので

$$f(x, y) = \frac{y}{x} + g(x) \tag{14.3}$$

となる．式 (14.3) を y を一定にして x に関して微分し，式 (14.2) の最初の式と比較すると，$g(x)$ がうまく取り扱える．

$$\left(\frac{\partial f}{\partial x}\right)_y = \frac{\mathrm{d}g}{\mathrm{d}x} - \frac{y}{x^2} = \frac{1}{x} - \frac{y}{x^2}$$

ここで，$g(x)$ は x のみの関数であるので，$(\partial g/\partial x)$ は $\mathrm{d}g/\mathrm{d}x$ で置き換えた．よって，$\mathrm{d}g/\mathrm{d}x = 1/x$ となり，$g(x) = \ln x + C$ となる．ここで C は真の定数である．したがって，完全微分に関する解は

$$f(x, y) = \frac{y}{x} + \ln x + C$$

となる．これが式 (14.2) に戻ることを確かめることが可能で，かつ確かめる必要がある．

本節の最後の例として，簡単な 2 階の例を考えよう．$\partial^2 z/\partial x\, \partial y = 0$ である．交差微分とは何を意味するのか考えることで PDE を解くことが可能となる．

$$\frac{\partial^2 z}{\partial x\, \partial y} = \left[\frac{\partial}{\partial x}\left(\frac{\partial z}{\partial y}\right)_x\right]_y = 0 \tag{14.4}$$

y は定数として扱い，x に関する式 (14.4) を積分すると

$$\left(\frac{\partial z}{\partial y}\right)_x = g(y)$$

次に，固定された x での y に関する積分は一般解として

$$z(x, y) = G(y) + h(x) \tag{14.5}$$

となる．ここで，$G(y) = \int g(y)\mathrm{d}y$ で，y のみの関数である．$G(y)$ と $h(x)$ は，適当な境界条件がないと決定できないので，式 (14.5) は無益なように思われるが，$z(x, y)$ は，x と y の変数分離関数の和となり，すなわち x と y が混合した項はないことを意味する．

本節での偏微分方程式は初歩的であり，偏微分が実際どういう意味をもつのかということを注意深く考え，直接積分すれば解ける．より実際的な場合を学んでいこう．

14.2　変数分離 Separation of variables

物理的に興味の深いたいていの偏微分方程式は 2 階である場合が多い．たとえば波動方程式もそうである．

$$\frac{\partial^2 y}{\partial x^2} = \frac{1}{c^2}\frac{\partial^2 y}{\partial t^2} \tag{14.6}$$

ここで y は弦の縦の変位，x は弦の位置，t は時間，c は波の速度である．この偏微分方程式を解くにはいくつかの方法がある．ただし，それらのほとんどは本書のレベルを超えている．ここでは，変数分離と呼ばれる方法に絞って説明

する．これは 13.2 節で記述された方法と名前が似ているが，たまたまであって，まったく関係ない．

本節の主要な部分に進む前に，式 (14.6) の興味深い点について述べなければならない．$u = x + ct$，$v = x - ct$ と置き換えると波動方程式は式 (14.4) $\partial^2 y/\partial u\,\partial v = 0$ に変換される．これは，演習問題 10.6 として出題した．式 (14.6) の一般解は $y(x,t) = G(x + ct) + h(x - ct)$ と書かれる．ここで，関数 G と h は適当な境界条件から決定される．

この変数分離の方法は，特別な例をあげることで最もうまく理解できる．それは，次のような問いである．「$x \geq 0$ で $0 \leq y \leq a$ で定義される関数 $f(x,y)$ は「ラプラス方程式」に従い

$$\frac{\partial^2 f}{\partial x^2} + \frac{\partial^2 f}{\partial y^2} = 0 \tag{14.7}$$

となる．$x \to \infty$ のとき $f(x,y) \to 0$ で，以下の境界条件ラプラス方程式の満たす解を見つけよう．

$$f(x,0) = f(x,a) = 0$$
$$f(0,y) = \sin(\pi\, y/a) + 2\sin(2\,\pi\, y/a) \tag{14.8}$$」

この種の問題に取り組むのに有用な第一歩は，興味のある領域を示す図を描き，関連した境界条件を示すことである (図 14.1)．変数分離の第一歩として，その方法の名前にもなっているように，以下の形の解を得ることをやってみよう．

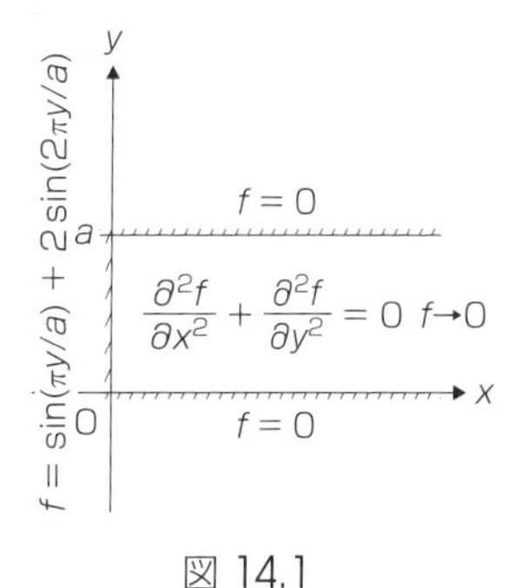

図 14.1

$$f(x,y) = X(x)\,Y(y) \tag{14.9}$$

このことは式 (14.7) の解が，x と y の独立の関数としての $X\,Y$ の積という形になるという推測を単に表しているのであって，それが正しいかどうか確証はもてないことは強調しておきたい．したがって式 (14.9) で，「やろう」ではなく「やってみよう」という言葉を使った．

式 (14.9) がうまくいくかどうかを見るには，式 (14.7) に代入し，解くことができるかチェックすればよい[*1]．

$$Y\,\frac{\mathrm{d}^2 X}{\mathrm{d}x^2} + X\,\frac{\mathrm{d}^2 Y}{\mathrm{d}y^2} = 0$$

ここで，偏微分方程式を常微分方程式に置き換えた．なぜなら式 (14.9) の定義では，X と Y はそれぞれ x と y の変数のみの関数であるからである．この式を $X\,Y$ で割って，少し変形すると，次のようになる．

$$\frac{1}{X}\,\frac{\mathrm{d}^2 X}{\mathrm{d}x^2} = -\frac{1}{Y}\,\frac{\mathrm{d}^2 Y}{\mathrm{d}y^2} \tag{14.10}$$

この段階で，少し考えなくてはならない，かなり微妙な問題がある．式 (14.10)

*1

$$\left(\frac{\partial f}{\partial x}\right)_y = Y(y)\left(\frac{\partial X}{\partial x}\right)_y = Y\,\frac{\mathrm{d}X}{\mathrm{d}x}$$

$$\left(\frac{\partial f}{\partial y}\right)_x = X(x)\left(\frac{\partial Y}{\partial y}\right)_x = X\,\frac{\mathrm{d}X}{\mathrm{d}y}$$

の左辺と右辺はそれぞれ x と y の任意の関数で，常にお互いに等しい．これは，両辺が個々にある定数に等しいときにのみ起こる．後で述べるような理由により，この定数を ω^2 とすれば，式 (14.17) で示された偏微分方程式は二つの常微分方程式に分解される．

$$\frac{\mathrm{d}^2 X}{\mathrm{d}x^2} = \omega^2 X \qquad \frac{\mathrm{d}^2 Y}{\mathrm{d}y^2} = -\omega^2 Y \tag{14.11}$$

これらはどちらも，13.5 節で使った方法で解くことができる．$X = A\,e^{p\,x}$，$Y = B\,e^{q\,y}$ とおき，式 (14.11) と単純調和振動との間の関係を思い出せばよい．式 (14.9) と (14.11) は，結合して式 (14.7) の解の形になる．

$$f(x,y) = [A\,e^{\omega\,x} + B\,e^{-\omega\,x}][C\cos(\omega\,y) + D\sin(\omega\,y)] \tag{14.12}$$

ここで，A，B，C，D は積分定数である．

偏微分方程式自体を処理したら，残りの仕事は境界条件を適用することである．$x \to \infty$ で $f(x,y) = 0$ で始めると，$A = 0$（そうでないと f が発散する）のみがこれを満足する．同じように $f(x,0) = 0$ では $C = 0$ となる．なぜならもう一つの選択である $B = 0$ とすると，$f(x,y) = 0$ となってしまうからである．次に $f(x,a) = 0$ は $\sin(\omega\,a) = 0$ となり，$\omega\,a = n\pi$ となる．ここで n は整数である．n と ω が離散的な値の多くの場合をとれるという事実は，式 (14.12) の形の解が多く存在するということを示している．添え字 n でラベルすると，式 (14.7) の最も一般的な解は，いまや以下のように書かれる．

$$f(x,y) = \sum_{n=-\infty}^{\infty} E_n \sin(n\,\pi\,y/a) e^{-n\,\pi\,x/a} \tag{14.13}$$

ここで，積 $(B\,D)_n$ は一つの係数 E_n にまとめられた．そして $A_n = C_n = 0$ であることも暗に示している．式 (14.13) で和をとった理由は，偏微分方程式がしばしば式 (14.7) のように，解の線形結合もまた解であるためである．項ごとに，$f(0,y)$ を式 (14.8) の境界条件の式と比較すると，最終的な結果，$E_1 = 1$，$E_2 = 2$，それ以外の $E_n = 0$ を得る．

$$f(x,y) = \sin(\pi\,y/a)e^{-\pi\,x/a} + 2\sin(2\,\pi\,y/a)e^{-2\,\pi\,x/a} \tag{14.14}$$

厳密には，式 (14.14) が式 (14.7) の偏微分方程式と式 (14.8) の要求を満たすことをチェックしておかねばならない．

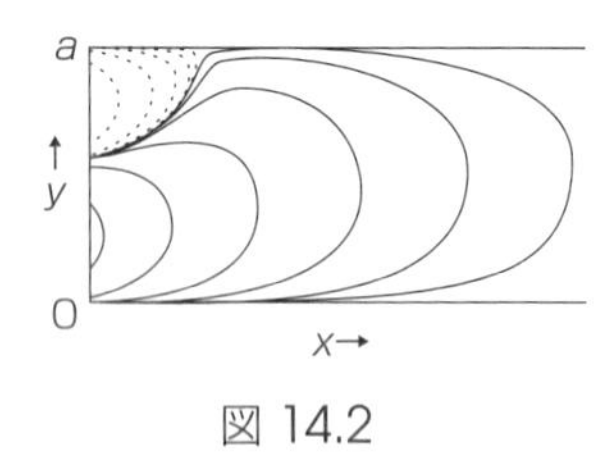

図 14.2

特別な例で変数分離の方法を例示したが，他の問題を扱う方法もほとんど同じである．この方法の威力は，偏微分方程式を何組かの常微分方程式に還元できることである．実際には，式 (14.10) と式 (14.11) で使われた定数の選択と，境界条件が適用された後の整理が，解を容易に得るのに重要な役割を果たす．この意味で，お勧めした予備の図が助けになる（図 14.2）．なぜなら偏微分方程式の解は，x 方向には減衰し，y 方向には振動的であるため，ω^2 以外の定数を使うとより複雑な代数，すなわち平方根や虚数 i を使うことが必要になるためである．また，特にもし式 (14.12) の段階でいくつかの項を除くのなら，最初に最も単純な境界条件を適用するのがよい．そして，もっとややこしいことは，最後までおいておくのがよい．

14.3 よくある物理学の例 Common physical examples

14.2 節で，物理学的に興味深い二つの偏微分方程式を扱った．すなわち，式 (14.6) の波動方程式と式 (14.7) のラプラス方程式である．前者は紹介する必要もないだろう．後者は，より一般的には「ポアソン方程式」の形をしていて (右辺はゼロである必要がない)，静電学や流体力学などで重要である．三つ目の重要な式は「拡散方程式」である．

$$K\,\frac{\partial^2 u}{\partial x^2} = \frac{\partial u}{\partial t} \tag{14.15}$$

これは，金属中の熱の流れ，溶媒中の溶質の広がりなどを記述する．式 (14.6) の一次元波動方程式は微分演算子 $\partial^2/\partial x^2$ を ∇^2 で置き換えることで三次元に拡張できる*2.

$$\nabla^2\Psi = \frac{1}{c^2}\,\frac{\partial^2\Psi}{\partial t^2} \tag{14.16}$$

ここで，$\nabla^2\Psi = \partial^2\Psi/\partial x^2 + \partial^2\Psi/\partial y^2 + \partial^2\Psi/\partial z^2$ である．同じように，式 (14.15) の拡散方程式は $K\nabla^2 u = \partial u/\partial t$ となり，式 (14.7) のラプラスの方程式は $\nabla^2 f = 0$ となる．たとえば，式 (14.16) を変数分離で解くときには，$\Psi(x,y,z,t) = X(x)\,Y(y)\,Z(z)\,T(t)$ で試行してみよう．問題が，たとえば水素原子のように本質的に球対称であれば，12.3 節で示したように，直交座標よりも球面極座標で扱うほうがよい．$\nabla^2\Psi$ を r，θ，ϕ で表し，(それは x，y，z で示すよりもはるかに難しい)，$\Psi(r,\theta,\phi,t) = R(r)\,\Theta(\theta)\,\Phi(\phi)\,T(t)$ で試行してみる．解の動径部分には「ベッセル関数」がかかわっており，組み合わさった角度部分は「球面調和関数」に密接に関連する．適当な境界条件を適用すると，式 (14.13) が離散的になる可能性が生じ，代替案として使われる添字は，原子物理学で出てくる量子数に対応する．

最後に，「(時間非依存の) シュレーディンガー方程式」を取りあげる．それは，実際には定在波の波動方程式であり，固有値方程式として

$$H\,\Psi = E\,\Psi \tag{14.17}$$

となる．ここで H はハミルトン演算子であり，運動エネルギー $-h^2\,\nabla^2/(8\,\pi^2\,m)$ とポテンシャルエネルギー V の和であり，定数 E はエネルギーである．波動

*2

$$\nabla^2\Psi = \frac{\partial^2\Psi}{\partial x^2} + \frac{\partial^2\Psi}{\partial y^2} + \frac{\partial^2\Psi}{\partial z^2} \quad \text{(デカルト座標)}$$

$$= \frac{1}{r^2}\,\frac{\partial}{\partial r}\left(r^2\frac{\partial\Psi}{\partial r}\right) + \frac{1}{r^2\sin\theta}\,\frac{\partial}{\partial\theta}\left(\sin\theta\frac{\partial\Psi}{\partial\theta}\right) + \frac{1}{r^2\sin^2\theta}\,\frac{\partial^2\Psi}{\partial\phi^2} \quad \text{(極座標)}$$

関数 Ψ は，式 (14.17) を満たし，「固有関数」と呼ばれ，系の定常状態を示す．対応する E の値は，固有値であり関連するエネルギー準位を与える．本質的に式 (14.17) は，式 (9.17) の行列での定義の連続形である．

14.4　演習問題

[**14.1**] 完全微分 $\mathrm{d}f = y\cos(x\,y)\mathrm{d}x + [x\cos(x\,y) + 2\,y]\mathrm{d}y$ に対して，$f(x,y)$ を見つけよ．

[**14.2**] $u(x,t) = \exp(-x^2/4\,k\,t)/\sqrt{4\,k\,t}$ は，拡散方程式 $\partial u/\partial t = k\,\partial^2 u/\partial x^2$ の解となることを確かめよ．

[**14.3**] 二次元の自由電子に対するシュレーディンガー方程式が以下のように与えられるとする．

$$\frac{\partial^2\Psi}{\partial x^2} + \frac{\partial^2\Psi}{\partial y^2} + \frac{8\,\pi^2\,m\,E\,\Psi}{h^2} = 0$$

このとき，波動関数 Ψ と許されたエネルギーレベル E を，$x = 0$，$x = a$，$y = 0$ と $y = b$ で，境界条件 $\Psi = 0$ のもとで求めよ．

[**14.4**] 面極座標 (r,θ) でのラプラス方程式は，

$$\frac{\partial^2\Phi}{\partial r^2} + \frac{1}{r}\,\frac{\partial\Phi}{\partial r} + \frac{1}{r^2}\,\frac{\partial^2\Phi}{\partial\theta^2} = 0$$

である．変数を分離して，解が以下の形であることを示せ．

$$\Phi(r,\theta) = (A_0\,\theta + B_0)(C_0\ln r + D_0) \text{ と}$$
$$\Phi(r,\theta) = [A_p\cos(p\,\theta) + B_p\sin(p\,\theta)](C_p\,r^p + D_p\,r^{-p})$$

ここで，A，B，C，D，p は定数である．もし，Φ が θ の一価関数であれば，p にどのような制限がつくか．$0 \le r \le a$ に対して，(1) $\Phi(a,\theta) = T\cos\theta$，(2) $\Phi(a,\theta) = T\cos^3\theta$ のときの式を求めよ．

15 フーリエ級数とフーリエ変換

15.1 周期関数を近似する Approximating periodic functions

第 6 章で，ある点の周りにおいて，任意の関数を単純な多項式で近似するために，テイラー級数が使われることを説明した．もう一つの近似の方法がフーリエ級数であり，対象の曲線が周期的であるときに有効である．

$$f(x) \simeq a_0/2 + a_1\cos(\omega x) + a_2\cos(2\omega x) + a_3\cos(3\omega x) + \cdots$$
$$+ b_1\sin(\omega x) + b_2\sin(2\omega x) + b_3\sin(3\omega x) + \cdots \tag{15.1}$$

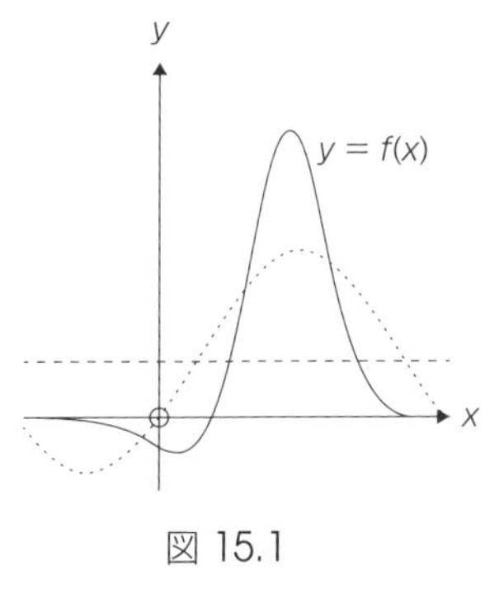

図 15.1

ここで，a，b，ω は定数で，式 (15.1) は式 (6.1) に対するものである（図 15.1）．すなわち，いかなる繰り返し関数も，サインとコサインの和で表現できるということである．もちろん，$a_1\cos(\omega x) + b_1\sin(\omega x)$ を $c_1\cos(\omega x + \phi_1)$ または $c_1\sin(\omega x + \phi_1)$ と置き換えることもできるが，前者のほうが線形性の観点からより好まれる．式 (15.1) の x 周期は，調和振動の最低振動数 ω を使って，$2\pi/\omega$ で与えられる．

式 (15.1) に $\cos(n\omega x)$ と $\sin(n\omega x)$ を別々に掛けて，1 周期分積分すると，フーリエ級数は以下のように与えられる（図 15.2）．

$$a_n = \frac{\omega}{\pi}\int_0^{2\pi/\omega} f(x)\cos(n\omega x)\,\mathrm{d}x \quad \text{および}$$
$$b_n = \frac{\omega}{\pi}\int_0^{2\pi/\omega} f(x)\sin(n\omega x)\,\mathrm{d}x \tag{15.2}$$

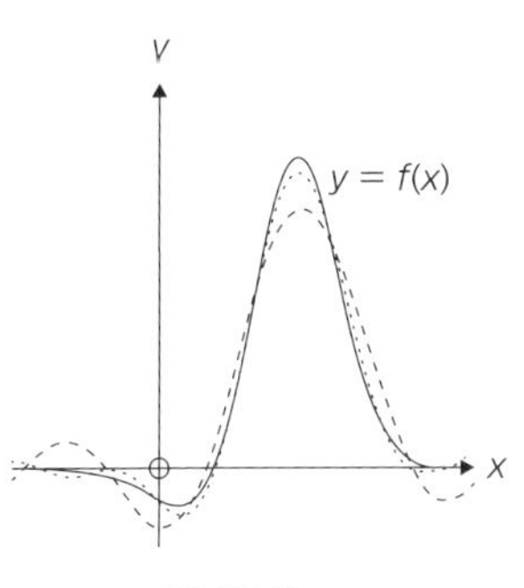

図 15.2

ここで，$n = 1, 2, 3, \cdots$ であり，サインとコサインは直交するという事実を使っている．いい換えると，$\sin(m\omega x)\sin(n\omega x)$ と $\cos(m\omega x)\cos(n\omega x)$ の $x = 0$ から $x = 2\pi/\omega$ への積分は，$m \neq n$ のときはゼロとなる．すなわち，サインとコサインをどのように結合させても，この範囲の積分ではゼロとなる．式 (15.1) に a_0 の半分という奇妙な因子がある理由は，式 (15.2) が，$n = 0$ でさえも働くことである．対応する b_0 に対する項は，ゼロとなるので省かれる．

実際にはフーリエ級数は，周期的でない関数も近似できる．ただし，$f(x)$ がたとえば $0 \leq x \leq L$ のようなある限定した領域でのみ定義できる場合に限られる．それは，$f(x) = f(x + j\,L)$ で定義される擬繰り返し関数で表すことができる．ここで，j は整数である．または $f(x) = f(-x)$ のような偶関数の場合は，$f(x) = f(x + 2\,j\,L)$ となる．$f(x) = -f(-x)$ のような奇関数も $f(x) = f(x + 2\,j\,L)$ となる．もし周期が L であれば $\omega = 2\,\pi/L$ となり，周期が $2\,L$ であれば $\omega = \pi/L$ となる．それぞれは異なるフーリエ級数になる．もし $f(x) = f(-x)$ ならサインの項はなくなり，$f(x) = -f(-x)$ ならコサインの項はなくなるが，$0 \leq x \leq L$ の重要な領域で，それらはよい近似を与える．

15.2　テイラー対フーリエ級数 Taylor versus Fourier series

テイラー展開は展開点（$x = x_0$）の近くでは，$y = f(x)$ に対して非常によい近似式を与えるが，$|x - x_0|$ が大きくなってくると近似は悪くなる．それに対して，フーリエ級数はどの場所でも正確な近似にはならないが，全体としての曲線の形にはよい近似となる．フーリエ級数の一般的な特性は，高周波では振動するが，項別の微分はきわめて賢明でない操作であり，それに対して積分は，でこぼこが相殺されるのでより安全であることである．さらに技術的なレベルでは，テイラー展開では $f(x)$ が多数回微分可能であることが要求されるが，フーリエ変換では，関数それ自身あるいはその微分が連続であることしか要求されない．

15.3　フーリエ積分 The Fourier integral

式 (15.1) よりコンパクトなバージョンを，式 (7.11) の複素数の関係を使って得ることができる．サインとコサインを合わせて虚数の指数で表すと

$$f(x) = \sum_{n=-\infty}^{\infty} c_n\, e^{i\,n\,\omega\,x} \tag{15.3}$$

ここで係数 c_n は複素数である．もし必要なら，c は a と b に式 (15.1) で関連づけられ，$a_n = (c_n + c_{-n})$ および $b_n = i(c_n - c_{-n})$ となる

訳注：

$$\begin{aligned} f(x) &= \sum_{n=-\infty}^{+\infty} c_n\, e^{i\,n\,\omega\,x} \\ &= \frac{a_0}{2} + \sum_{n=1}^{+\infty} [a_n \cos(n\,\omega\,x) + b_n \sin(n\,\omega\,x)] \\ &= \frac{a_0}{2} + \sum_{n=1}^{+\infty} \left[a_n \frac{e^{i\,n\,\omega\,x} + e^{-i\,n\,\omega\,x}}{2} + b_n \frac{e^{i\,n\,\omega\,x} - e^{-i\,n\,\omega\,x}}{2\,i} \right] \end{aligned}$$

$$
\begin{aligned}
&= \frac{a_0}{2} + \sum_{n=1}^{+\infty} \left[\frac{a_n - i\,b_n}{2} e^{i\,n\,\omega\,x} + \frac{a_n + i\,b_n}{2} e^{-i\,n\,\omega\,x} \right] \\
b_0 &= \frac{\omega}{\pi} \int_0^{2\,\pi/\omega} f(x) \sin(0\,\omega\,x)\,\mathrm{d}x = 0 \\
b_{-n} &= \frac{\omega}{\pi} \int_0^{2\,\pi/\omega} f(x) \sin(-n\,\omega\,x)\mathrm{d}x \\
&= \frac{\omega}{\pi} \int_0^{2\,\pi/\omega} f(x)(-1) \sin(n\,\omega\,x)\mathrm{d}x = -b_n \\
a_{-n} &= \frac{\omega}{\pi} \int_0^{2\,\pi/\omega} f(x) \cos(-n\,\omega\,x)\mathrm{d}x \\
&= \frac{\omega}{\pi} \int_0^{2\,\pi/\omega} f(x) \cos(n\,\omega\,x)\mathrm{d}x = a_n \\
f(x) &= \frac{a_0 - i\,b_0}{2} \\
&\quad + \sum_{n=1}^{+\infty} \left[\frac{a_n - i\,b_n}{2} e^{i\,n\,\omega\,x} + \frac{a_{-n} - i\,b_{-n}}{2} e^{-i\,n\,\omega\,x} \right] \\
&= \sum_{n=-\infty}^{+\infty} \underbrace{\frac{a_n - i\,b_n}{2}}_{\equiv c_n} e^{i\,n\,\omega\,x} \\
c_n + c_{-n} &= \frac{a_n - i\,b_n}{2} + \frac{a_{-n} - i\,b_{-n}}{2} = \frac{a_n - i\,b_n}{2} + \frac{a_n + i\,b_n}{2} = a_n \\
i(c_n - c_{-n}) &= \frac{i\,a_n + b_n}{2} - \frac{i\,a_{-n} + b_{-n}}{2} = \frac{i\,a_n + b_n}{2} - \frac{i\,a_n - b_n}{2} = b_n
\end{aligned}
$$

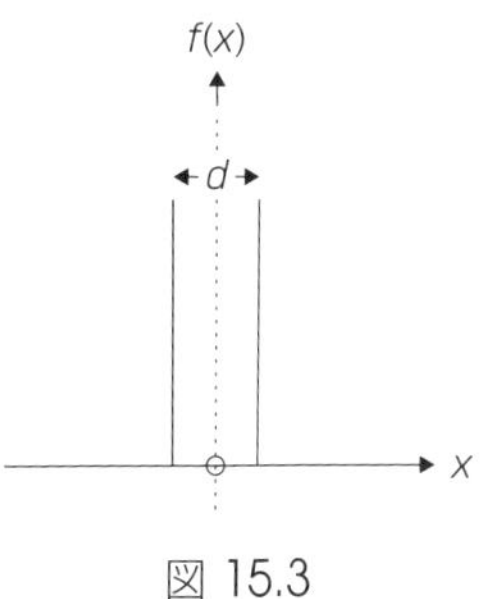

図 15.3

（訳注終わり）

複素数を使う利点は，連続体の極限をとるときに一般化するのが非常に簡単であるということである．すなわち，フーリエ級数の繰り返し間隔が無限大になると，$f(x)$ はもはや周期的である必要がない．よって，式 (15.3) の和は積分に置き換わる．

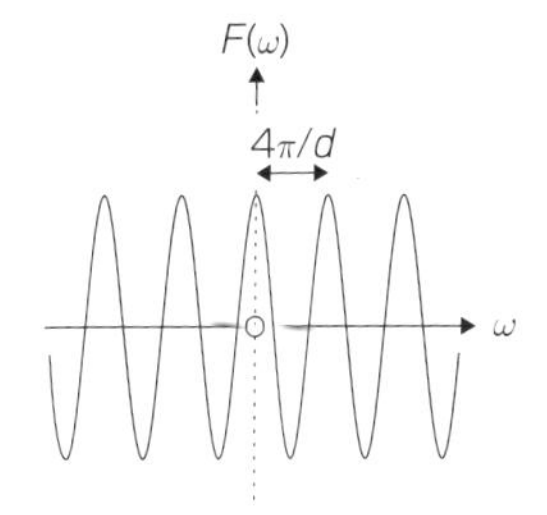

図 15.4

$$
f(x) = \int_{-\infty}^{\infty} F(\omega)\, e^{i\,\omega\,x}\, \mathrm{d}\omega \tag{15.4}
$$

ここで「係数関数」$F(\omega)$ は以下で与えられる．

$$
F(\omega) = \frac{1}{2\,\pi} \int_{-\infty}^{\infty} f(x)\, e^{-i\,\omega\,x}\, \mathrm{d}x \tag{15.5}
$$

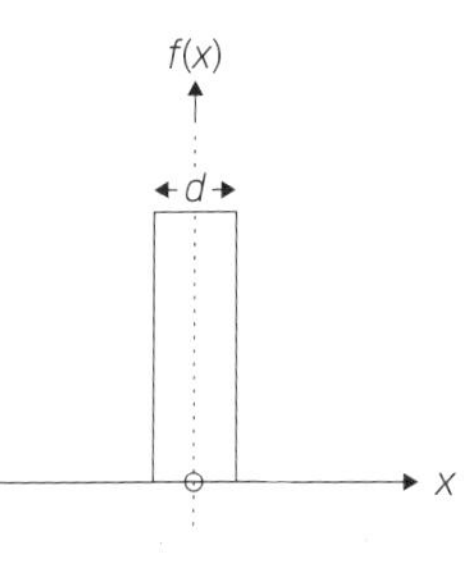

図 15.5

そしてこれは，式 (15.2) の複素，連続極限とみなせる．式 (15.4) と (15.5) で，$F(\omega)$ は $f(x)$ の「フーリエ変換」として知られているものであり，$f(x)$ は $F(\omega)$ の「逆変換」として与えられる．どちらを変換と呼んで，どちらを逆変換と呼ぶかは慣例による．重要なのは，指数関数の符号が反対になる対として現れることである．π をおく位置に関する詳細な定義は場合によって変わる．ある定

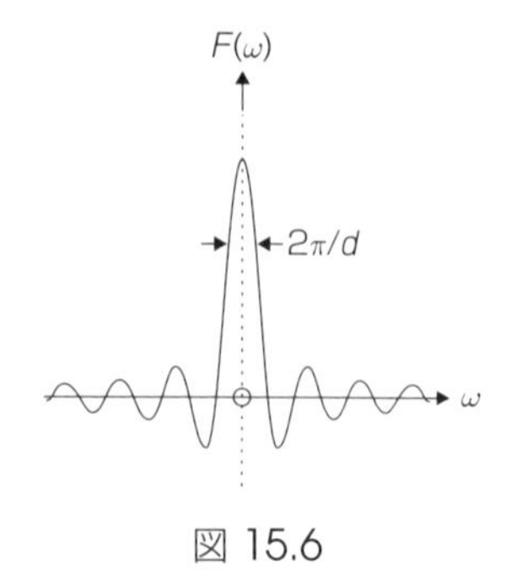

図 15.6

*1

$$\delta(x) = \frac{1}{2\pi}\int_{-\infty}^{+\infty} e^{i\,\omega\,x}$$

証明は訳者の HP (http://www.chem.konan-u.ac.jp/PCSI/web_material/FourieSeries2FT.pdf) に示してある．

義では，式 (15.4) と式 (15.5) の前に $1/2\sqrt{\pi}$ を前置して変換を対称的にしたり，指数のなかに $i\,2\,\pi\,\omega\,x$ を入れて，前置しない場合もある．

$f(x)$ のフーリエ変換 $F(\omega)$ は，ω の関数としてグラフにプロットすると「スペクトル」になる（図 15.4）．その振幅は，本質的に振動数 ω をもつサイン関数がどれだけ $f(x)$ の合成に寄与するのかを示す．たとえば，式 (15.5) で $f(x) = \delta(x - d/2) + \delta(x + d/2)$ と置き換える（図 15.3）．ここで，$\delta(x - x_0)$ はデルタ関数で，$x = x_0$ で非常に狭いスパイクをもち，面積は 1 となる．したがって，$\int \delta(x - x_0)\exp(-i\,\omega\,x)\mathrm{d}x = \exp(-i\,\omega\,x_0)$ となる[*1]．距離が d だけ離れた二つの鋭いピークのフーリエ変換は $\cos(\omega\,d/2)$ に比例することが簡単に示せる（図 15.4）．同様に，$-d/2 \leq x \leq d/2$ で $f(x) = 1$，それ以外でゼロのとき（図 15.5），箱またはシルクハットのフーリエ変換は，$\sin(\theta)/\theta$ のサイン関数になり，$\theta = \omega\,d/2$ である．両方の場合とも，$F(\omega)$ の幅は $f(x)$ の広がりに反比例することを示しており，関数が狭ければそのフーリエ変換は広がる，またその逆も起こる（図 15.6）．

15.4　いくつかの式の特徴 Some formal properties

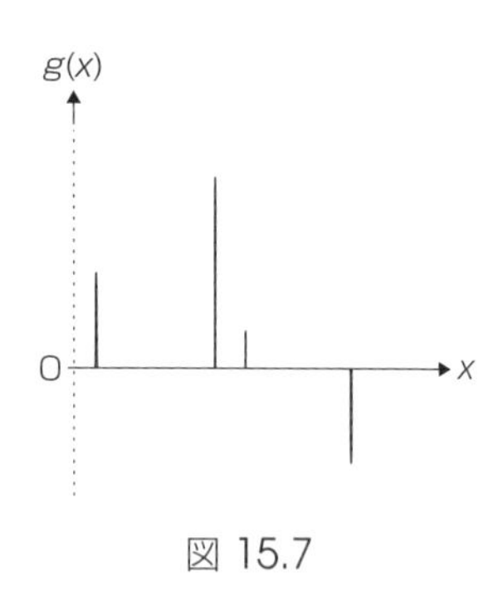

図 15.7

ここまでは，暗に $f(x)$ が実数の関数すなわち $f(x) = f(x)^*$ であることを仮定してきた．その関数は紙の上に曲線で書けるが，式 (15.4) と式 (15.5) を複素数に拡張することを止める理由はない．たしかに，$F(\omega)$ は一般に複素数である．もし，いつものように $f(x)$ が実数であると，そのフーリエ変換は共役対称，すなわち $F(\omega) = F(-\omega)^*$ となることが示される．$f(x)$ が対称であれば，$F(\omega)$ の他の性質も得られる．$f(x)$ が偶関数で $f(x) = f(-x)$ であれば $F(\omega) = F(-\omega)$ となり，$f(x)$ が奇関数で $f(x) = -f(-x)$ なら $F(\omega) = -F(-\omega)$ となる．これらの特徴を組み合わせて，もし $f(x)$ が実対称であれば $F(\omega)$ もそうなるし，もし $f(x)$ が実で奇関数なら $F(\omega)$ もそうなる

訳注：

$f(x)$ が実関数，たとえば $f(x) = f(x)^*$ であれば，フーリエ変換は $F(\omega) = F(-\omega)^*$ (共役対称).

$$f(x) = \int_{-\infty}^{+\infty} F(\omega)\,e^{i\,\omega\,x}\mathrm{d}\omega, \quad F(\omega) = \frac{1}{2\pi}\int_{-\infty}^{+\infty} f(x)\,e^{-i\,\omega\,x}\mathrm{d}x$$

$$F(\omega)^* = \frac{1}{2\pi}\int_{-\infty}^{+\infty} f(x)^*\,e^{i\,\omega\,x}\mathrm{d}x = \frac{1}{2\pi}\int_{-\infty}^{+\infty} f(x)\,e^{i\,\omega\,x}\mathrm{d}x$$

$$F(-\omega)^* = \frac{1}{2\pi}\int_{-\infty}^{+\infty} f(x)\,e^{-i\,\omega\,x}\mathrm{d}x = F(\omega)$$

$f(x)$ が偶関数，たとえば $f(x) = f(-x)$ であれば，フーリエ変換は $F(\omega) = F(-\omega)$ (偶関数).

$$F(-\omega)=\frac{1}{2\pi}\int_{\infty}^{+\infty}f(x)\,e^{i\,\omega\,x}\mathrm{d}x=\frac{1}{2\pi}\int_{-\infty}^{+\infty}f(-x)\,e^{-i\,\omega\,(-x)}\mathrm{d}x$$

$$X=-x,\ \mathrm{d}X=-\mathrm{d}x,\ x=-\infty\to X=+\infty,$$

$$x=+\infty\to X=-\infty$$

$$F(-\omega)=\frac{1}{2\pi}\int_{+\infty}^{-\infty}f(X)\,e^{-i\,\omega\,X}(-1)\mathrm{d}X$$

$$=\frac{1}{2\pi}\int_{-\infty}^{+\infty}f(X)\,e^{-i\,\omega\,X}\mathrm{d}X=F(\omega)$$

$f(x)$ が奇関数，たとえば $f(x)=-f(-x)$ であれば，フーリエ変換は，$F(\omega)=-F(-\omega)$（奇関数）.

$$-F(-\omega)=\frac{-1}{2\pi}\int_{\infty}^{+\infty}f(x)\,e^{i\,\omega\,x}\mathrm{d}x=\frac{1}{2\pi}\int_{-\infty}^{+\infty}f(-x)\,e^{-i\,\omega\,(-x)}\mathrm{d}x$$

$$X=-x,\ \mathrm{d}X=-\mathrm{d}x,\ x=-\infty\to X=+\infty,$$

$$x=+\infty\to X=-\infty$$

$$-F(-\omega)=\frac{1}{2\pi}\int_{+\infty}^{-\infty}f(X)\,e^{-i\,\omega\,X}(-1)\mathrm{d}X$$

$$=\frac{1}{2\pi}\int_{-\infty}^{+\infty}f(X)\,e^{-i\,\omega\,X}\mathrm{d}X=F(\omega)$$

（訳注終わり）

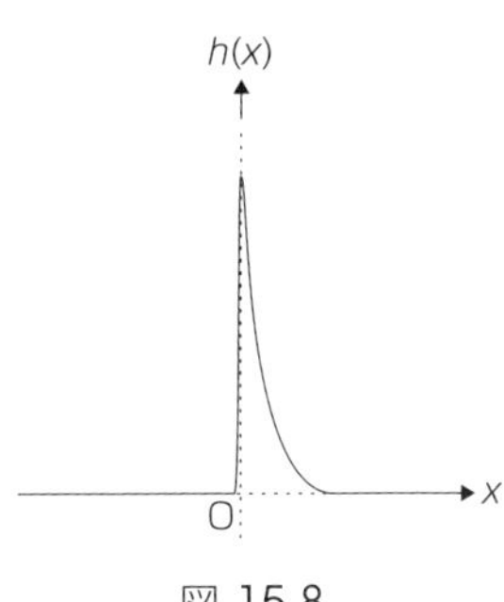

図 15.8

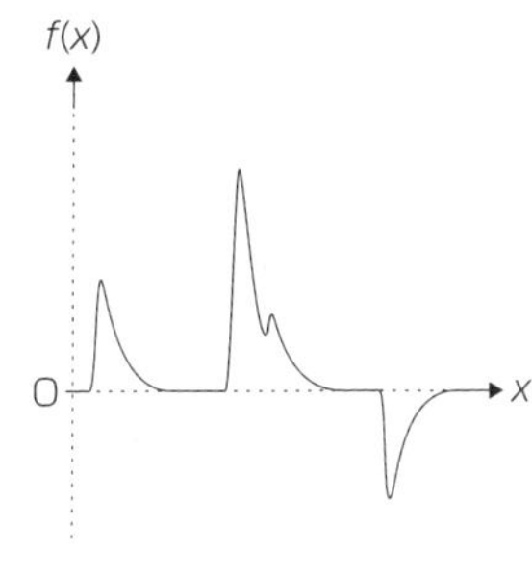

図 15.9

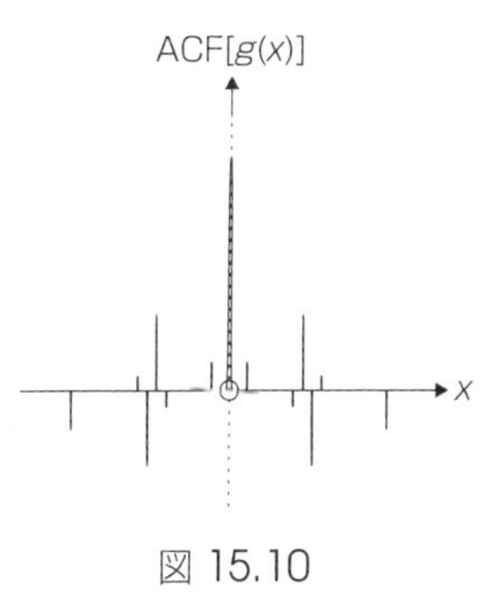

図 15.10

フーリエ解析で最も重要な結果の一つが「畳み込み定理」である．それは以下の式で表される．

$$f(x)=g(x)\otimes h(x)\iff F(\omega)=2\pi\,G(\omega)\times H(\omega)\tag{15.6}$$

訳注：証明は以下の通り．

$$F(\omega)=\frac{1}{2\pi}\int_{-\infty}^{+\infty}f(x)\,e^{-i\,\omega\,x}\mathrm{d}x$$

$$=\frac{1}{2\pi}\int_{-\infty}^{+\infty}g(x)\otimes h(x)\,e^{-i\,\omega\,x}\mathrm{d}x$$

$$=\frac{1}{2\pi}\int_{-\infty}^{+\infty}\left[\int_{-\infty}^{+\infty}g(y)\,h(x-y)\mathrm{d}y\right]e^{-i\,\omega\,x}\mathrm{d}x$$

$$=\frac{1}{2\pi}\int_{-\infty}^{+\infty}\int_{-\infty}^{+\infty}g(y)\,h(x-y)\,e^{-i\,\omega\,(x-y)}e^{-i\,\omega\,y}\mathrm{d}y\,\mathrm{d}x$$

この二重積分では，範囲がどちらも $-\infty$ から $+\infty$ なので，$X=x-y$ と y の積分を独立に行ってもよい．

＊2　訳注：撮像の際のぶれ（blur）は畳み込みで記述できる．

$$F(\omega)=2\pi\left[\frac{1}{2\pi}\int_{-\infty}^{+\infty}h(X)\,e^{-i\,\omega\,X}\mathrm{d}\right]\left[\frac{1}{2\pi}\int_{-\infty}^{+\infty}g(y)\,e^{-i\,\omega\,y}\mathrm{d}y\right]$$
$$=2\pi\,G(\omega)\,H(\omega)$$

(訳注終わり)

ここで $\otimes$ は畳み込みを意味し，$F(\omega)$，$G(\omega)$，および $H(\omega)$ は，それぞれ $f(x)$，$g(x)$，および $h(x)$ のフーリエ変換である．二つの関数の畳み込みは，以下の積分で与えられる．

$$g(x)\otimes h(x)=\int_{-\infty}^{\infty}g(y)\,h(x-y)\,\mathrm{d}y=\int_{-\infty}^{\infty}g(x-y)\,h(y)\,\mathrm{d}y \tag{15.7}$$

これは $g(x)$ の $h(x)$ によるぶれ，あるいはその逆を意味する*2．たとえば，もし $g(x)$ が鋭利でスパイク状の構造をもっていて（図 15.7）$h(x)$ がベルの形をした広がったガウス関数（図 15.8）なら，$g(x)\otimes h(x)$ は $g(x)$ がしみ出たようになる（図 15.9）．式 (15.6) を使えば，x 空間で潜在的に難しい積分を ω 空間またはフーリエ空間で直接的な積に変換でき，有用である．

最後に，「自己相関関数」(ACF) が $f(x)$ に関するさまざまな構造の分布を提供するというフーリエ変換の最後の性質を取りあげよう．いい換えれば，$f(x)$ で距離 L 離れた二つのスパイクがあり，それぞれの振幅を A_1 と A_2 とすると，$f(x)$ の自己相関関数に対して，$x=\pm L$ の非常に鋭い成分をもつ対称的な対となり，大きさは $A_1\,A_2$ となる*3．また $f(x)$ の自己相関関数はフーリエ変換 $|F(\omega)|^2=F(\omega)\,F(\omega)^*$ に関係することも示せる*4．

$$\int_{-\infty}^{\infty}|F(\omega)|^2\,e^{i\,\omega\,x}\,\mathrm{d}\omega=\frac{1}{2\pi}\int_{-\infty}^{\infty}f(y)^*\,f(x+y)\,\mathrm{d}y \tag{15.8}$$

ここで右辺の積分は自己相関関数の式での定義である．自己相関関数は，必ず原点（$x=0$）にピークをもつ（図 15.10）．なぜなら，すべての関数はそれ自身と相関（分離 $=0$）するからである．最初から式 (15.8) で $x=0$ とすると，「パーセバルの定理」の特別な場合となる．

$$\int_{-\infty}^{\infty}|F(\omega)|^2\,\mathrm{d}\omega=\frac{1}{2\pi}\int_{-\infty}^{\infty}|f(x)|^2\,\mathrm{d}x \tag{15.9}$$

この定理は，片方の辺が他の辺よりも容易に積分できるときには有用である．

15.5　物理的な例と洞察 Physical examples and insight

本章では，周期的な関数を近似するために，テイラー展開に似たものとしてフーリエ級数を考えることから始めたが，フーリエ変換は科学の多くの分野でよく出てくる．量子力学のような理論，あるいは「回折」や「干渉」で必要な実

*3　訳注：

$$f(x)=A_1\,\delta\left(x+\frac{L}{2}\right)+A_2\,\delta\left(x-\frac{L}{2}\right)$$

$$\int_{-\infty}^{+\infty}\delta(x-a)\,\delta(x-b)\mathrm{d}x=\delta(a-b)$$

$$\begin{aligned}
\mathrm{ACF}(x)&=\frac{1}{2\pi}\int_{-\infty}^{+\infty}f(z)^*\,f(x+z)\mathrm{d}z\\
&=\frac{1}{2\pi}\int_{-\infty}^{+\infty}\left[A_1^*\,\delta\left(z+\frac{L}{2}\right)+A_2^*\,\delta\left(z-\frac{L}{2}\right)\right]\left[A_1\,\delta\left(z+x+\frac{L}{2}\right)+A_2\,\delta\left(z+x-\frac{L}{2}\right)\right]\mathrm{d}z\\
&=\frac{1}{2\pi}\int_{-\infty}^{+\infty}\left[|A_1|^2\,\delta\left(z+\frac{L}{2}\right)\delta\left(z+x+\frac{L}{2}\right)+A_1^*\,A_2\,\delta\left(z+\frac{L}{2}\right)\delta\left(z+x-\frac{L}{2}\right)\right.\\
&\qquad\left.+A_1\,A_2^*\,\delta\left(z-\frac{L}{2}\right)\delta\left(z+x+\frac{L}{2}\right)+|A_2|^2\,\delta\left(z-\frac{L}{2}\right)\delta\left(z+x-\frac{L}{2}\right)\right]\mathrm{d}z\\
&=\frac{1}{2\pi}\left[|A_1|^2\,\delta(x)+A_1^*\,A_2\,\delta(x-L)+A_2^*\,A_1\,\delta(x+L)+|A_2|^2\,\delta(x)\right]\\
&=\frac{1}{2\pi}\left[A_2^*\,A_1\,\delta(x+L)+(|A_1|^2+|A_2|^2)\delta(x)+A_1^*\,A_2\,\delta(x-L)+\right]
\end{aligned}$$

最後の式から，$x=-L$，0，L に，それぞれ高さ $A_2^*\,A_1$，$(|A_1|^2+|A_2|^2)$，$A_1^*\,A_2$ の鋭いピークをもつ．

験で現れる．ここまでの議論は一次元の場合に焦点をあててきたが，解析に必要ないくつかのパラメータを提供するために，一般化が必要なこともある．これはベクトルの定義を使って容易になされ，式 (15.4) は以下のようになる．

$$f(\vec{x}) = \int_{-\infty}^{\infty}\int_{-\infty}^{\infty}\cdots\int_{-\infty}^{\infty} F(\vec{\omega})\, e^{i\,\vec{\omega}\cdot\vec{x}}\, \mathrm{d}\vec{\omega} \tag{15.10}$$

式 (15.10) は，$\vec{x}$ と $\vec{\omega}$ が二次元であれば表面積分で，三次元であれば体積積分である．

フーリエ変換に対してよりよい直感的な感覚を得るために，物理学でおなじみの光学からいくつかの例を考えよう．技術的には「フラウンホーファー回折」として知られる式を設定することから始めよう．波長 λ の平面波の光が，よく目立ったスリット点をもつスクリーンを通過し，離れた壁に縞状のパターンが投影される（図 15.11）．x がスクリーンに沿った距離であるとし，壁をよぎったところで q を計測すると，ある方向に回折されたすべての波の振幅 $\psi(q)$ を求めるのはそれほど難しくない．$\psi(q)$ は以下のように与えられる（波の位相差を考えればよい）．

$$\psi(q) = \psi_0 \int_{-\infty}^{\infty} A(x)\, e^{i\,q\,x}\, \mathrm{d}x \tag{15.11}$$

ここで ψ_0 は定数である．$A(x)$ は「絞り関数」で，どのように光がスクリーンを透過するのか（不透明なところはゼロで，スリットが空いてるところは 1 である）を示している．q は λ に関係しており，回折角 θ で $q = 2\pi\sin\theta/\lambda$ で与えられる．$\exp(i\,q\,x)$ は平面波の解の一部で，スクリーン上のさまざまな点から壁までの光路長の差を示している．測定された信号，光子の数は強度 $I(q)$ に等しい．

$$I(q) = |\psi(q)|^2 = \psi(q)^*\,\psi(q) \tag{15.12}$$

壁の明るいところと暗いところのバンドは，絞り関数のフーリエ変換の絶対値の 2 乗に比例する．したがって，15.3 節の最後での議論と同様に，ヤングの二重スリット実験から得られた均一な縞は，数学的に $I(q) \propto \cos(q\,d) + 1$ と等価になる．同じように，一つの幅の広いスリットから得られる回折パターンは $I(q) \propto [\sin(q\,d/2)/(q\,d)]^2$ または $I(q) \propto [1-\cos(q\,d)]/(q\,d)^2$ となる（図 15.12）．

もう少し複雑な場合の回折パターンでは，式 (15.6) の畳み込み定理を用いて，より簡単な場合の合成とすることで解析できる．たとえば，幅の広いスリットの対（図 15.13）が，ヤングの二重スリットと一つの幅広いスリットとの畳み込みから作られるとみなすことができるので，結果としてできた明るいところと暗いところのバンドは，均一なコサインの縞と sinc 関数の 2 乗 $(\sin x/x)^2$ の

＊4　訳注：

$$\int_{-\infty}^{+\infty} |F(\omega)|^2\, e^{i\,\omega\,x}\mathrm{d}\omega$$
$$= \int_{-\infty}^{+\infty} F(\omega)\,F(\omega)^*\, e^{i\,\omega\,x}\mathrm{d}\omega$$
$$= \int_{-\infty}^{+\infty}\left[\frac{1}{2\pi}\int_{-\infty}^{+\infty} f(y)\, e^{-i\,\omega\,y}\mathrm{d}y\right]\left[\frac{1}{2\pi}\int_{-\infty}^{+\infty} f(z)^*\, e^{i\,\omega\,z}\mathrm{d}z\right] e^{i\,\omega\,x}\mathrm{d}\omega$$
$$= \frac{1}{2\pi}\int_{-\infty}^{+\infty}\mathrm{d}y\, f(y) \int_{-\infty}^{+\infty}\mathrm{d}z\, f(z)^* \underbrace{\frac{1}{2\pi}\int_{-\infty}^{+\infty}\mathrm{d}\omega\, e^{i\,\omega(x-y+z)}}_{=\delta(x-y+z)}$$
$$= \frac{1}{2\pi}\int_{-\infty}^{+\infty}\mathrm{d}y\, f(y)\, \delta(x-y+z)\int_{-\infty}^{+\infty}\mathrm{d}z\, f(z)^*$$
$$= \frac{1}{2\pi}\int_{-\infty}^{+\infty} f(z)^*\, f(x+z)\mathrm{d}z$$

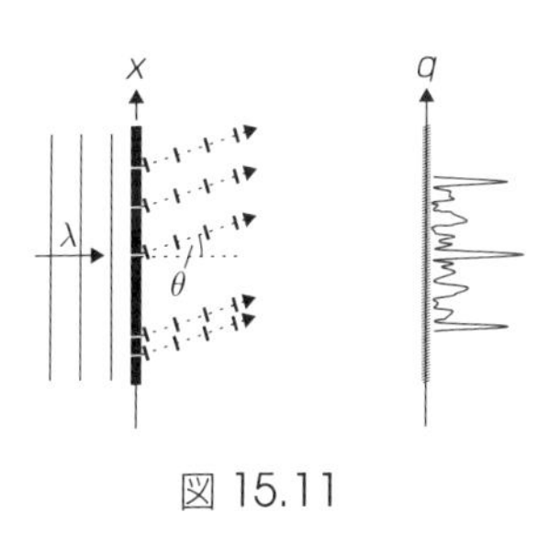

図 15.11

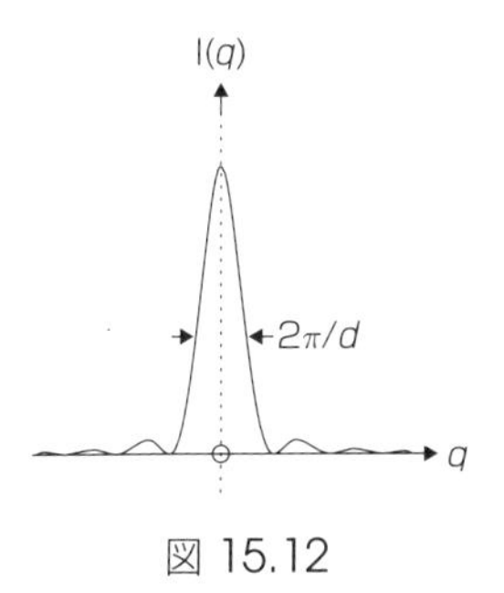

図 15.12

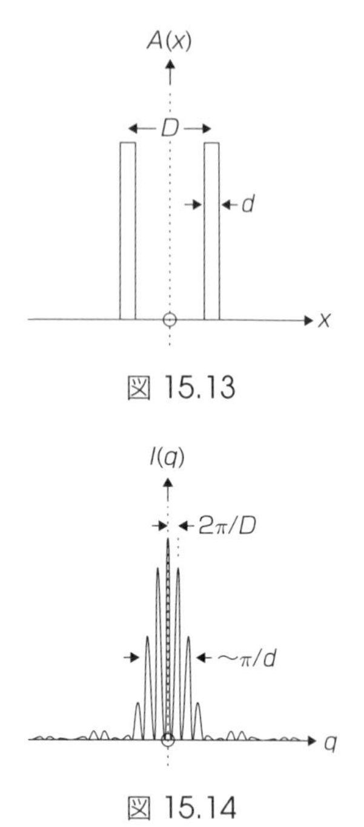

図 15.13

図 15.14

積からなる（図 15.14）．同じように，等間隔に並んだ狭いスリットの短い列の場合は，無限に長い「くし」関数と幅広い単一スリットの積からなるので，回折パターンは，均一のスパイクの集合と sinc 関数の二乗の畳み込みから得ることができる．

最後に，式 (15.12) の強度 $I(q)$ の測定の際に，複素フーリエ成分の位相の情報，すなわち式 (15.11) の $\psi(q)$ は失われることに注意しなければならない．位相の重要性については評価するのは難しいが，絞り関数の信頼性について何かの結論を下せば，核心に迫ることができる．式 (15.8) で示されたように，$I(q)$ は $A(x)$ そのものよりも，むしろ自己相関関数を直接的に語っている．これは結晶学者が推論しようとしているような問題につながる．すなわちタンパク質の構造情報についてこの変換をほどこすと「ブラッグスポット」の強度を与える（訳注：本書では述べられていないが，ある関数の微分・積分のフーリエ変換が部分微分を使って簡単に計算できるので，微分方程式を解くのにフーリエ変換が使われる）．

15.6　演習問題

[**15.1**] まず，サイン $\sin(m\,\omega\,x)$ とコサイン $\cos(n\,\omega\,x)$ が $0 \leq x \leq 2\,\pi/\omega$ で直交していることを示し，フーリエ級数の係数に対する式を導け．

[**15.2**] 演習問題 15.1 のフーリエ級数から，パーセバルの恒等式を導け．

$$\frac{1}{\pi}\int_{-\pi}^{\pi}[f(x)]^2\mathrm{d}x = \frac{a_0^2}{2} + \sum_{n=1}^{\infty}(a_n^2 + b_n^2)$$

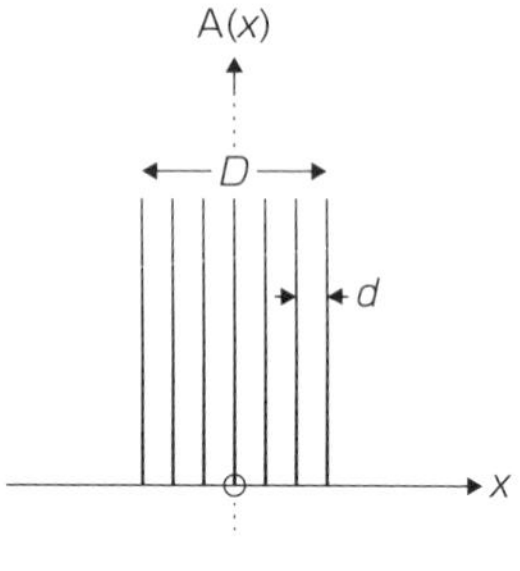

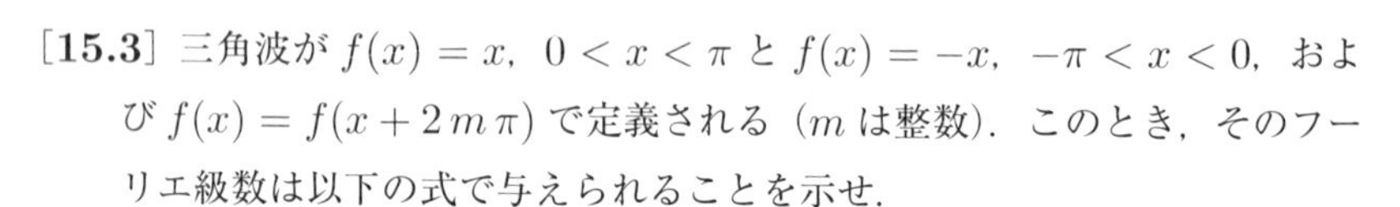
[**15.3**] 三角波が $f(x) = x$，$0 < x < \pi$ と $f(x) = -x$，$-\pi < x < 0$，および $f(x) = f(x + 2\,m\,\pi)$ で定義される（m は整数）．このとき，そのフーリエ級数は以下の式で与えられることを示せ．

$$f(x) = \frac{\pi}{2} - \frac{4}{\pi}\sum_{n=0}^{\infty}\frac{\cos[(2\,n+1)\,x]}{(2\,n+1)^2}$$

A(x)
D
d
x

図 15.15

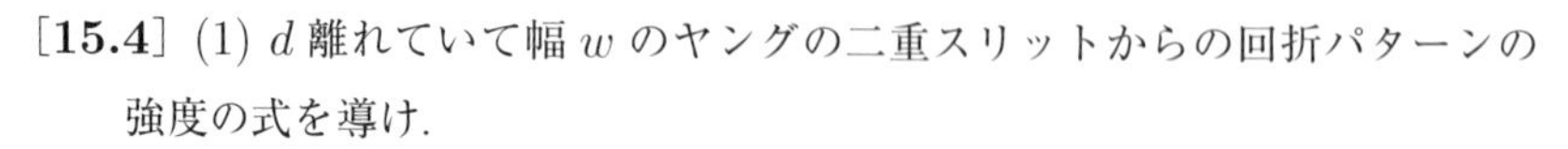
[**15.4**] (1) d 離れていて幅 w のヤングの二重スリットからの回折パターンの強度の式を導け．

(2) 幅 D の単一スリットからの回折パターンの強度の式を導け．

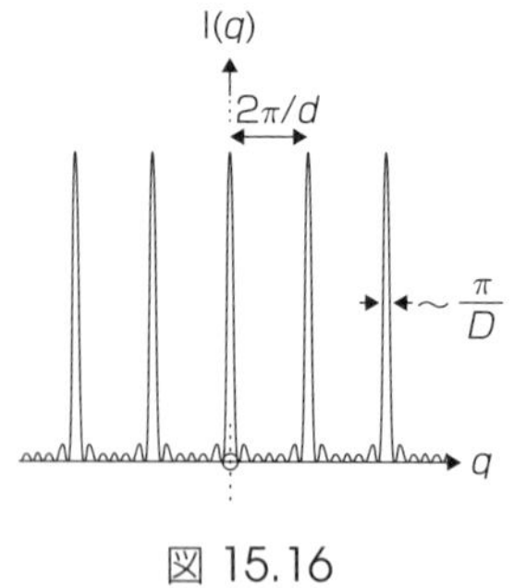

図 15.16

[**15.5**] (1) 原点 $x = 0$，および (2) $x = d$ に単位面積をもつ幅の狭いスパイクをもつデルタ関数（図 15.15）があるとして，そのフーリエ変換を求めよ（図 15.16）．それらはどこが異なるか述べよ．また，強度のみを測定する意味は何か．

参考文献（さらに読みたい本）

《以下の Oxford Chemistry Primers（OCP）が，本書で学んだ数学の化学への応用を扱ったものである》

"Atomic spectra," T. P. Softley, OCP 19 (1994).

"Computational chemistry," G. H. Grant and W. G. Richards, OCP 29 (1995).

"Quantum mechanic I: foundations," N. J. B. Green, OCP 48 (1997).

"Thermodynamics of chemical processes," G. J. Price, OCP 56 (1998).

"Quantum mechanic II: the tool kit," N. J. B. Green, OCP 65 (1998).

《本書の数学を使って，同様のスタイルで書かれた，確率と統計を一貫して説明する本》

"Data analysis: a Bayesian tutorial," D. S. Sivia, Oxford University Press (1996).

《科学数学に関するより高度な書籍；本書がよい導入となるであろう》

"Mathematical methods for physicists," G. B. Arfken and H. J. Weber, Academic Press, Harcourt Brace & Co (1995).

"Advanced engineering mathematics," E. Kreyszig, John Wiley Inc, John Wiley and Sons Ltd (1998).

"Mathematical methods for the physics and engineering," K. F. Riley, M. P. Hobson and S. J. Bence, Cambridge University Press (1998).

《数式処理ソフト：数式を処理するフリーソフトがある》

"Maxima"（2018 年 3 月現在の URL）
http://maxima.sourceforge.net/download.html

《数式のハンドブック：以下のウェブサイトがよい》

"NIST Digital Library of Mathematical Functions"（2018 年 3 月現在の URL）
https://dlmf.nist.gov/

演習問題の詳しい解答

1章

[1.1] (1) 10 (2) $2\frac{5}{6}$ (3) 2

[1.2] (1) $a\,c + a\,d$ (2) $a^2 + 2\,a\,b + b^2$ (3) $a^2 - b^2$

[1.3] (1) $4^{3/2} = 4^{(1/2)\times 3} = (4^{1/2})^3 = (\sqrt{4})^3 = 2^3 = \underline{8}$

もしくは $4^{3/2} = 4^{1+1/2} = 4^1\,4^{1/2} = 4\sqrt{4} = 4 \times 2 = \underline{8}$

(2) $27^{-2/3} = \dfrac{1}{27^{2/3}} = \dfrac{1}{(\sqrt[3]{27})^2} = \dfrac{1}{3^2} = \underline{\dfrac{1}{9}}$

(3) $3^2\,3^{-3/2} = 3^{2-3/2} = 3^{1/2} = \underline{\sqrt{3}}$

(4) $\log_2(8) = \log_2(2^3) = 3\log_2 2 = \underline{3}$

(5) $\log_2(8^3) = 3\log_2(8) = 3 \times 3 = \underline{9}$

もしくは $\log_2(8^3) = \log_2[(2^3)^3] = \log_2 2^9 = \underline{9}$

[1.4] $A = a^M \Longleftrightarrow M = \log_a(A)$ および $B = a^N \Longleftrightarrow N = \log_a(B)$

ただし $AB = a^M\,a^N = a^{M+N}$

$$\therefore\quad \log_a(A\,B) = \log_a(a^{M+N}) = M + N = \log_a(A) + \log_a(B)$$

すなわち $\underline{\log(A\,B) = \log(A) + \log(B)}$

この結果は，どのような底の対数でも成立する，なぜなら結論の式に a が出てこないためである．

$$\frac{1}{B} = \frac{1}{a^N} = a^{-N}$$

$$\therefore\quad \log_a\left(\frac{1}{B}\right) = \log_a(a^{-N}) = -N = -\log_a(B)$$

ゆえに，A と $1/B$ の積の対数について上の結果を使うと，以下を得る．

$$\underline{\log(A/B) = \log(A) - \log(B)}$$

$$A^\beta = (a^M)^\beta = a^{M\,\beta}$$

$$\therefore\quad \log_a(A^\beta) = \log_a(a^{M\,\beta}) = M\,\beta = \beta\log_a(A)$$

すなわち　$\underline{\log(A^{\beta}) = \beta \log(A)}$

$$\log_b(A) = \log_b(a^M) = M \log_b(a)$$

$$\therefore \quad \underline{\log_b(A) = \log_a(A) \times \log_b(a)}$$

[1.5]　$a \neq 0$ の場合　$x^2 + \dfrac{b}{a}x + \dfrac{c}{a} = 0$

$$\therefore \quad \left(x + \frac{b}{2\,a}\right)^2 - \frac{b^2}{4\,a^2} + \frac{c}{a} = 0$$

$$\therefore \quad \left(x + \frac{b}{2\,a}\right)^2 = \frac{b^2 - 4\,a\,c}{4\,a^2}$$

$$\therefore \quad x + \frac{b}{2\,a} = \frac{\pm\sqrt{b^2 - 4\,a\,c}}{2\,a}$$

したがって　$\underline{x = \dfrac{-b \pm \sqrt{b^2 - 4\,a\,c}}{2\,a}}$

これは，$a \neq 0$ のときにのみ成り立つ．$a = 0$ のときは，$b\,x + c = 0$ と，より簡単な線形の式になり，解は $x = -c/b$ である．

[1.6]　(1) $x^2 - 5\,x + 6 = (x-3)(x-2) = 0$　　$\therefore$　$\underline{x = 2 \text{ または } x = 3}$

(2) $3\,x^2 + 5\,x - 2 = (3\,x - 1)(x + 2) = 0$　　$\therefore$　$\underline{x = -2 \text{ または } x = 1/3}$

もしこの因数分解が難しければ，一般の解の公式（演習問題 1.5）を使えばよい．

$$x = \frac{-5 \pm \sqrt{25 + 24}}{6} = \frac{-5 \pm 7}{6} = -2 \text{ または } \frac{1}{3}$$

(3) $x = \dfrac{4 \pm \sqrt{16 - 8}}{2} = \dfrac{4 \pm 2\sqrt{2}}{2}$　　したがって　$\underline{x = 2 \pm \sqrt{2}}$

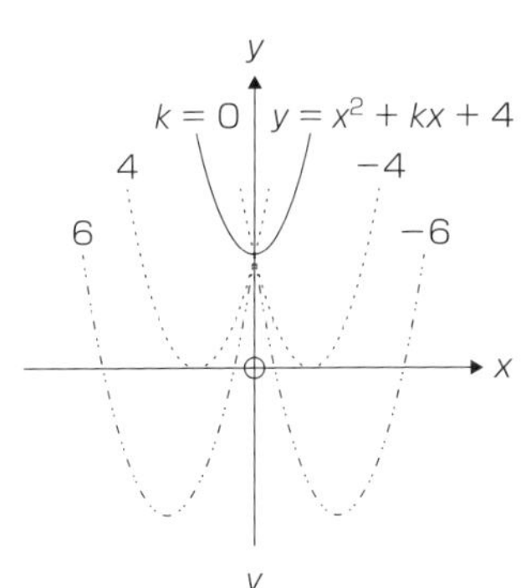

[1.7]　実数の解は，$b^2 \geq 4\,a\,c$ のときに現れる．ゆえに

$$k^2 > 16 \quad \therefore \quad \underline{|k| \geq 4}$$

言葉でいえば，k は -4 以下か $+4$ 以上である．

[1.8]　(1) $3x + 2y = 4$　①　　$x - 7\,y = 9$　②

①$- 3 \times$②より　$\Longrightarrow$　$3\,x + 2\,y - (3\,x - 21\,y) = 4 - 27$

$\therefore$　$23\,y = -23$　　$\therefore$　$y = -1$

②に代入して　$\Longrightarrow$　$x + 7 = 9$

すなわち　$\underline{x = 2,\ y = -1}$

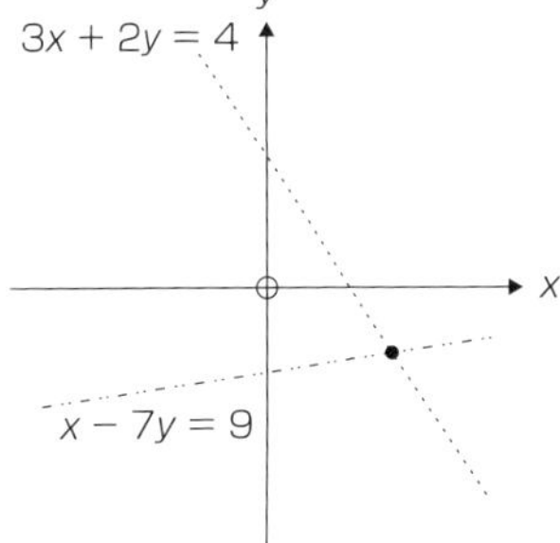

(2) $x^2 + y^2 = 2$　③　　$x - 2\,y = 1$　④

④から　$x = 2\,y + 1$

これを③に代入すると

$$(2y+1)^2+y^2=2 \qquad \therefore \quad 4y^2+4y+1+y^2=2$$

$$\therefore \quad 5y^2+4y-1=0 \qquad \therefore \quad (5y-1)(y+1)=0$$

$$\therefore \quad y=\frac{1}{5} \text{ または } y=-1$$

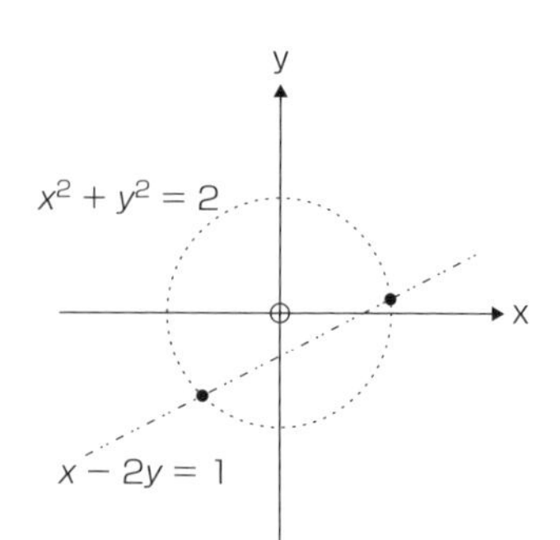

$y=1/5$ のとき，④から $\Longrightarrow \quad x=1+2/5$

$y=-1$ のとき，④から $\Longrightarrow \quad x=1-2=-1$

ゆえに　$x=7/5,\ y=1/5$　または　$x=-1,\ y=-1$

(3) $3x+2y+5z=0$ ⑤　$x+4y-2z=9$ ⑥

$4x-6y+3z=3$ ⑦

⑤ $-3\times$ ⑥より $\Longrightarrow \quad -10y+11z=-27$

⑦ $-4\times$ ⑥より $\Longrightarrow \quad -22y+11z=-33$

この二つの式より　$y=1/2,\ z=-2$

これを⑤に代入して　$x=3$　$\therefore$　$x=3,\ y=1/2,\ z=-2$

[1.9]　式 (1.11) を使えばよい．(1) $32+80x+80x^2+40x^3+10x^4+x^5$

(2) $1+9x+36x^2+84x^3+126x^4+126x^5+84x^6+36x^7+9x^8+x^9$

(3) $x^6+12x^4+60x^2+160+240/x^2+192/x^4+64/x^6$

[1.10]　以下のようにおく

$$a+(a+d)+(a+2d)+\cdots+(l-2d)+(l-d)+l=S_N \quad ①$$

ここで　$l=a+(N-1)d$

$$\therefore \quad l+(l-d)+(l-2d)+\cdots+(a+2d)+(a+d)+a=S_N \quad ②$$

① + ②より $\Longrightarrow \quad (a+l)+(a+l)+\cdots+(a+l)+(a+l)+(a+l)=2S_N$

$$\therefore \quad 2S_N=N(a+l)=N[2a+(N-1)d]$$

すなわち，等差級数の和 $=\dfrac{N}{2}[2a+(N-1)d]$

以下のようにおく

$$a+ar+ar^2+\cdots+ar^{N-2}+ar^{N-1}=S_N \quad ③$$

$r\times$ ③より $\Longrightarrow \quad ar+ar^2+ar^3+\cdots+ar^{N-1}+ar^N=rS_N$ ④

④ − ③より $\Longrightarrow \quad a(r^N-1)=S_N(r-1)$

すなわち，等比級数の和 $=\dfrac{a(1-r^N)}{1-r}$

[1.11]　(1) $0.12121212\cdots=0.12+0.0012+0.000012+\cdots$

$=(a=0.12$ と $r=0.01$ の無限等比級数の和$)$

$$=\frac{0.12}{1-0.01}=\frac{12}{99}$$

$$\therefore \quad 0.12121212\cdots=4/33$$

(2) $0.318181818\cdots=0.3+0.018+0.00018+0.0000018+\cdots$

$$= \frac{3}{10} + \frac{0.018}{1-0.01} = \frac{3}{10} + \frac{18}{990} = \frac{33}{110} + \frac{2}{110} = \frac{35}{110}$$

$\therefore$ $\underline{0.318181818\cdots = 7/22}$

[1.12] (1) $\dfrac{1}{x^2-5x+6} = \dfrac{1}{(x-3)(x-2)} = \dfrac{A}{x-3} + \dfrac{B}{x-2}$

$\therefore$ $A(x-2)+B(x-3)=1$

$x=2$ を代入すると $\Longrightarrow$ $B=-1$

$x=3$ を代入すると $\Longrightarrow$ $A=1$

したがって $\underline{\dfrac{1}{x^2-5x+6} = \dfrac{1}{x-3} - \dfrac{1}{x-2}}$

「もみ消し則」を使って答えを直接導くことができた.

(2) $\dfrac{x^2-5x+1}{(x-1)^2(2x-3)} = \dfrac{A}{(x-1)^2} + \dfrac{B}{x-1} + \dfrac{C}{2x-3}$

$\therefore$ $A(2x-3)+(x-1)[B(2x-3)+C(x-1)] = x^2-5x+1$

$x=1$ を代入すると $\Longrightarrow$ $A=3$

$x=3/2$ を代入すると $\Longrightarrow$ $C=-17$

x^2 の係数を等しくすると $\Longrightarrow$ $2B+C=1$ $\therefore$ $B=9$

したがって $\underline{\dfrac{x^2-5x+1}{(x-1)^2(2x-3)} = \dfrac{3}{(x-1)^2} + \dfrac{9}{x-1} - \dfrac{17}{2x-3}}$

この問題では A と C はもみ消し則からすぐに得られるが, B は形式的な解析を必要とする.

(3) $\dfrac{11x+1}{(x-1)(x^2-3x-2)} = \dfrac{A}{x-1} + \dfrac{Bx+C}{x^2-3x-2}$

$\therefore$ $A(x^2-3x-2)+(x-1)(Bx+C) = 11x+1$

$x=1$ を代入すると $\Longrightarrow$ $A=-3$

$x=0$ を代入すると $\Longrightarrow$ $-2A-C=1$ $\therefore$ $C=5$

x^2 の係数を等しくすると $\Longrightarrow$ $A+B=0$ $\therefore$ $B=3$

したがって $\underline{\dfrac{11x+1}{(x-1)(x^2-3x-2)} = \dfrac{3x+5}{x^2-3x-2} - \dfrac{3}{x-1}}$

ここでは, A だけがもみ消し則で得られ, B と C はより形式的な扱いが必要である.

[1.13] (1) $\dfrac{1}{n(n+1)} = \dfrac{1}{n} - \dfrac{1}{n+1}$

$$\therefore \quad \sum_{n=1}^{\infty} \frac{1}{n(n+1)} = 1 + \frac{1}{2} + \frac{1}{3} + \frac{1}{4} + \frac{1}{5} + \cdots - \frac{1}{2} - \frac{1}{3} - \frac{1}{4} - \frac{1}{5} - \cdots$$

$= \underline{1}$

これは部分分数が役に立つ簡単な例である. 積分の問題でよく使われる.

(2) $$\sum_{n=0}^{\infty} e^{-\beta(n+\frac{1}{2})} = e^{-\beta/2} + e^{-3\beta/2} + e^{-5\beta/2} + e^{-7\beta/2} + \cdots$$
$$= (a = e^{-\beta/2} \text{と } r = e^{-\beta} \text{の無限等比級数の和})$$
$$= \underline{\frac{e^{-\beta/2}}{1 - e^{-\beta}}}$$

この例は無限等比級数の和を求める単なる練習ではなく，物理的な意味もある．量子力学において，調和ポテンシャル（二原子分子で見られる）に対するシュレーディンガー方程式の解から，そのエネルギー準位は以下のように与えられる．

$$E_n = \left(n + \frac{1}{2}\right) h\nu$$

ここで，$n = 0, 1, 2, 3, \cdots$ であり，h はプランク定数，ν はポテンシャル井戸の曲率によって与えられる固有振動数である．$n = 0$ は基底状態を示し，$E_0 = h\nu/2$ のエネルギーでゼロ点振動している．ある粒子がエネルギー準位 E_n を占める確率は，ボルツマン因子 $\exp(-E_n/kT)$ で与えられる．ここで，k はボルツマン定数，T は絶対温度である．$\beta = h\nu/(kT)$ とすると，この占有確率の和が上で与えたものになり，これは分配関数として知られている．

2章

[2.1]

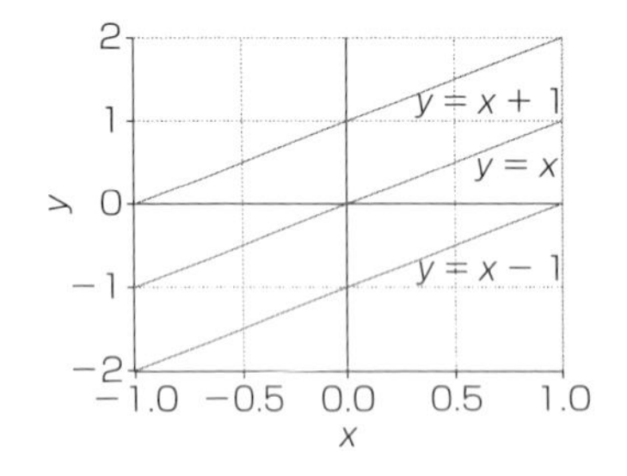

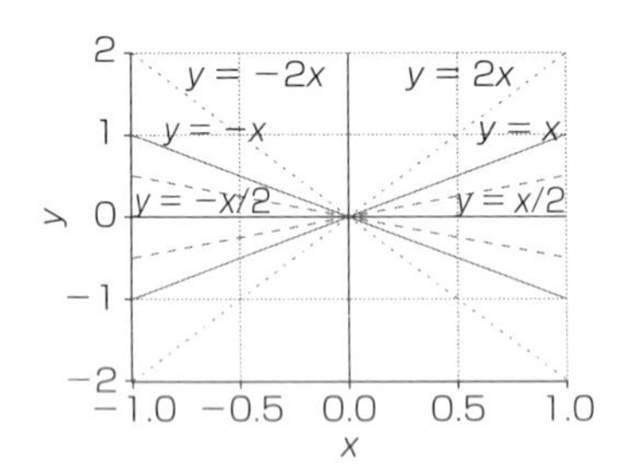

[2.2] 直線の一般式は，$y = mx + c$ である．2 点の座標を代入すると

$$\left.\begin{array}{lll} (-1, 3) & \Longrightarrow & 3 = -m + c \\ (3, 1) & \Longrightarrow & 1 = 3m + c \end{array}\right\} \text{より} \qquad m = -1/2,\ c = 5/2$$

$\therefore$ 直線の式は $\underline{2y = 5 - x}$

交点は $\left.\begin{array}{l} 2y = 5 - x \\ y = 1 + x \end{array}\right\}$ より $\quad y = 2,\ x = 1$

$\therefore$ 2 直線は $\underline{(1, 2)}$ で交差する．

[2.3]

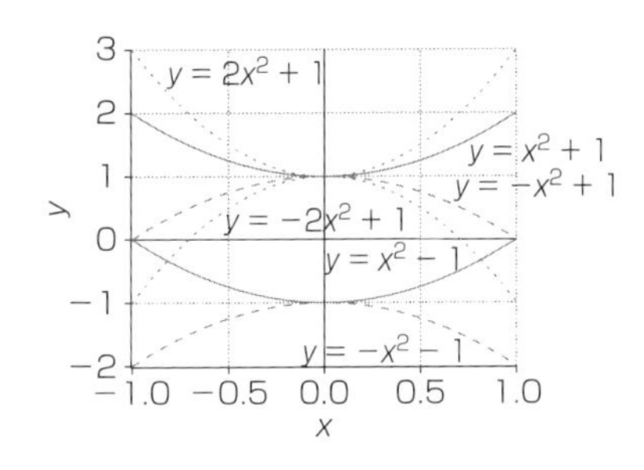

[2.4]

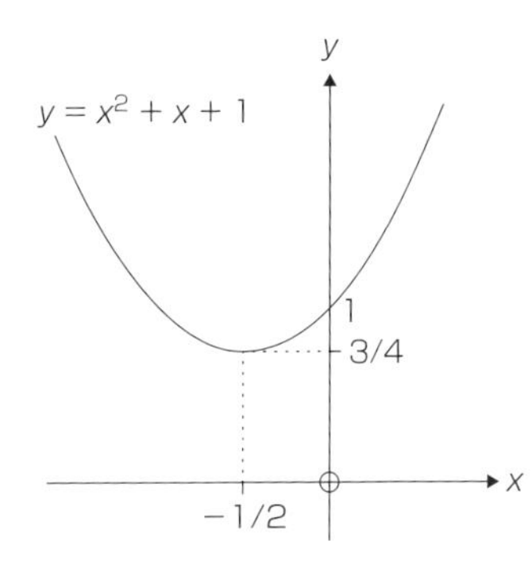

$$y = x^2 + x + 1 = \left(x + \frac{1}{2}\right)^2 - \frac{1}{4} + 1$$
$$= \left(x + \frac{1}{2}\right)^2 + \frac{3}{4}$$

y の最小値は $x + 1/2 = 0$ のときであり，したがって転回点は以下である．

$\underline{(-1/2, 3/4)}$

[2.5]　放物線の一般式は，$y = a\,x^2 + b\,x + c$ である．3 点の座標を代入すると

$$\left.\begin{array}{lll}(0,3) & \Longrightarrow & 3 = c \\ (3,0) & \Longrightarrow & 0 = 9\,a + 3\,b + c \\ (5,8) & \Longrightarrow & 8 = 25\,a + 5\,b + c\end{array}\right\} \text{より} \quad c = 3,\ a = 1,\ b = -4$$

よって，放物線の式は　$\underline{y = x^2 - 4\,x + 3}$

根は，$y = 0 \quad \Longrightarrow \quad x^2 - 4\,x + 3 = (x-3)(x-1) = 0$

よって，根は　$\underline{x = 1 \text{ および } x = 3}$

[2.6]　$y = 0$ なのは，$x = 3$，$x = 1$，$x = -1$ のときである．

$x = 0$ なのは，$y = 3$ のときである．

グラフから，$y > 0$ なのは，$\underline{|x| < 1}$ または $\underline{x > 3}$ のときである．

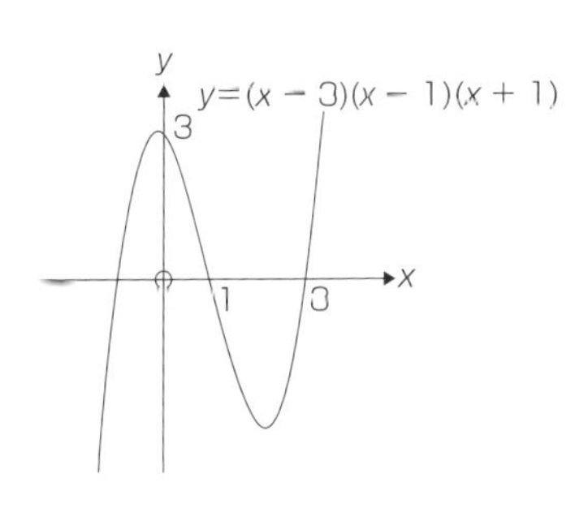

[2.7]　指数関数 e^{-x} は $x = 0$ で 1 の値をとり，$x \to \infty$ でゼロに減衰するので，$1 - e^{-x}$ は x が非常に大きくなると漸近的に $y = 1$ となる．$e^{-2\,x}$ は e^{-x} に比べて 2 倍速く減衰するので，$1 - e^{-2\,x}$ は $1 - e^{-x}$ よりも極限値 $y = 1$ に早く近づく．

第 4 章で述べるように，$e^{-|x|}$ も $1/x$ も原点で微分不可能である．すなわち，それぞれ尖っていて不連続なので，どちらの関数も $x = 0$ で明確な勾配をもたない．また，$e^{-|x|}$ は偶関数で対称である．一方，$1/x$ は奇関数で反対称であり，$x = 0$ で鏡映の関係にある．

複雑な関数をスケッチする最も便利な方法は，より簡単な段階に分解してつなげることである．たとえば $1/(x^2-1)$ では，最初に $y = x^2 - 1$ の放物線を描き，それから逆数をとる．y の大きいところは小さい値

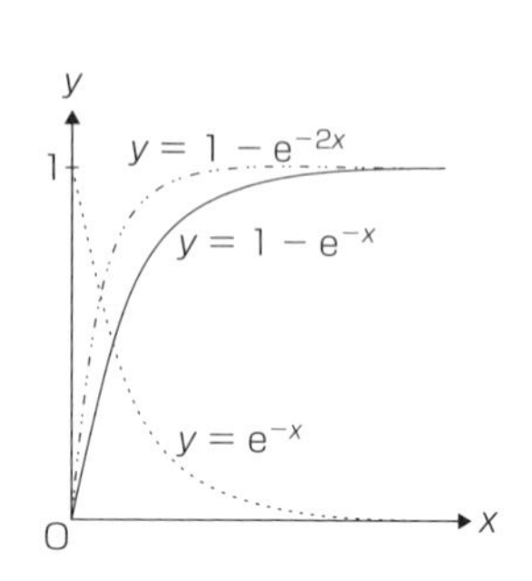

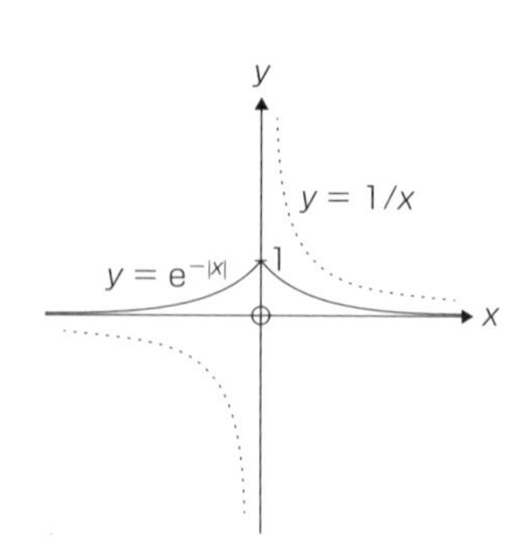

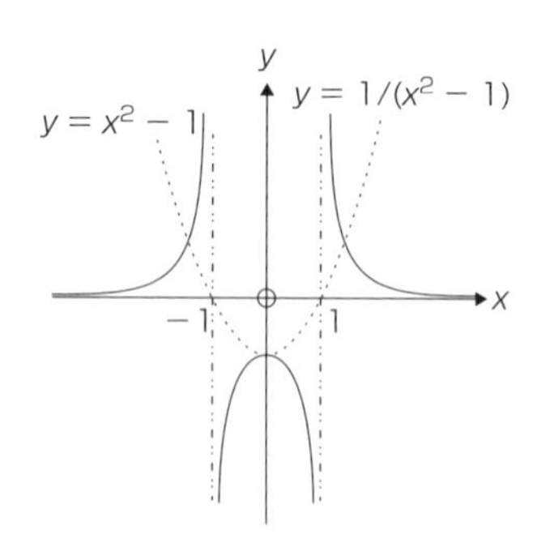

になり，小さいところは大きくなる．

[2.8]　下図参照．

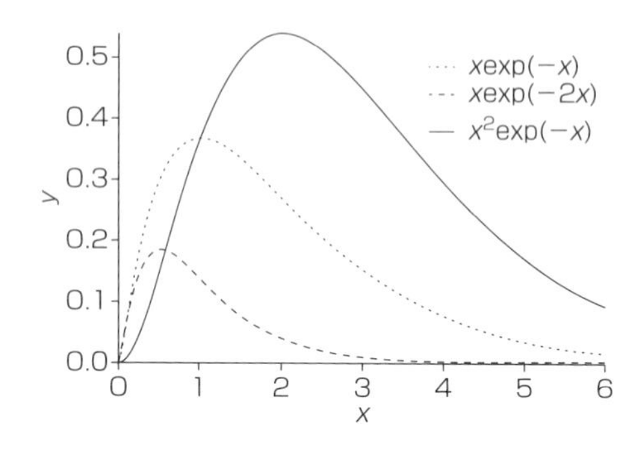

[2.9]

$$x^2 - 2x + y^2 + 4y = 4 \qquad \therefore \quad (x-1)^2 - 1 + (y+2)^2 - 4 = 4$$

$$\therefore \quad (x-1)^2 + (y+2)^2 = 9 = 3^2$$

したがって，中心は $(1, -2)$ で，半径は 3 である．

この，元の式から $(x-x_0)^2+(y-y_0)^2 = r^2$ への「平方完成」変換は有効である，なぜなら，中心が (x_0, y_0) で，半径 r という円になることが明らかになるからだ．他の方法としては $x^2 + y^2 + 2gx + 2hy + c = 0$ が円に対する一般式を与え，その中心が $(-g, -h)$ で，半径が $\sqrt{g^2 + h^2 - c}$ となることを覚えておこう．

[2.10]　最も簡単な楕円の式は次式である．

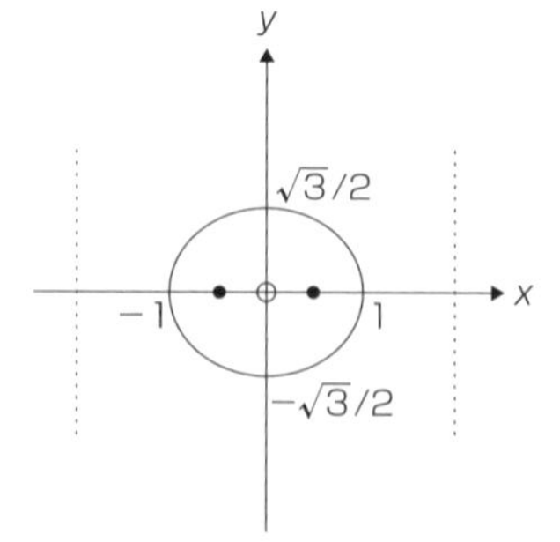

$$\frac{x^2}{a^2} + \frac{y^2}{b^2} = 1$$

ここで，主軸は x と y 軸に沿い，幅はそれぞれ $2a$ と $2b$ である．本問の場合

$$x^2 + \frac{4}{3}y^2 = 1$$

なので，$a = 1$，$b = \sqrt{3}/2$ となる．

離心率 ϵ は a と b によって $b^2 = a^2(1-\epsilon^2)$ と与えられ，本問では $\epsilon = 1/2$ となる．焦点は $(\pm a\,\epsilon, 0)$，すなわち $(\pm 1/2, 0)$ にあり，二つの準線は直線 $x = \pm a/\epsilon = \pm 2$ となる．

[2.11] 下の図を見よ．

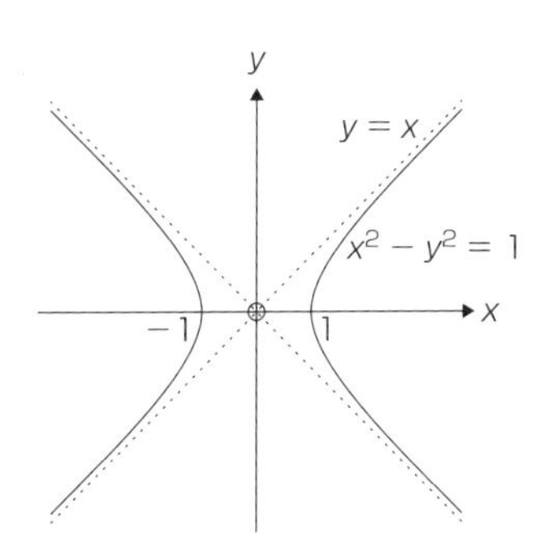

[2.12] 式は a^2-b^2 の形であり，$(a-b)(a+b)$ と因数分解できる．

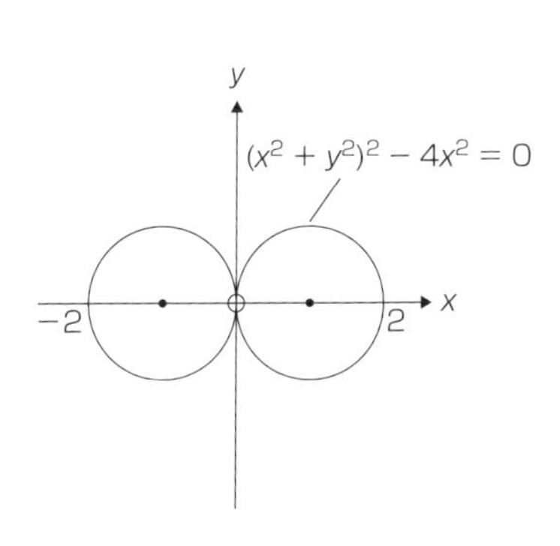

$$(x^2+y^2-2x)(x^2+y^2+2x)=0$$

$$\therefore\quad x^2-2x+y^2=0 \quad \text{または} \quad x^2+2x+y^2=0$$

$$\therefore\quad (x-1)^2+y^2=1 \quad \text{または} \quad (x+1)^2+y^2=1$$

よって，半径 1 の二つの円となり，円の中心は $(1,0)$ と $(-1,0)$ である．

最初に因数分解のヒントが与えられない，あるいは見つけられない場合は，以下のようにすれば，与えられた式を簡単にすることができる．

$$(x^2+y^2)^2=4x^2$$

両辺の平方根をとると

$$x^2+y^2=\pm 2x$$

これは上に示した二つの円の式になる．

3 章

[3.1] (1) 30° (2) 45° (3) 60° (4) ±90°
(5) 144° (6) ±120° (7) 180° (8) 270°

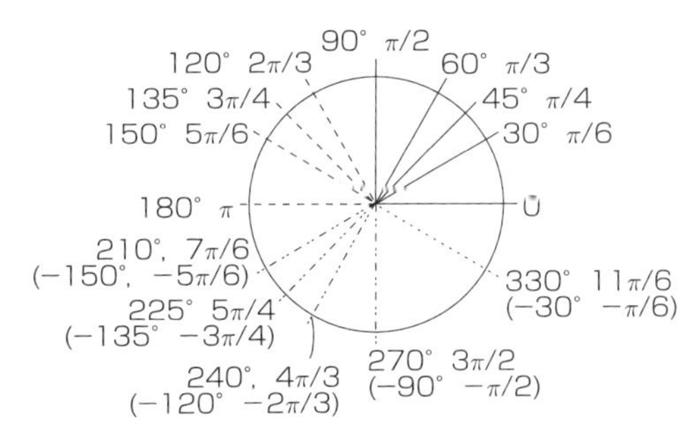

[3.2] サイン，コサイン，タンジェントの順に　$\pi/6 : 1/2,\ \sqrt{3}/2,\ 1/\sqrt{3}$
$\pi/4 : 1/\sqrt{2},\ 1/\sqrt{2},\ 1$　　$\pi/3 : \sqrt{3}/2,\ 1/2,\ \sqrt{3}$

サイン　(1) $\pm\sqrt{3}/2$　(2) $\pm 1/\sqrt{2}$　(3) $\pm 1/2$　(4) $-1/\sqrt{2}$　(5) $-\sqrt{3}/2$　(6) $-1/2$

コサイン　(1) $-1/2$　(2) $-1/\sqrt{2}$　(3) $-\sqrt{3}/2$　(4) $-1/\sqrt{2}$　(5) $-1/2$　(6) $\sqrt{3}/2$

タンジェント　(1) $\mp\sqrt{3}$　(2) ∓ 1　(3) $\mp 1/\sqrt{3}$　(4) 1　(5) $\sqrt{3}$　(6) $-1/\sqrt{3}$

[3.3]　$\sin\theta = \dfrac{\mathrm{AB}}{\mathrm{OB}}$　および　$\theta = \dfrac{\mathrm{Arc-length\ AC}}{\mathrm{OC}}$

ただし，$\theta \to 0$ につれ，$\mathrm{AB} \to \mathrm{Arc-length\ AC}$ および $\mathrm{OB} \to \mathrm{OC}$ である．　$\therefore$　$\sin\theta \to \theta$

したがって，$\theta \ll 1$ において　$\underline{\sin\theta \simeq \theta}$

また，$\cos 2\theta = 1 - 2\sin^2\theta$ より　$\cos\theta \simeq 1 - 2\left(\dfrac{\theta}{2}\right)^2$

したがって，$\theta \ll 1$ において　$\underline{\cos\theta \simeq 1 - \dfrac{\theta^2}{2}}$

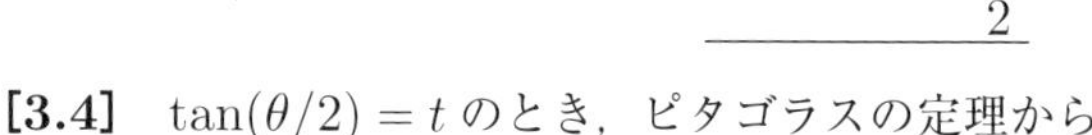

[3.4]　$\tan(\theta/2) = t$ のとき，ピタゴラスの定理から

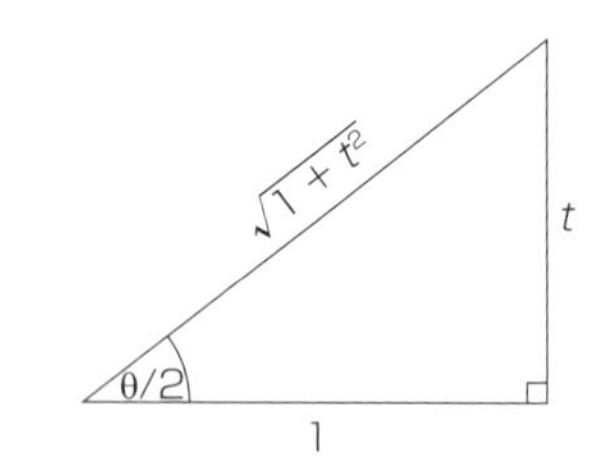

$$\sin(\theta/2) = \frac{t}{\sqrt{1+t^2}} \quad \text{および} \quad \cos(\theta/2) = \frac{1}{\sqrt{1+t^2}}$$

ただし　$\sin\theta = 2\sin(\theta/2)\cos(\theta/2)$

したがって　$\underline{\sin\theta = \dfrac{2t}{1+t^2}}$

$$\cos\theta = \cos^2(\theta/2) - \sin^2(\theta/2) \qquad \therefore \quad \underline{\cos\theta = \frac{1-t^2}{1+t^2}}$$

$$\tan\theta = \frac{\sin\theta}{\cos\theta} \qquad \therefore \quad \underline{\tan\theta = \frac{2t}{1-t^2}}$$

この，いく分か曖昧な置き換えが，三角関数を積分するときにしばしば有効である．その微分は以下のように与えられる．

$$\mathrm{d}t = \frac{1}{2}\sec^2(\theta/2)\mathrm{d}\theta = \frac{1}{2}[1+\tan^2(\theta/2)]\mathrm{d}\theta$$

したがって　$\underline{\mathrm{d}\theta = \dfrac{2\,\mathrm{d}t}{1+t^2}}$

[3.5]　(1) $\tan\theta = -\sqrt{3} \quad \Longrightarrow \quad \underline{\theta = -\dfrac{\pi}{3} \ \text{または}\ \dfrac{2\pi}{3}}$

(2) $\sin 3\theta = -1 \quad \Longrightarrow \quad 3\theta = -\dfrac{5\pi}{2}$　または　$-\dfrac{\pi}{2}$　または　$\dfrac{3\pi}{2}$

$$\therefore \quad \underline{\theta = -\frac{5\pi}{6} \ \text{または}\ -\frac{\pi}{6} \ \text{または}\ \frac{\pi}{2}}$$

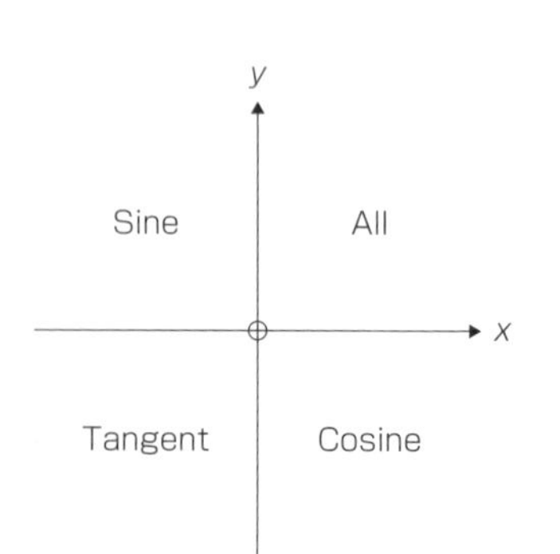

(3) $4\cos^3\theta - \cos\theta = 0 \quad \Longrightarrow \quad \cos\theta(4\cos^2\theta - 1) = 0$

$$\therefore \quad \cos\theta = 0 \quad \text{または} \quad \cos\theta = \pm\frac{1}{2}$$

$$\therefore \quad \underline{\theta = \pm\frac{\pi}{2} \ \text{または}\ \theta = \pm\frac{\pi}{3} \ \text{または}\ \pm\frac{2\pi}{3}}$$

[3.6] $a\sin\theta + b\cos\theta = A\sin(\theta+\phi)$

$$= A\cos\phi\sin\theta + A\sin\phi\cos\theta$$

よって　$A\cos\phi = a,\ A\sin\phi = b$

$$\Longrightarrow \quad \frac{\sin\phi}{\cos\phi} = \tan\phi = \frac{b}{a},\ a^2+b^2 = A^2(\sin^2\phi + \cos^2\phi) = A^2$$

すなわち　$\underline{A = \sqrt{a^2+b^2}\quad \text{および} \quad \phi = \tan^{-1}(b/a)}$

$$\sin\theta + \cos\theta = \sqrt{\frac{3}{2}} \quad \Longrightarrow \quad \sqrt{2}\sin(\theta+\pi/4) = \sqrt{\frac{3}{2}}$$

$$\therefore \quad \sin(\theta+\pi/4) = \frac{\sqrt{3}}{2} \qquad \therefore \quad \theta + \frac{\pi}{4} = \frac{\pi}{3} \quad \text{または} \quad \frac{2\pi}{3}$$

すなわち　$\underline{\theta = \frac{\pi}{12} \quad \text{または} \quad \frac{5\pi}{12}}$

[3.7]

$$\cos 2\theta = 2\cos^2\theta - 1 \quad \Longrightarrow \quad \cos 4\theta = 2\cos^2(2\theta) - 1$$
$$= 2(2\cos^2\theta - 1)^2 - 1$$
$$= 2(4\cos^4\theta - 4\cos^2\theta + 1) - 1$$
$$= \underline{8\cos^4\theta - 8\cos^2\theta + 1}$$

$$\sin 2\theta = 2\sin\theta\cos\theta \quad \Longrightarrow \quad \sin 4\theta = 2\sin(2\theta)\cos(2\theta)$$
$$= 2(2\sin\theta\cos\theta)(\cos^2\theta - \sin^2\theta)$$
$$= \underline{4\sin\theta\cos^3\theta - 4\sin^3\theta\cos\theta}$$

[3.8] $\cos 2\theta = 1 - 2\sin^2\theta = 2\cos^2\theta - 1$

$$\therefore \quad 8\sin^4\theta = 8(\sin^2\theta)^2 = 8\left(\frac{1-\cos 2\theta}{2}\right)^2 = 2[1 - 2\cos(2\theta) + \cos^2(2\theta)]$$
$$= 2 - 4\cos(2\theta) + [2\cos^2(2\theta) - 1] + 1 = \underline{3 - 4\cos(2\theta) + \cos(4\theta)}$$

$$\therefore \quad 8\cos^4\theta = 8(\cos^2\theta)^2 = 8\left[\frac{\cos(2\theta)+1}{2}\right]^2 = 2[\cos^2(2\theta) + 2\cos(2\theta) + 1]$$
$$= [2\cos^2(2\theta) - 1] + 1 + 4\cos(2\theta) + 2$$
$$= \underline{\cos(4\theta) + 4\cos(2\theta) + 3}$$

[3.9] $\cos(2\theta) + \cos(4\theta) = 2\cos(3\theta)\cos\theta$

$$\therefore \quad \cos\theta = \cos(2\theta) + \cos(4\theta) \quad \Rightarrow \quad \cos(\theta)[1 - 2\cos(3\theta)] = 0$$

$$\therefore \quad \cos\theta = 0 \quad \text{または} \quad \cos(3\theta) = \frac{1}{2}$$

$$\therefore \quad \theta = \frac{\pi}{2} \quad \text{または} \quad 3\theta = \frac{\pi}{3} \quad \text{または} \quad \frac{5\pi}{3} \quad \text{または} \quad \frac{7\pi}{3}$$

$$\therefore \quad \underline{\theta = \frac{\pi}{9} \quad \text{または} \quad \frac{\pi}{2} \quad \text{または} \quad \frac{5\pi}{9} \quad \text{または} \quad \frac{7\pi}{9}}$$

[3.10] $\cos A + \cos B = 2\cos\left(\dfrac{A+B}{2}\right)\cos\left(\dfrac{A-B}{2}\right)$

$\therefore \quad \cos\theta + \cos(3\,\theta) = 2\cos(2\,\theta)\cos\theta$ 　および　 $\cos(5\,\theta) + \cos(7\,\theta) = 2\cos(6\,\theta)\cos\theta$

$\cos(-\theta) = \cos\theta$

$$\therefore \quad \cos\theta + \cos 3\,\theta + \cos 5\,\theta + \cos 7\,\theta = 2\cos\theta[\cos(2\,\theta) + \cos(6\,\theta)] = 2\cos\theta[2\cos(4\,\theta)\cos(2\,\theta)]$$
$$= \underline{4\cos\theta\cos(2\,\theta)\cos(4\,\theta)}$$

[3.11] コサインの法則：$\mathrm{BC}^2 = \mathrm{AB}^2 + \mathrm{AC}^2 - 2(\mathrm{AB})(\mathrm{AC})\cos(\angle\mathrm{BAC})$

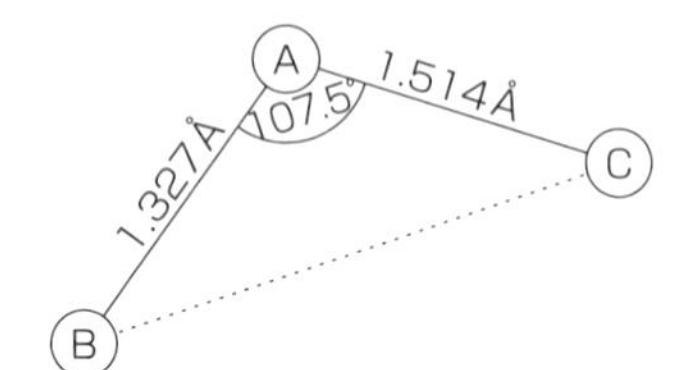

$$\therefore \quad 距離^2 = 1.327^2 + 1.514^2 - 2\times 1.327\times 1.514\times\cos(107.5^\circ)$$
$$= 5.261\ \text{Å}^2$$

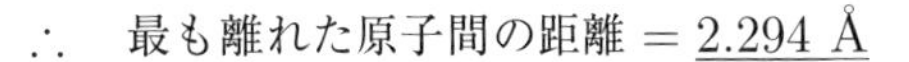

$\therefore$ 　最も離れた原子間の距離 $= \underline{2.294\ \text{Å}}$

4 章

[4.1]

(1) $$\frac{\mathrm{d}y}{\mathrm{d}x} = \lim_{\delta x\to 0}\left(\frac{\cos(x+\delta x) - \cos x}{\delta x}\right) = \lim_{\delta x\to 0}\left(\frac{\cos(\delta x)\cos x - \sin(\delta x)\sin x - \cos x}{\delta x}\right)$$
$$\simeq \lim_{\delta x\to 0}\left(\frac{(1-\delta x^2/2)\cos x - \delta x\sin x - \cos x}{\delta x}\right) = \lim_{\delta x\to 0}\left(-\frac{\delta x}{2}\cos x - \sin x\right)$$

$$\therefore \quad \underline{\frac{\mathrm{d}}{\mathrm{d}x}(\cos x) = -\sin x}$$

(2) $$\frac{\mathrm{d}y}{\mathrm{d}x} = \lim_{\delta x\to 0}\left(\frac{(x+\delta x)^n - x^n}{\delta x}\right)$$
$$= \lim_{\delta x\to 0}\left(\frac{x^n + n\,x^{n-1}\delta x + (1/2)\,n\,(n-1)\,x^{n-2}\delta x^2 + \cdots - x^n}{\delta x}\right)$$
$$= \lim_{\delta x\to 0}\left(n\,x^{n-1} + (1/2)\,n\,(n-1)\,x^{n-2}\delta x + \cdots\right)$$

$$\therefore \quad \underline{\frac{\mathrm{d}}{\mathrm{d}x}(x^n) = n\,x^{n-1}}$$

(3) $$\frac{\mathrm{d}y}{\mathrm{d}x} = \lim_{\delta x\to 0}\left(\frac{1/(x+\delta x) - 1/x}{\delta x}\right) = \lim_{\delta x\to 0}\left(\frac{x-(x+\delta x)}{x\,(x+\delta x)\delta x}\right) = \lim_{\delta x\to 0}\left(\frac{-1}{x\,(x+\delta x)}\right)$$

$$\therefore \quad \underline{\frac{\mathrm{d}}{\mathrm{d}x}\left(\frac{1}{x}\right) = -\frac{1}{x^2}}$$

(4) $$\frac{\mathrm{d}y}{\mathrm{d}x} = \lim_{\delta x\to 0}\left(\frac{1/(x+\delta x)^2 - 1/x^2}{\delta x}\right) = \lim_{\delta x\to 0}\left(\frac{x^2-(x+\delta x)^2}{x^2\,(x+\delta x)^2\delta x}\right)$$
$$= \lim_{\delta x\to 0}\left(\frac{x^2 - x^2 - 2\,x\,\delta x - \delta x^2}{x^2\,(x+\delta x)^2\delta x}\right) = \lim_{\delta x\to 0}\left(\frac{-2}{x\,(x+\delta x)^2} - \frac{\delta x}{x^2\,(x+\delta x)^2}\right)$$

$$\therefore \quad \underline{\frac{\mathrm{d}}{\mathrm{d}x}\left(\frac{1}{x^2}\right) = -\frac{2}{x^3}}$$

[4.2] (1) 0　　(2) $\pi/2 \pm m\pi$ ($m = 0,\ 1,\ 2,\ 3,\ \cdots$)　　(3) 0

[4.3] $\overrightarrow{\mathrm{AB}}$ の勾配 $= \tan\theta = \dfrac{|\mathrm{BC}|}{|\mathrm{AB}|}$

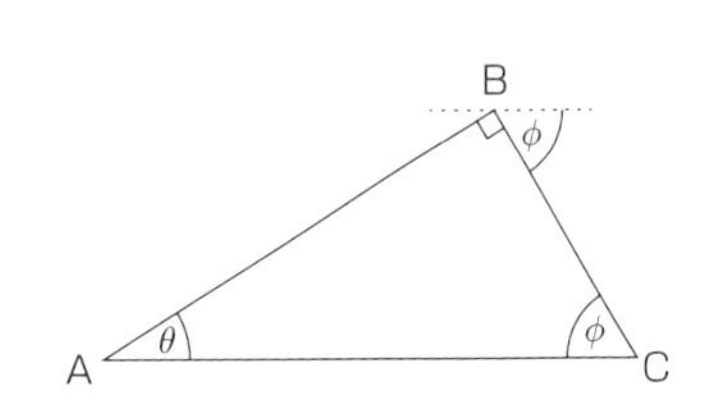

$\overrightarrow{\mathrm{BC}}$ の勾配 $= -\tan\phi = -\dfrac{|\mathrm{AB}|}{|\mathrm{BC}|}$

$\therefore$ $\overrightarrow{\mathrm{AB}}$ の勾配 $= -1/(\overrightarrow{\mathrm{BC}}$ の勾配)

したがって　$y = m\,x + c$ に垂直な線の勾配は $-1/m$

別解として，より代数的な証明があるが，上の幾何学的なものよりも長くなる．交点の座標を (x_0, y_0) とし，その交点を通り勾配 m および μ をもつ直線上の二つの任意の点を (x_1, y_1) および (x_2, y_2) とする．勾配の定義とピタゴラスの定理から

$$m = \frac{y_1 - y_0}{x_1 - x_0} \quad \text{および} \quad \mu = \frac{y_2 - y_0}{x_2 - x_0}, \quad \text{および}$$

$$(x_1 - x_0)^2 + (y_1 - y_0)^2 + (x_2 - x_0)^2 + (y_2 - y_0)^2 = (x_1 - x_2)^2 + (y_1 - y_2)^2$$

最後の式を適切に展開して打ち消して，三つの式から $\mu = -1/m$ になることを示すのは難しくない．

[4.4] $\displaystyle\sum_{n=1}^{\infty} n\,x^{n-1} = \sum_{n=1}^{\infty} \frac{\mathrm{d}}{\mathrm{d}x} x^n = \frac{\mathrm{d}}{\mathrm{d}x}\left(\sum_{n=1}^{\infty} x^n\right) = \frac{\mathrm{d}}{\mathrm{d}x}\left(\frac{x}{1-x}\right)$　　(なぜなら $|x| < 1$)

$$\therefore \quad \sum_{n=1}^{\infty} n\,x^{n-1} = \frac{1 - x + x}{(1-x)^2} = \underline{\frac{1}{1-x^2}}$$

[4.5] $y = \cos^{-1}(x/a)$ のとき，$x = a\cos y$（なぜなら $|x/a| < 1$）となるので

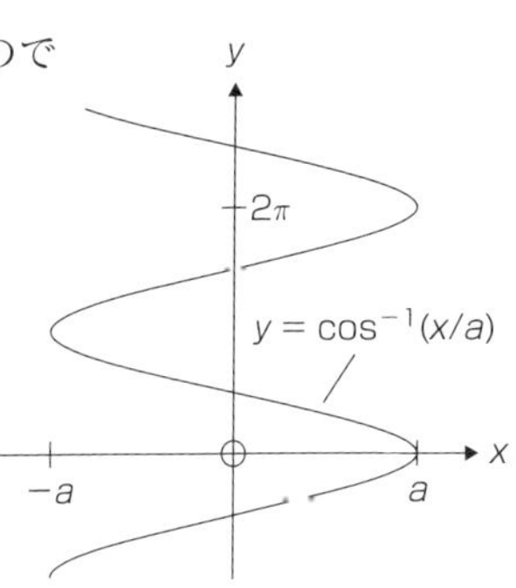

$$\frac{\mathrm{d}x}{\mathrm{d}y} = -a\sin y = -a\sqrt{1 - \cos^2 y} = -a\sqrt{1 - x^2/a^2} = -\sqrt{a^2 - x^2}$$

$$\therefore \quad \frac{\mathrm{d}y}{\mathrm{d}x} = \frac{1}{\mathrm{d}x/\mathrm{d}y} = \frac{-1}{\sqrt{a^2 - x^2}}$$

すなわち　$\underline{\dfrac{\mathrm{d}}{\mathrm{d}x}[\cos^{-1}(x/a)] = \dfrac{-1}{\sqrt{a^2 - x^2}}}$

この式は $0 \leq y \leq \pi$ のときに正しく，2π 加えても成立する．いい換えると，n を整数として $2n\pi \leq y \leq (2n+1)\pi$ のときに成立する．たとえば，$\pi < y < 2\pi$ なら，$\cos^{-1}(x/a)$ の微分は $+1/\sqrt{a^2 - x^2}$ となる．

$$y = \tan^{-1}(x - a) \iff x = a\tan y$$

$$\therefore \quad \frac{\mathrm{d}x}{\mathrm{d}y} = a\sec^2 y = a\,(1 + \tan^2 y) = a\,(1 + x^2/a^2) = (a^2 + x^2)/a$$

$$\therefore \quad \underline{\frac{\mathrm{d}}{\mathrm{d}x}[\tan^{-1}(x/a)] = \frac{a}{a^2 + x^2}}$$

[4.6] (1) $y=(2x+1)^3 \implies \dfrac{\mathrm{d}y}{\mathrm{d}x}=3(2x+1)^2\times 2$

$$\therefore \quad \frac{\mathrm{d}}{\mathrm{d}x}[(2x+1)^3]=6(2x+1)^2$$

$u=2x+1$ という置き換えを暗に行って $y=u^3$ とし，連鎖ルール $\mathrm{d}y/\mathrm{d}x=\mathrm{d}y/\mathrm{d}u\times\mathrm{d}u/\mathrm{d}x$ を使った．そこから，$\mathrm{d}y/\mathrm{d}u=3u^2$ と $\mathrm{d}u/\mathrm{d}x=2$ より結果を得た．

(2) $y=\sqrt{3x-1}=(3x-1)^{1/2} \implies \dfrac{\mathrm{d}y}{\mathrm{d}x}=\dfrac{1}{2}(3x-1)^{-1/2}\times 3$

$$\therefore \quad \frac{\mathrm{d}}{\mathrm{d}x}(\sqrt{3x-1})=\frac{3}{2\sqrt{3x-1}}$$

(3) $y=\cos 5x \implies \dfrac{\mathrm{d}y}{\mathrm{d}x}=-\sin 5x\times 5 \qquad \therefore\ \dfrac{\mathrm{d}}{\mathrm{d}x}(\cos 5x)=-5\sin 5x$

(4) $y=\sin(3x^2+7) \implies \dfrac{\mathrm{d}y}{\mathrm{d}x}=\cos(3x^2+7)\times(6x) \qquad \therefore\ \dfrac{\mathrm{d}}{\mathrm{d}x}[\sin(3x^2+7)]=6x\cos(3x^2+7)$

(5) $y=\tan^4(2x+3) \implies \dfrac{\mathrm{d}y}{\mathrm{d}x}=4\tan^3(2x+3)\times\sec^2(2x+3)\times 2$

$$\therefore \quad \frac{\mathrm{d}}{\mathrm{d}x}[\tan^4(2x+3)]=8\tan^3(2x+3)\sec^2(2x+3)$$

ここで，連鎖ルールを少し拡張した $\mathrm{d}y/\mathrm{d}x=\mathrm{d}y/\mathrm{d}u\times\mathrm{d}u/\mathrm{d}v\times\mathrm{d}v/\mathrm{d}x$ を使った．ここで，$v=2x+3$，$u=\tan v$，$y=u^4$ である．置き換えた後の微分は $\mathrm{d}y/\mathrm{d}u=4u^3$，$\mathrm{d}u/\mathrm{d}v=\sec^2 v$，$\mathrm{d}v/\mathrm{d}x=2$ となる．

(6) $y=x\,e^{-3x^2} \implies \dfrac{\mathrm{d}y}{\mathrm{d}x}=x\,e^{-3x^2}\times(-6x)+e^{-3x^2} \qquad \therefore\ \dfrac{\mathrm{d}}{\mathrm{d}x}(x\,e^{-3x^2})=(1-6x^2)e^{-3x^2}$

積ルールを使うことがポイントである．$\mathrm{d}/\mathrm{d}x(u\,v)=u\,\mathrm{d}v/\mathrm{d}x+v\,\mathrm{d}u/\mathrm{d}x$ である（ここで，$u=x$，$v=e^{-3x^2}$ である）．$\mathrm{d}v/\mathrm{d}x$ 自身を求めるときに，$w=-3x^2$ と $v=e^w$ への連鎖ルールが必要となる．

(7) $y=x\ln(x^2+1) \implies \dfrac{\mathrm{d}y}{\mathrm{d}x}=x\times\dfrac{1}{x^2+1}\times(2x)+\ln(x^2+1)$

$$\therefore \quad \frac{\mathrm{d}}{\mathrm{d}x}[x\ln(x^2+1)]=\frac{2x^2}{x^2+1}+\ln(x^2+1)$$

(8) $y=\dfrac{\sin x}{x} \implies \dfrac{\mathrm{d}y}{\mathrm{d}x}=\dfrac{\cos x}{x}-\dfrac{\sin x}{x^2} \qquad \therefore\ \dfrac{\mathrm{d}}{\mathrm{d}x}\left(\dfrac{\sin x}{x}\right)=\dfrac{x\cos x-\sin x}{x^2}$

これは商のルールを使う例である．すなわち，$\mathrm{d}/\mathrm{d}x(u/v)=(v\,\mathrm{d}u/\mathrm{d}x-u\,\mathrm{d}v/\mathrm{d}x)/v^2$（ここで，$u=\sin x$，$v=x$ である．訳注：$u/v=u\,v^{-1}$ として積で考えるほうがわかりやすい）．

[4.7] $y=a^x \implies \ln y=\ln(a^x)=x\ln a$ ①

$$\therefore \quad \frac{\mathrm{d}}{\mathrm{d}x}① \implies \frac{1}{y}\frac{\mathrm{d}y}{\mathrm{d}x}=\ln a \qquad \therefore\ \frac{\mathrm{d}y}{\mathrm{d}x}=y\ln a=a^x\ln a$$

したがって　$\dfrac{\mathrm{d}}{\mathrm{d}x}(a^x)=a^x\ln a$

$a = e$ とおくと，$\ln e = 1$ なので，$\mathrm{d}/\mathrm{d}x(e^x) = e^x$ となることから，単純に確認できる．

[4.8] (1)
$$\left.\begin{aligned} x &= t^3 + 2t \quad \Longrightarrow \quad \frac{\mathrm{d}x}{\mathrm{d}t} = 3t^2 + 2 \\ y &= t^2 \quad \Longrightarrow \quad \frac{\mathrm{d}y}{\mathrm{d}t} = 2t \end{aligned}\right\} \qquad \therefore \quad \frac{\mathrm{d}y}{\mathrm{d}x} = \frac{\mathrm{d}y/\mathrm{d}t}{\mathrm{d}x/\mathrm{d}t} = \underline{\frac{2t}{(3t^2+2)}}$$

(2) $x^2 = y\sin(xy) \quad \Longrightarrow \quad \dfrac{\mathrm{d}}{\mathrm{d}x}(x^2) = \dfrac{\mathrm{d}}{\mathrm{d}x}[y\sin(xy)]$

$$\therefore \quad 2x = y\frac{\mathrm{d}}{\mathrm{d}x}[\sin(xy)] + \sin(xy)\frac{\mathrm{d}}{\mathrm{d}x}(y) = y\cos(xy)\frac{\mathrm{d}}{\mathrm{d}x}(xy) + \sin(xy)\frac{\mathrm{d}y}{\mathrm{d}x}$$
$$= y\cos(xy)\left(x\frac{\mathrm{d}y}{\mathrm{d}x} + y\right) + \sin(xy)\frac{\mathrm{d}y}{\mathrm{d}x} \qquad \therefore \quad 2x = y^2\cos(xy) + \frac{\mathrm{d}y}{\mathrm{d}x}[xy\cos(xy) + \sin(xy)]$$

したがって $\quad \underline{\dfrac{\mathrm{d}y}{\mathrm{d}x} = \dfrac{2x - y^2\cos(xy)}{xy\cos(xy) + \sin(xy)}}$

[4.9] (1) $f(x) = \dfrac{x^5}{5} - \dfrac{x^4}{6} - x^3 \qquad \therefore \quad f'(x) = x^4 - \dfrac{2x^3}{3} - 3x^2$

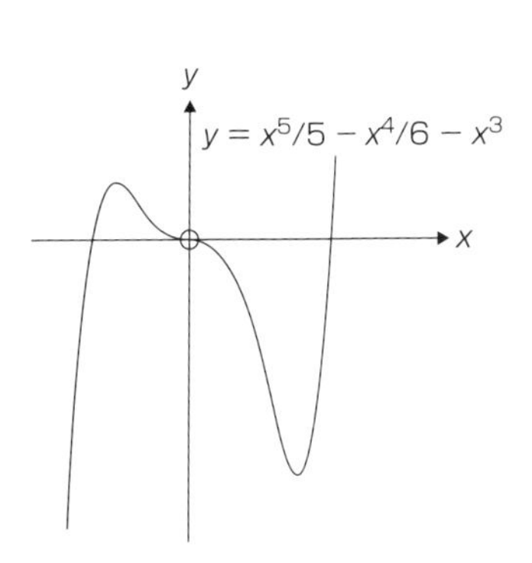

$$\therefore \quad f''(x) = 4x^3 - 2x^2 - 6x$$

停留点では，$f'(x) = 0$ なので $\quad \dfrac{1}{3}x^2(3x^2 - 2x - 9) = 0$

$$\therefore \quad x = 0 \quad \text{または} \quad x = \frac{2 \pm \sqrt{4+108}}{6} = \frac{1 \pm 2\sqrt{7}}{3}$$

$x = 0$ のとき，$f''(x) = 0$ である．

$x \to 0$ で，$f(x) \to -x^3$ なので，<u>$x = 0$ では変曲点となる．</u>

$x = \dfrac{1 - 2\sqrt{7}}{3}$ のとき，$f''(x) < 0$ なので，<u>$x = \dfrac{1 - 2\sqrt{7}}{3}$ では最大値となる．</u>

$x = \dfrac{1 + 2\sqrt{7}}{3}$ のとき，$f''(x) > 0$ なので，<u>$x = \dfrac{1 + 2\sqrt{7}}{3}$ では最小値となる．</u>

(2) $f(x) = \dfrac{x}{1+x^2} \qquad \therefore \quad f'(x) = \dfrac{1 + x^2 - 2x^2}{(1+x^2)^2} = \dfrac{1 - x^2}{(1+x^2)^2}$

$$\therefore \quad f''(x) = \frac{-2x(1+x^2)^2 - 4x(1-x^2)(1+x^2)}{(1+x^2)^4} = \frac{-2x(3-x^2)}{(1+x^2)^3}$$

停留点では $f'(x) = 0$ なので，$1 - x^2 = 0$ である．

$$\therefore \quad x = \pm 1$$

$f''(1) = -\dfrac{1}{2} < 0$ なので，<u>$x = 1$ では最大値となる．</u>

$f''(-1) = \dfrac{1}{2} > 0$ なので，<u>$x = -1$ では最小値となる．</u>

(3) $U(r)=4\epsilon\left[\left(\frac{\sigma}{r}\right)^{12}-\left(\frac{\sigma}{r}\right)^{6}\right]$ ($r \geq 0$ のとき)

$$\therefore \quad U'(r)=4\epsilon\left[-12\left(\frac{\sigma}{r}\right)^{11}\frac{\sigma}{r^2}+6\left(\frac{\sigma}{r}\right)^{5}\frac{\sigma}{r^2}\right]=\frac{24\epsilon}{\sigma}\left[\left(\frac{\sigma}{r}\right)^{7}-2\left(\frac{\sigma}{r}\right)^{13}\right]$$

$$\therefore \quad U''(r)=\frac{24\epsilon}{\sigma}\left[-7\left(\frac{\sigma}{r}\right)^{6}\frac{\sigma}{r^2}+26\left(\frac{\sigma}{r}\right)^{12}\frac{\sigma}{r^2}\right]=\frac{24\epsilon}{\sigma^2}\left[26\left(\frac{\sigma}{r}\right)^{14}-7\left(\frac{\sigma}{r}\right)^{8}\right]$$

停留点では $U'(r)=0$ なので $\quad \left(\frac{\sigma}{r}\right)^{7}\left[1-2\left(\frac{\sigma}{r}\right)^{6}\right]=0$

$$\therefore \quad r \to \infty \quad \text{または} \quad r=2^{1/6}\sigma$$

$r \to \infty$ で，$U(r)$ はゼロに減衰するので，ちゃんとした停留点ではない．

$$U''=(2^{1/6}\sigma)>0 \qquad \therefore \quad \underline{r=2^{1/6}\sigma\text{では最小値となる．}}$$

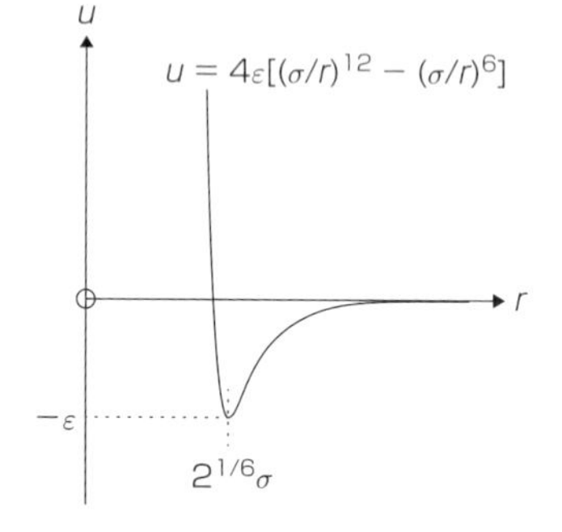

関数 $U(r)$ はレナード・ジョーンズ 6-12 ポテンシャルとして知られ，分子間のポテンシャルエネルギーを近似するのにしばしば使われてきた．理想気体の構成物質間には相互作用はないが，実在気体には相互作用がある．短距離での反発により二つの分子が同じ場所を占めないようになり，長距離の引力（ファンデルワールス型の双極子—誘起双極子相互作用）により分子が遠くに離れてしまわないようになる．最適な距離 r はこれらの二つのバランスになり，$U(r)$ の最小値の場所で与えられる．

(4) $p(r)=\frac{r^2}{8a_0^3}\left(2-\frac{r}{a_0}\right)^2 e^{-r/a_0}$（$r \geq 0$ に対して）

$$\therefore \quad p'(r)=\frac{1}{8a_0^3}\left[-\frac{r^2}{a_0}\left(2-\frac{r}{a_0}\right)^2+2r\left(2-\frac{r}{a_0}\right)^2-\frac{2r^2}{a_0}\left(2-\frac{r}{a_0}\right)\right]e^{-r/a_0}$$

$$=\frac{r}{8a_0^3}\left(2-\frac{r}{a_0}\right)\left[\left(\frac{r}{a_0}\right)^2-6\frac{r}{a_0}+4\right]e^{-r/a_0}$$

$$\therefore \quad p''(r)=\frac{1}{8a_0^3}\left\{\left(2-\frac{r}{a_0}\right)\left[\left(\frac{r}{a_0}\right)^2-6\frac{r}{a_0}+4\right]-\frac{r}{a_0}\left[\left(\frac{r}{a_0}\right)^2-6\frac{r}{a_0}+4\right]\right.$$
$$\left.+\frac{r}{a_0}\left(2-\frac{r}{a_0}\right)\left(2\frac{r}{a_0}-6\right)-\frac{r}{a_0}\left(2-\frac{r}{a_0}\right)\left[\left(\frac{r}{a_0}\right)^2-6\frac{r}{a_0}+4\right]\right\}e^{-r/a_0}$$
$$=\frac{1}{8a_0^3}\left[\left(\frac{r}{a_0}\right)^4-12\left(\frac{r}{a_0}\right)^3+40\left(\frac{r}{a_0}\right)^2-40\left(\frac{r}{a_0}\right)+8\right]e^{-r/a_0}$$

停留点では $p'(r)=0$ なので，$r=0$，$2a_0$，または $\frac{r}{a_0}=\frac{6\pm\sqrt{36-16}}{2}=3\pm\sqrt{5}$，または $r\to\infty$ である．
$r=0$ および $r\to\infty$ は，停留点ではない．
$p''(2a_0)>0$ なので，$\underline{r=2a_0\text{ は最小値である．}}$
$p''((3-\sqrt{5})a_0)<0$ なので，$\underline{r=(3-\sqrt{5})a_0\text{ は最大値である．}}$

$p''((3+\sqrt{5})a_0)>0$ なので，$\underline{r=(3+\sqrt{5})a_0 \text{ は最小値である．}}$
関数 $p(r)$ は，水素原子の $2s$ 状態にある電子の確率動径関数であり，すなわち原子核から r と $r+\delta r$ に電子を見つける確率は，$p(r)\,\delta r$ で求められる．ここで，$p(r)=|\Psi_{2s}|^2\,4\,\pi\,r^2$ である．電子の存在確率が最大である $r=(3+\sqrt{5})a_0$ に加えて，より原子核に近い $r=(3-\sqrt{5})a_0$ に小さい最大値がある．この補助的な最大値は「しみこみ効果」を意味し，原子の電子の挙動に重要な洞察を与える．

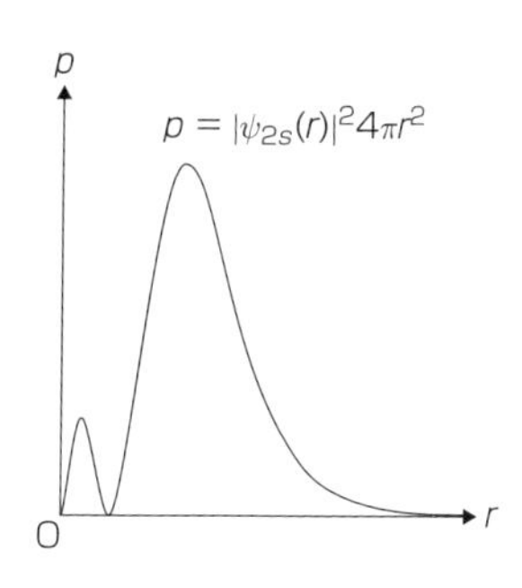

5章

[5.1] (1) $$\int(x+\sqrt{x}-1/x)\mathrm{d}x=\int(x+x^{1/2}-x^{-1})\mathrm{d}x=\frac{x^2}{2}+\frac{x^{3/2}}{3/2}-\ln x+C$$
$$=\underline{\frac{x^2}{2}+\frac{2\,x\sqrt{x}}{3}-\ln x+C}$$

(2) $$\int\sqrt{x}\left(x-\frac{1}{x}\right)\mathrm{d}x=\int(x^{3/2}-x^{-1/2})\mathrm{d}x=\frac{x^{5/2}}{5/2}-\frac{x^{1/2}}{1/2}+C$$
$$=\underline{2\sqrt{x}\left(\frac{x^2}{5}-1\right)+C}$$

(3) $$\int 2^x\mathrm{d}x=\underline{\frac{2^x}{\ln 2}+C}$$

(4) $$\int e^{2\,x}\mathrm{d}x=\underline{\frac{e^{2\,x}}{2}+C}$$ （訳注：$\ln(2^x)=x\ln 2\ \mathrm{d}\ln(2^x)/\mathrm{d}x=1/(2^x)\,\mathrm{d}(2^x)\,\mathrm{d}x=\ln 2$）

(5) $$\int\frac{1}{2\,x-1}\mathrm{d}x=\underline{\frac{1}{2}\ln(2\,x-1)+C}$$

もし，この積分が自明でなければ，$u=2\,x-1$（$\mathrm{d}u=2\,\mathrm{d}x$）と置き換えれば，行う計算が見えてくる．

$$\int\frac{1}{2\,x-1}\mathrm{d}x=\int\frac{1}{2}u^{-1}\mathrm{d}u=\frac{1}{2}\int\frac{\mathrm{d}u}{u}=\frac{1}{2}\ln u+C$$

(6) $$\int(\sin 2\,x+\cos 3\,x)\mathrm{d}x=\underline{-\frac{1}{2}\cos 2\,x+\frac{1}{3}\sin 3\,x+C}$$

(7) $$\int\tan x\mathrm{d}x=\int\frac{\sin x}{\cos x}\mathrm{d}x=\underline{-\ln(\cos x)+C}=\ln(\sec x)+C$$

$\tan x$ を $\sin x/\cos x$ と書くと，分子が分母の微分（マイナス符号はつくが）なので積分は容易になる．微分の連鎖ルールを使っても見えてこないときは，$u=\cos x$（$\mathrm{d}u=-\sin x\,\mathrm{d}x$）と置き換えれば最終的な結果が得られる．

$$\int\frac{\sin x}{\cos x}\mathrm{d}x=-\int\frac{\mathrm{d}u}{u}=-\ln u+C$$

(8) $$\int\sin^2 x\,\mathrm{d}x=\frac{1}{2}\int(1-\cos 2\,x)\mathrm{d}x=\frac{1}{2}\left(x-\frac{\sin 2\,x}{2}\right)+C=\underline{\frac{x}{2}-\frac{\sin 2\,x}{4}+C}$$

(9) $\displaystyle\int \frac{x}{1+x^2}\mathrm{d}x = \underline{\frac{1}{2}\ln(1+x^2)+C}$

これは分子が分母の微分（ある定数は掛かるが）になるので，易しい積分である．もし式の置き換えをするなら $u=1+x^2$（$\mathrm{d}u = 2\,x\,\mathrm{d}x$）である．

(10) $\displaystyle\int \frac{\mathrm{d}x}{1+x^2} = \underline{\tan^{-1} x + C}$

答えをいきなり書いたのは，標準的な積分であり，$x=\tan\theta$ とおけば答えを確かめられるからである．微分が $\mathrm{d}x = \sec^2\theta\,\mathrm{d}\theta = (1+\tan^2\theta)\mathrm{d}\theta = (1+x^2)\mathrm{d}\theta$ であることを使うと，上の結果になる．

$$\int \frac{\mathrm{d}x}{1+x^2} = \int \mathrm{d}\theta = \theta + C = \tan^{-1} x + C$$

[5.2] (1) $\displaystyle\int_0^{\pi/2} \sin^4 x\cos x\,\mathrm{d}x = \left[\frac{1}{5}\sin^5 x\right]_0^{\pi/2}$

$$= \frac{1}{5}\left[\sin^5\left(\frac{\pi}{2}\right) - \sin^5(0)\right] = \underline{\frac{1}{5}}$$

$\sin^4 x\cos x$ の積分は，$\sin x$ とともに $\cos x$ があるので，書き下すのが易しい．$u=\sin x$，$\mathrm{d}u = \cos x\,\mathrm{d}x$ とすれば，$\int \sin^4 x\cos x\,\mathrm{d}x = \int u^4\ \mathrm{d}u$ となり，暗算で行っている式変形がすっきり見えてくる．$\sin x$ の微分が被積分関数になかったら，倍角の式 $\cos 2\,x = 1-2\sin^2 x$ を何回か使用して和をとるという努力をすればよい．

(2) 演習問題 3.8 で，以下の結果を得た．

$$8\sin^4\theta = \cos 4\,\theta - 4\cos 2\,\theta + 3$$

$$\therefore\quad \int_0^{\pi/2}\sin^4 x\,\mathrm{d}x = \frac{1}{8}\int_0^{\pi/2}(\cos 4\,x - 4\cos 2\,x + 3)\mathrm{d}x = \frac{1}{8}\left[\frac{1}{4}\sin 4\,x - 2\sin 2\,x + 3\,x\right]_0^{\pi/2}$$

$$= \frac{1}{8}\left[\frac{1}{4}(\sin 2\,\pi - \sin 0) - 2(\sin\pi - \sin 0) + 3(\frac{\pi}{2} - 0)\right] = \underline{\frac{3\,\pi}{16}}$$

(3) $\displaystyle I = \int_0^4 \frac{x+3}{\sqrt{2\,x+1}}\,\mathrm{d}x$ とおく．

また，$u^2 = 2\,x+1$ とすると　　$2\,u\,\mathrm{d}u = 2\,\mathrm{d}x$

$$\therefore\quad I = \int_{u=1}^{u=3}\frac{[(u^2-1)/2+3]}{u}\,u\,\mathrm{d}u = \int_0^3\left(\frac{u^2}{2} - \frac{1}{2} + 3\right)\mathrm{d}u$$

$$= \left[\frac{u^3}{6} + \frac{5\,u}{2}\right]_1^3 = \frac{27}{6} + \frac{15}{2} - \frac{1}{6} - \frac{5}{2} = \frac{13}{3} + 5 = \underline{9\,\frac{1}{3}}$$

別解として，部分積分を使う方法がある．$(2\,x+1)^{-1/2}$ を積分し，$x+3$ を微分する．

$$\int_0^4 \frac{x+3}{\sqrt{2\,x+1}}\,\mathrm{d}x = \left[(x+3)\sqrt{2\,x+1}\right]_0^4 - \int_0^4 \sqrt{2\,x+1}\,\mathrm{d}x = 21 - 3 - \left[\frac{1}{3}(2\,x+1)^{3/2}\right]_0^4$$

$$= 18 - \frac{1}{3}\,(9^{3/2} - 1) = 18 - \frac{26}{3} = \underline{9\,\frac{1}{3}}$$

[5.3] (1) $\displaystyle\int \frac{\mathrm{d}x}{x^2-5x+6} = \int \frac{\mathrm{d}x}{x-3} - \int \frac{\mathrm{d}x}{x-2} = \ln(x-3) - \ln(x-2) + C = \underline{\ln\frac{(x-3)}{(x-2)} + C}$

(2)
$$\int \frac{x^2-5x+1}{(x-1)^2(2x-3)}\mathrm{d}x = 3\int \frac{\mathrm{d}x}{(x-1)^2} + 9\int \frac{\mathrm{d}x}{x-1} - 17\int \frac{\mathrm{d}x}{2x-3}$$
$$= \underline{C - \frac{3}{x-1} + 9\ln(x-1) - \frac{17}{2}\ln(2x-3)}$$

(3)
$$\int \frac{11x+1}{(x-1)(x^2-3x-2)}\,\mathrm{d}x = \int \frac{3x+5}{x^2-3x-2}\,\mathrm{d}x - 3\int \frac{\mathrm{d}x}{x-1}$$
$$= \frac{3}{2}\int \frac{2x-3}{x^2-3x-2}\mathrm{d}x + \frac{19}{2}\int \frac{\mathrm{d}x}{x^2-3x-2} - 3\int \frac{\mathrm{d}x}{x-1}$$
$$= \frac{3}{2}\ln(x^2-3x-2) + \frac{19}{2}\int \frac{\mathrm{d}x}{(x-3/2)^2-(\sqrt{17}/2)^2} - 3\ln(x-1) + C$$
$$= \underline{3\ln\left(\frac{\sqrt{x^2-3x-2}}{x-1}\right) - \frac{19}{\sqrt{17}}\tanh^{-1}\left(\frac{2x-3}{\sqrt{17}}\right) + C}$$

多くの場合と同様に，この積分を求めるにはいくつかの操作が必要となる．まず部分分数に分解する．すなわち，分子の $3x+5$ を $3(2x-3)/2+19/2$ と書き換える．最初の部分はよく知っている積分となる．分母（x^2-3x-2）を平方完成し，最後に $\mathrm{d}/\mathrm{d}\theta[\tanh^{-1}(\theta/a)] = a/(a^2-\theta^2)$ の標準の結果を使う．また，$\tanh^{-1}(\theta/a)$ を $\ln[(a+\theta)/(a-\theta)]/2$ と書くことができる．なぜなら，分母を θ^2-a^2 と書いて，$(\theta-a)(\theta+a)$ として積分するとそうなる．ここで部分分数を使うと $\theta=(x-3/2)$，$a=\sqrt{17}/2$ となる．

[5.4] (1) $\displaystyle\int x\sin x\,\mathrm{d}x = -x\cos x + \int \cos x\mathrm{d}x = \underline{-x\cos x + \sin x + C}$

(2) $\displaystyle I = \int \sin x\, e^{-x}\mathrm{d}x$ とおくと

$$I = -e^{-x}\sin x + \int e^{-x}\cos x\,\mathrm{d}x = -e^{-x}\sin x - e^{-x}\cos x - \int e^{-x}\sin x\,\mathrm{d}x$$
$$\therefore\quad I = -(\sin x + \cos x)e^{-x} - I$$

したがって　$\displaystyle\underline{\int \sin x\, e^{-x}\mathrm{d}x = C - \frac{1}{2}(\sin x + \cos x)e^{-x}}$

[5.5]

$$
\begin{aligned}
I_n &= \int_0^{\pi/2} \sin^{n-1} x \sin x \,\mathrm{d}x (\text{なぜなら } n \geq 1) \\
&= \left[-\sin^{n-1} x \cos x\right]_0^{\pi/2} + (n-1)\int_0^{\pi/2} \sin^{n-2} x \cos^2 x \,\mathrm{d}x \\
&= 0 + (n-1)\int_0^{\pi/2} \sin^{n-2} x (1-\sin^2 x)\,\mathrm{d}x \\
&= (n-1)\left\{\int_0^{\pi/2} \sin^{n-2} x \,\mathrm{d}x - \int_0^{\pi/2} \sin^n x \,\mathrm{d}x\right\} \\
&= (n-1)(I_{n-2} - I_n)
\end{aligned}
$$

$$\therefore \quad \frac{I_n}{n-1} + I_n = I_{n-2}$$

すなわち　$\underline{n\,I_n = (n-1)\,I_{n-2}}$（なぜなら $n \geq 1$．また，$I_n = \dfrac{n-1}{n} I_{n-2}$）

$$\therefore \quad I_5 = \frac{4}{5} I_3 = \frac{4}{5}\frac{2}{3} I_1$$

ただし　$I_1 = \displaystyle\int_0^{\pi/2} \sin x \,\mathrm{d}x = [-\cos x]_0^{\pi/2} = 1$　　$\therefore \quad \underline{I_5 = \dfrac{8}{15}}$

$$I_8 = \frac{7}{8} I_6 = \frac{7}{8}\frac{5}{6} I_4 = \frac{7}{8}\frac{5}{6}\frac{3}{4}\frac{1}{2} I_0$$

ただし　$I_0 = \displaystyle\int_0^{\pi/2} \mathrm{d}x = [x]_0^{\pi/2} = \frac{\pi}{2}$　　$\therefore \quad \underline{I_8 = \dfrac{35\,\pi}{256}}$

[5.6]

$$
\begin{aligned}
\int_{-a}^{a} f(x)\,\mathrm{d}x &= \int_{-a}^{0} f(x)\,\mathrm{d}x + \int_0^a f(x)\,\mathrm{d}x = -\int_a^0 f(-u)\,\mathrm{d}u + \int_0^a f(x)\,\mathrm{d}x \quad (\text{ここで，} x = -u) \\
&= \int_a^0 f(u)\,\mathrm{d}u + \int_0^a f(x)\,\mathrm{d}x \quad (\text{ここで，} f(-u) = -f(u)) \\
&= -\int_0^a f(u)\,\mathrm{d}u + \int_0^a f(x)\,\mathrm{d}x = \underline{0}
\end{aligned}
$$

この例では，$-a$ から $+a$ への積分を二つの部分（正と負の x）に分けることから始めた．次に $u = -x(\mathrm{d}u = -\mathrm{d}x)$ と置き換え，被積分関数が反対称であるという事実を使って，積分範囲の順番を交換した．最終的に，片方は積分変数が x で他方は u の二つの同じ積分の差となった．積分の変数はダミー変数なので，結果は a だけの関数となり，x と u にはかかわらない．

もし，被積分関数が対称（$f(-x) = f(x)$）であれば，上の導入は以下のようになる．

$$\int_{-a}^{a} f(x)\,\mathrm{d}x = \int_0^a f(u)\,\mathrm{d}u + \int_0^a f(x)\,\mathrm{d}x = \underline{2\int_0^a f(x)\,\mathrm{d}x}$$

ちなみに，いかなる関数も対称（偶）関数と反対称（奇）関数の和として書くことができる．

$$f(x) = \underbrace{\frac{1}{2}[f(x) + f(-x)]}_{f_{\mathrm{even}}(x)} + \underbrace{\frac{1}{2}[f(x) - f(-x)]}_{f_{\mathrm{odd}}(x)}$$

6 章

[6.1] (1) $f(x) = \cos x$ とすると，

$$f(x) = \cos x, \quad f(0) = 1$$
$$f'(x) = -\sin(x), \quad f'(0) = 0$$
$$f''(x) = -\cos(x), \quad f''(0) = -1$$
$$f'''(x) = \sin(x), \quad f'''(0) = 0$$
$$f''''(x) = \cos(x), \quad f''''(0) = 1$$
$$f'''''(x) = -\sin(x), \quad f'''''(0) = 0$$
$$f''''''(x) = -\cos(x), \quad f''''''(0) = -1$$
$$f(x) \simeq f(0) + f'(0)x + \frac{1}{2!}f''(0)x^2 + \frac{1}{3!}f'''(0)x^3 + \frac{1}{4!}f''''(0)x^4 + \cdots$$
$$= \underline{1 - \frac{1}{2}x^2 + \frac{1}{24}x^4 - \frac{1}{720}x^6 + \cdots}$$

(2) $f(x) = e^x$ とすると，

$$f(x) = e^x, \quad f(0) = 1$$
$$f'(x) = e^x, \quad f'(0) = 1$$
$$f''(x) = e^x, \quad f''(0) = 1$$
$$f'''(x) = e^x, \quad f'''(0) = 1$$
$$f(x) \simeq f(0) + f'(0)x + \frac{1}{2!}f''(0)x^2 + \frac{1}{3!}f'''(0)x^3 + \frac{1}{4!}f''''(0)x^4 + \cdots$$
$$= \underline{1 + x + \frac{1}{2}x^2 + \frac{1}{6}x^3 + \frac{1}{24}x^4 + \frac{1}{120}x^5 + \frac{1}{720}x^6 \cdots}$$

(3) $f(x) = \sin x$ とおくと

$$f(x) = \sin x \qquad \therefore \quad f(\pi/6) = 1/2$$
$$f'(x) = \cos x \qquad \therefore \quad f'(\pi/6) = \sqrt{3}/2$$
$$f''(x) = -\sin x \qquad \therefore \quad f''(\pi/6) = -1/2$$
$$f'''(x) = -\cos x \qquad \therefore \quad f'''(\pi/6) = -\sqrt{3}/2$$
$$f''''(x) = \sin x \qquad \therefore \quad f''''(\pi/6) = 1/2$$

ただし　$f(x+a) = f(a) + xf'(a) + \dfrac{x^2}{2!}f''(a) + \dfrac{x^3}{3!}f'''(a) + \cdots$

$$\therefore \quad \underline{\sin\left(x+\frac{\pi}{6}\right) = \frac{1}{2} + \frac{\sqrt{3}}{2}x - \frac{1}{4}x^2 - \frac{\sqrt{3}}{12}x^3 + \frac{1}{48}x^4 + \cdots}$$

[6.2] $f(x) = x^n$ とおくと

$$f(x) = x^n \qquad \therefore \quad f(1) = 1$$
$$f'(x) = n\,x^{n-1} \qquad \therefore \quad f'(1) = n$$
$$f''(x) = n\,(n-1)\,x^{n-2} \qquad \therefore \quad f''(1) = n\,(n-1)$$
$$f'''(x) = n\,(n-1)\,(n-2)\,x^{n-3} \qquad \therefore \quad f'''(1) = n\,(n-1)\,(n-2)$$

ただし，$|x| < 1$ に対して

$$f(x+a) = f(a) + x\,f'(a) + \frac{x^2}{2!}\,f''(a) + \frac{x^3}{3!}\,f'''(a) + \cdots$$

$$\therefore \quad |x| < 1 \text{ に対して} \qquad \underline{(1+x)^n = 1 + n\,x + \frac{n\,(n-1)}{2}x^2 + \frac{n\,(n-1)\,(n-2)}{6}x^3 + \cdots}$$

$$n = \frac{1}{2} \quad \Longrightarrow \quad \sqrt{1+x} = 1 + \frac{1}{2}\,x - \frac{1}{8}\,x^2 + \frac{1}{16}\,x^3 - \frac{5}{128}\,x^4 + \cdots (|x| < 1 \text{ に対して})$$

$$\sqrt{8} = \sqrt{9-1} = 3\sqrt{1-1/9}$$

$$\therefore \quad \sqrt{8} = 3\left[1 + \frac{1}{2}\left(-\frac{1}{9}\right) - \frac{1}{8}\left(-\frac{1}{9}\right)^2 + \frac{1}{16}\left(-\frac{1}{9}\right)^3 - \frac{5}{128}\left(-\frac{1}{9}\right)^4 + \cdots\right]$$

$$= 3\left[1 - \frac{1}{18} - \frac{1}{648} - \frac{1}{11664} - \frac{5}{839808} - \cdots\right] = \underline{2.8284}(\text{小数点 4 桁まで})$$

$$\sqrt{17} = \sqrt{16+1} = 4\sqrt{1+1/16}$$

$$\therefore \quad \sqrt{17} = 4\left[1 + \frac{1}{2}\left(\frac{1}{16}\right) - \frac{1}{8}\left(\frac{1}{16}\right)^2 + \frac{1}{16}\left(\frac{1}{16}\right)^3 - \cdots\right]$$

$$= 4\left[1 + \frac{1}{32} - \frac{1}{2048} - \frac{1}{65536} + \cdots\right] = \underline{4.1231}(\text{小数点 4 桁まで})$$

二項展開は，$|x| \to 0$ に近づくにつれて急激に収束する．したがって，たとえば $\sqrt{1.0000001} = (1+10^{-7})^{1/2}$ の計算では，x^2 の項（-1.25×10^{-15}）を入れることは，たいていの電子計算機の精度よりもよくなる．しかし，もっと重要なのは，$\sqrt{a^2+b^2}$ で $a \gg b$ であれば，二項展開が最も精度がよいことである．

$$\sqrt{a^2+b^2} = a\left[1 + \left(\frac{b}{a}\right)^2\right]^{1/2} = a\left[1 + \frac{1}{2}\left(\frac{b}{a}\right)^2 - \frac{1}{8}\left(\frac{b}{a}\right)^4 + \frac{1}{16}\left(\frac{b}{a}\right)^6 - \cdots\right]$$

$|b/a| \ll 1$ であれば，この方法により（高性能コンピュータでも避けられない）「丸め誤差」を避けることができる．

[6.3] $f(x) = \ln x$ とおくと

$$f(x) = \ln x \qquad \therefore \quad f(1) = 0$$
$$f'(x) = x^{-1} \qquad \therefore \quad f'(1) = 1$$
$$f''(x) = -x^{-2} \qquad \therefore \quad f''(1) = -1$$
$$f'''(x) = 2\,x^{-3} \qquad \therefore \quad f'''(1) = 2$$
$$f''''(x) = -6\,x^{-4} \qquad \therefore \quad f''''(1) = -6$$
$$f'''''(x) = 24\,x^{-5} \qquad \therefore \quad f'''''(1) = 24$$

ただし　$f(x+a) = f(a) + x\,f'(a) + \dfrac{x^2}{2!} f''(a) + \dfrac{x^3}{3!} f'''(a) + \cdots$

したがって，$|x| < 1$ に対して　$\underline{\ln(1+x) = x - \dfrac{x^2}{2} + \dfrac{x^3}{3} - \dfrac{x^4}{4} + \dfrac{x^5}{5} - \cdots}$

もし，上でたとえば $x = -u$ とおくと，以下のようになる．

$|x| < 1$ に対して　$\underline{\ln(1-x) = -x - \dfrac{x^2}{2} - \dfrac{x^3}{3} - \dfrac{x^4}{4} - \dfrac{x^5}{5} - \cdots}$

$|x| < 1$ に対して　$\ln\left(\dfrac{1+x}{1-x}\right) = \ln(1+x) - \ln(1-x) = \underline{2\left(x + \dfrac{x^3}{3} + \dfrac{x^5}{5} + \cdots\right)}$

[6.4]　マクローリン展開は，テイラー展開の原点周り（$a = 0$）での展開の特別な例である．このことをいつもの系統的な方法で確かめる．2 カラムの表で，$f(x) = \cos^{-1} x$ とその微分を左のカラムに，$x = 0$ での値を右のカラムに書く．しかし，より計算が簡単なのは，$\cos^{-1} x$ を一度だけ微分し，それを二項展開して，項別に積分することである．$f(x) = \cos^{-1} x$ とおくと

$$f(x) = \cos^{-1} x \qquad \therefore \quad f'(x) = \frac{-1}{\sqrt{1-x^2}} = -(1-x^2)^{-1/2}$$
$$(x = \cos f, \mathrm{d}x/\mathrm{d}f = -\sin f = -(1-\cos^2 f)^{1/2})$$

ただし　$(1-x^2)^{-1/2} = 1 + \dfrac{1}{2}x^2 + \dfrac{3}{8}x^4 + \dfrac{5}{16}x^6 + \dfrac{35}{128}x^8 + \cdots$

$$f(x) = \int f'(x)\mathrm{d}x = C - x - \frac{1}{6}x^3 - \frac{3}{40}x^5 - \frac{5}{112}x^7 - \frac{35}{1152}x^9 - \cdots$$

ただし　$\cos^{-1}(0) = \dfrac{\pi}{2} \implies C = \dfrac{\pi}{2}$

$$\therefore \quad \underline{\cos^{-1} x = \frac{\pi}{2} - x - \frac{1}{6}x^3 - \frac{3}{40}x^5 - \frac{5}{112}x^7 - \cdots}$$

$\mathrm{d}/\mathrm{d}x(\cos^{-1} x) = -1\sqrt{1-x^2}$ ということと，マクローリン展開は $|x| < 1$，すなわち $0 \leq \cos^{-1} x \leq \pi$ でのみ有効であることを思い出さなくてはならない．

[6.5]　(1) $\displaystyle\lim_{x\to 0} \frac{\sin(a\,x)}{x} = \lim_{x\to 0} \frac{a\,x - a^3\,x^3/6 + \cdots}{x} = \lim_{x\to 0}\left(a - \frac{a^3}{6}x^2 + \cdots\right) = \underline{a}$

別解として，ロピタルの定理を使うこともできる．

$$\lim_{x\to 0}\frac{\sin(ax)}{x}=\lim_{x\to 0}\frac{a\cos(a\,x)}{1}=\underline{a}$$

(2) $\displaystyle \lim_{x\to 0}\frac{\cos x-1}{x}=\lim_{x\to 0}\frac{(1-x^2/2+x^4/24-\cdots)-1}{x}=\lim_{x\to 0}\left(-\frac{x}{2}+\frac{x^3}{24}+\cdots\right)=\underline{0}$

または　$\displaystyle \lim_{x\to 0}\frac{\cos x-1}{x}=\lim_{x\to 0}\frac{-\sin x}{1}$（ロピタルの定理）$=\underline{0}$

(3) $\displaystyle \lim_{x\to 0}\frac{2\cos x+x\sin x-2}{x^4}=\lim_{x\to 0}\frac{2(1-x^2/2+x^4/24-\cdots)+x(x-x^3/6+\cdots)-2}{x^4}$

$$=\lim_{x\to 0}\left[-\frac{1}{12}+O(x^2)\right]=\underline{-\frac{1}{12}}$$

$O(x^2)$ は x^2 の次数をもつことを意味する．すなわち，除いたのは x^2 の項と，2 より大きいべき乗をもつ項であることを示す．

次の別解もある．

$$\lim_{x\to 0}\frac{2\cos x+x\sin x-2}{x^4}=\lim_{x\to 0}\frac{-\sin x+x\cos x}{4\,x^3}\text{（ロピタルの定理）}$$

$$=\lim_{x\to 0}\frac{-x\sin x}{12\,x^2}\text{（ロピタルの定理）}=\lim_{x\to 0}\frac{-\sin x}{12\,x}=\lim_{x\to 0}\frac{-\cos x}{12}\text{（ロピタルの定理）}=\underline{-\frac{1}{12}}$$

[6.6]　$f(x)=x^3+3\,x^2+6\,x-3$ とおくと　　$f'(x)=3\,x^2+6\,x+6$

もし $f(x_n)\simeq 0$ なら，$f(x)=0$ のよりよい見積もり x_{n+1} は以下のように与えられる．

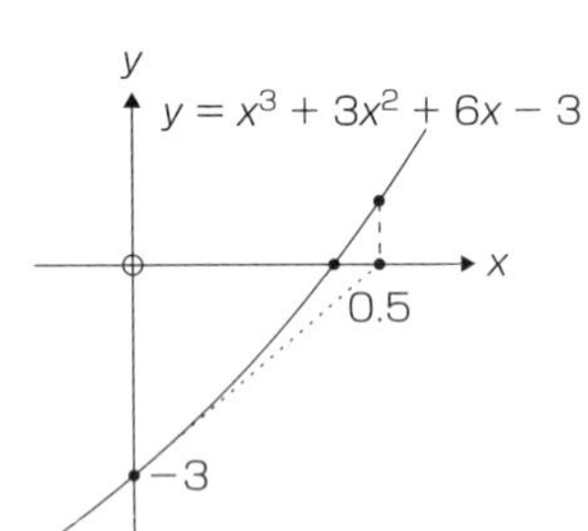

$$x_{n+1}=x_n-\frac{f(x_n)}{f'(x_n)}=x_n-\frac{x_n^3+3\,x_n^2+6\,x_n-3}{3\,x_n^2+6\,x_n+6}$$

$x_0=0$ とおくと　　$f(x_0)=-3.000$

$\therefore$　$x_1=0.5$ となり　　$f(x_1)=0.875$

$\therefore$　$x_2=0.4102564$ となり　　$f(x_2)=0.03552$

$\therefore$　$x_3=0.4062950$ となり　　$f(x_3)=0.00006633$

$\therefore$　$x_4=0.4062876$ となり　　$f(x_4)=0$

したがって，$x^3+3\,x^2+6\,x-3=0$ となるのは　　$\underline{x=0.40629}$（有効数字 5 桁）

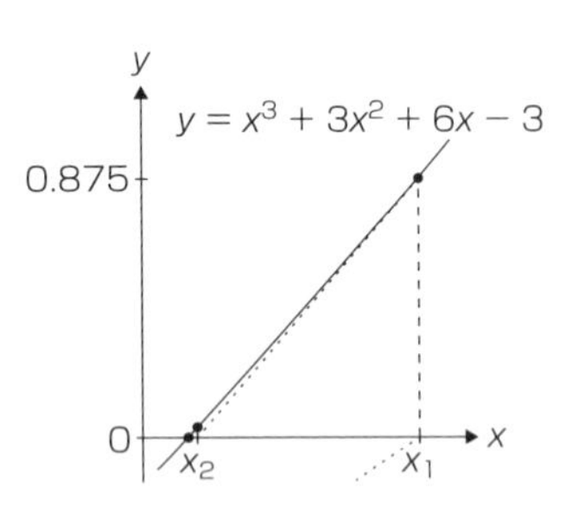

7 章

[7.1]　(1) 2　　(2) 3　　(3) $2-3\,i$　　(4) $6\,i$　　(5) 4　　(6) $-5+12\,i$　　(7) 13

[7.2]　(1) $u+v=2+1+i\,(3-1)=\underline{3+2\,i}$　　(2) $u-v=2-1+i\,(3+1)=\underline{1+4\,i}$

(3) $u\,v=(2+3\,i)(1-i)=2-2\,i+3\,i-3\,i^2=\underline{5+i}$（$i^2=-1$ を用いた）

(4) $\displaystyle \frac{u}{v}=\frac{2+3\,i}{1-i}=\frac{2+3\,i}{1-i}\,\frac{1+i}{1+i}=\frac{2+2\,i+3\,i+3\,i^2}{1+i-i-i^2}=\underline{\frac{-1+5\,i}{2}}$

(5) $\dfrac{v}{u} = \dfrac{1-i}{2+3\,i}\,\dfrac{2-3\,i}{2-3\,i} = \dfrac{2-3\,i-2\,i+3\,i^2}{4+9} = \underline{\dfrac{-1-5\,i}{13}}$

別解：$\dfrac{1}{u/v} = \dfrac{2}{-1+5\,i}\,\dfrac{-1-5\,i}{-1-5\,i} = \dfrac{2-10\,i}{1+25} = \underline{\dfrac{-1-5\,i}{13}}$

[7.3]　(1) $|u|^2 = u\,u^* = (2+3\,i)(2-3\,i) = 4+9 \quad \therefore \quad \underline{|u| = \sqrt{13}}$

(2) $|v|^2 = v\,v^* = (1-i)(1+i) = 1+1 \quad \therefore \quad \underline{|v| = \sqrt{2}}$

(3) $|u\,v|^2 = (u\,v)(u\,v)^* = (5+i)(5-i) = 25+1 \quad \therefore \quad \underline{|u\,v| = \sqrt{26}}$

この結果から，積の絶対値は絶対値の積に等しいという一般的な結果が確かめられたことになる．これは，どんな u や v に対しても，$(u\,v)^* = u^*\,v^*$ であるから，$|u\,v|^2 = u\,u^*\,v\,v^* = |u|^2\,|v|^2$ となることからもわかる．

(4) $\left|\dfrac{u}{v}\right|^2 = \left(\dfrac{u}{v}\right)\left(\dfrac{u}{v}\right)^* = \left(\dfrac{-1+5\,i}{2}\right)\left(\dfrac{-1-5i}{2}\right) = \dfrac{1+25}{4} \quad \therefore \quad \underline{\left|\dfrac{u}{v}\right| = \sqrt{\dfrac{13}{2}}}$

この結果から，商の絶対値は絶対値の比になるという一般的な結果が確かめられたことになる．これは，どんな u や v に対しても $(u/v)^* = u^*/v^*$ となる事実を使えば証明できる．

(5) $\left|\dfrac{v}{u}\right|^2 = \left(\dfrac{v}{u}\right)\left(\dfrac{v}{u}\right)^* = \left(\dfrac{-1-5\,i}{13}\right)\left(\dfrac{-1+5\,i}{13}\right) = \dfrac{1+25}{169} \quad \therefore \quad \underline{\left|\dfrac{v}{u}\right| = \sqrt{\dfrac{2}{13}}}$

このことから，どんな複素数でも，$|1/z| = 1/|z|$ であるという性質が確かめられた．あるいは，$|v/u| = 1/|u/v|$ の特別な場合であるともいえる．

[7.4]　(1) (1,0)　(2) $(\sqrt{2}, \pi/4)$　(3) $(1, \pi/2)$　(4) $(\sqrt{2}, 3\,\pi/4)$
　(5) $(1, \pi)$　(6) $(\sqrt{2}, -\pi/4)$　(7) $(1, -\pi/2)$　(8) $(\sqrt{2}, -3\,\pi/4)$　(図は略)

[7.5]　$z = 1 + i\sqrt{3} = 2\,e^{i\,\pi/3}$

すなわち，z は 2 の絶対値あるいは振幅をもち，60° の偏角あるいは位相をもつ．

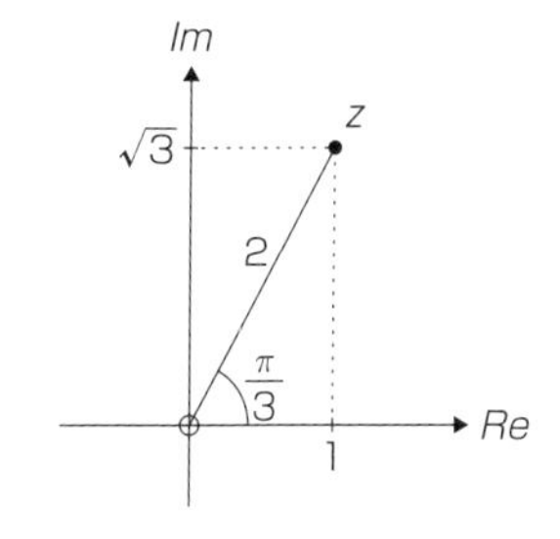

$$\therefore \quad z^* = 2\,c^{-i\,\pi/3} \quad \text{および} \quad z^2 = 4\,e^{i\,2\,\pi/3} \quad \text{および} \quad z^3 = 8\,e^{i\,\pi} = -8$$

よって　$i\,z = e^{i\,\pi/2}\,2\,e^{i\,\pi/3} = 2\,e^{i(\pi/3+\pi/2)} = 2\,e^{i\,5\,\pi/6}$

および　$\dfrac{1}{z} = \dfrac{1}{2}\,e^{-i\,\pi/3}$

[7.6]　$a\,z^2 + b\,z + c = 0$ の解は，$z = \dfrac{-b \pm \sqrt{b^2 - 4\,a\,c}}{2\,a}$ である．

$z^2 - z + 1 = 0 \quad \Rightarrow \quad a = 1,\ b = -1,\ c = 1$　なので

$$z = \frac{1 \pm \sqrt{1-4}}{2} = \underline{\frac{1 \pm i\sqrt{3}}{2}}$$

[7.7]　(1) $z^5 = 1 = e^{i\,2\,\pi\,n}$（ただし，$n = 0, \pm1, \pm2, \pm3, \cdots$）

$$\therefore \quad \underline{z = e^{i\,2\,\pi\,n/5}}（ここで，n = 0, 1, 2, 3, 4）$$

この結果はいかなる整数 n に対しても成り立つが，五つの解を示せば十分である．他の選択としては，$n =$

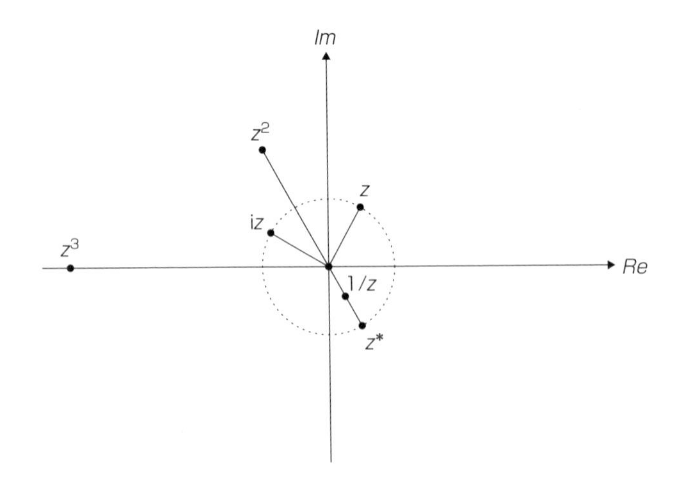

$0, \pm 1, \pm 2$ とすることもできる．五つの解が現れるのは予想されたことである．というのは，n 次の多項式は n 個の根をもつからである．演習問題 7.6 のように，解は実であるか，複素共役の対であるかのいずれかである．

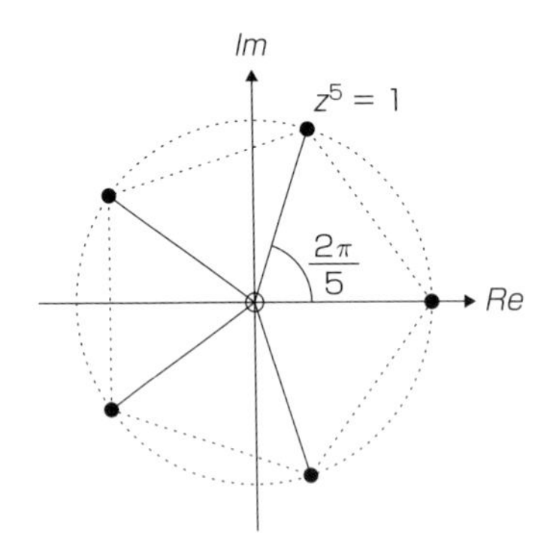

(2) $z^5 = 1 + i = \sqrt{2}\, e^{i(\pi/4 + 2\pi n)}$（ただし，$n = 0, \pm 1, \pm 2, \pm 3, \cdots$）

$$\therefore \quad z = 2^{1/10}\, e^{i(\pi/4 + 2\pi n)/5} = \underline{2^{1/10}\, e^{i\pi(1+8n)/20}}$$（ただし，$n = 0$，1，2，3，4）

(3) $(z+1)^5 = 1 = e^{i 2\pi n}$（ここで，$n$ は整数である）

$$\therefore \quad z + 1 = e^{i 2\pi n/5}$$

よって　$\underline{z = e^{i 2\pi n/5} - 1}$（ただし，$n = 0, \pm 1, \pm 2$）

(4) $\left(\dfrac{z+1}{z}\right)^5 = 1 = e^{i 2\pi n}$（ここで，$n$ は整数である）

$$\therefore \quad z + 1 = z e^{i 2\pi n/5} \qquad z(e^{i 2\pi n/5} - 1) = 1$$

すなわち　$\underline{z = \dfrac{1}{e^{i 2\pi n/5} - 1}}$（ただし，$n = 1, 2, 3, 4$）

〔$(e^{i\,2\,\pi\,n/5}-1)(e^{-i\,2\,\pi\,n/5}-1)=2[1-\cos(2\,\pi\,n/5)]$〕
これは，五次の多項式が四つだけの根をもつという興味深いケースである．$n=0$ は分母 $e^{i\,2\,\pi\,n/5}-1$ がゼロになるので許されない．2 行上での式でも，$n=0$ の場合は $z+1=z$ となり，$1=0!$ という矛盾する結果が導かれる．このパラドックスは，$(z+1)^5$ の二項展開で $(z+1)^5=z^5$ の式を置き換え，それを四次の多項式 $5\,z^4+10\,z^3+10\,z^2+5\,z+1=0$ にすると容易に解決できる．z の実数部と虚数部は式の分子と分母に分母の複素共役を掛ける普通の方法で求まる．

[7.8] $e^{i(A+B)}=e^{i\,A}\,e^{i\,B}$ および $e^{i\,\theta}=\cos\theta+i\sin\theta$ を用いる．

$$\begin{aligned}\cos(A+B)+i\sin(A+B)&=(\cos A+i\sin A)(\cos B+i\sin B)\\&=\cos A\cos B-\sin A\sin B+i(\sin A\cos B+\cos A\sin B)\end{aligned}$$

実数部を比較すると $\Longrightarrow$ $\underline{\cos(A+B)=\cos A\cos B-\sin A\sin B}$
虚数部を比較すると $\Longrightarrow$ $\underline{\sin(A+B)=\sin A\cos B+\cos A\sin B}$

[7.9]
$$\begin{aligned}\cos 4\,\theta+i\sin 4\,\theta&=(\cos\theta+i\sin\theta)^4\\&=\cos^4\theta+4\,i\cos^3\theta\sin\theta+6\,i^2\cos^2\theta\sin^2\theta+4\,i^3\cos\theta\sin^3\theta+i^4\sin^4\theta\\&=\cos^4\theta-6\cos^2\theta\sin^2\theta+\sin^4\theta+i[4\cos^3\theta\sin\theta-4\cos\theta\sin^3\theta]\end{aligned}$$

実数部を比較すると $\Longrightarrow$ $\underline{\cos 4\,\theta=\cos^4\theta-6\cos^2\theta\sin^2\theta+\sin^4\theta}$
虚数部を比較すると $\Longrightarrow$ $\underline{\sin 4\,\theta=4\cos^3\theta\sin\theta-4\cos\theta\sin^3\theta}$
ドモアブルの定理を使ったこの解析は，$\sin 2\,\theta$ と $\cos\theta$ の倍角の公式を繰り返し使う方法よりも簡単である．

[7.10]
$$\begin{aligned}\cos^6\theta&=\left(\frac{e^{i\,\theta}+e^{-i\,\theta}}{2}\right)^6\\&=\frac{e^{i\,6\,\theta}+6\,e^{i\,4\,\theta}+15\,e^{i\,2\,\theta}+20+15\,e^{-i\,2\,\theta}+6\,e^{-i\,4\,\theta}+e^{-i\,6\,\theta}}{2^6}\\&=\frac{1}{32}\left[\frac{e^{i\,6\,\theta}+e^{-i\,6\,\theta}}{2}+6\,\frac{e^{i\,4\,\theta}+e^{-i\,4\,\theta}}{2}+15\,\frac{e^{i\,2\,\theta}+e^{-i\,2\,\theta}}{2}+\frac{20}{2}\right]\\&=\underline{\frac{1}{32}\,(\cos 6\,\theta+6\cos 4\,\theta+15\cos 2\,\theta+10)}\end{aligned}$$

[7.11] $\sinh\theta=\dfrac{e^{\theta}-e^{-\theta}}{2}$ および $\cosh\theta=\dfrac{e^{\theta}+e^{-\theta}}{2}$ を用いる．

$$\begin{aligned}&\sinh x\,\cosh y+\cosh x\,\sinh y=\left(\frac{e^x-e^{-x}}{2}\right)\left(\frac{e^y+e^{-y}}{2}\right)+\left(\frac{e^x+e^{-x}}{2}\right)\left(\frac{e^y-e^{-y}}{2}\right)\\&=\frac{e^{x+y}+e^{x-y}-e^{-x+y}-e^{-x-y}+e^{x+y}-e^{x-y}+e^{-x+y}-e^{-x-y}}{4}\\&=\frac{e^{x+y}-e^{-(x+y)}}{2}=\underline{\sinh(x+y)}\end{aligned}$$

$$\cosh(x+y) = \frac{e^{x+y}+e^{-(x+y)}}{2}$$
$$= \frac{2\,e^{x+y}+2\,e^{-(x+y)}+e^{-x+y}-e^{-x+y}+e^{x-y}-e^{x-y}}{4}$$
$$= \frac{e^{x+y}+e^{x-y}+e^{-x+y}+e^{-x-y}}{4}+\frac{e^{x+y}-e^{x-y}-e^{-x+y}+e^{-x-y}}{4}$$
$$= \frac{e^{x}+e^{-x}}{2}\,\frac{e^{y}+e^{-y}}{2}+\frac{e^{x}-e^{-x}}{2}\,\frac{e^{y}-e^{-y}}{2} = \underline{\cosh x\,\cosh y+\sinh x\,\sinh y}$$

[7.12] (1) $$\sum_{k=0}^{\infty}\frac{\cos k\,\theta}{k!} = \sum_{k=0}^{\infty}\frac{\mathrm{Re}\left\{e^{i\,k\,\theta}\right\}}{k!} = \sum_{k=0}^{\infty}\mathrm{Re}\left\{\frac{e^{i\,k\,\theta}}{k!}\right\} = \mathrm{Re}\left\{\sum_{k=0}^{\infty}\frac{(e^{i\,\theta})^k}{k!}\right\}$$

ただし $$\sum_{k=0}^{\infty}\frac{\Phi^k}{k!} = 1+\Phi+\frac{\Phi^2}{2!}+\frac{\Phi^3}{3!}+\cdots = \exp(\Phi)$$

$$\therefore\quad \sum_{k=0}^{\infty}\frac{\cos k\,\theta}{k!} = \mathrm{Re}\left\{\exp(e^{i\,\theta})\right\} = \mathrm{Re}\left\{\exp(\cos\theta+i\sin\theta)\right\} = \mathrm{Re}\left\{e^{\cos\theta}\,e^{i\sin\theta}\right\}$$

したがって $$\sum_{k=0}^{\infty}\frac{\cos k\,\theta}{k!} = \mathrm{Re}\left\{e^{\cos\theta}[\cos(\sin\theta)+i\sin(\sin\theta)]\right\} = \underline{e^{\cos\theta}\cos(\sin\theta)}$$

$k=0$ から ∞ への $\sin k\,\theta/k!$ の和は，最後の式から，$e^{\cos\theta}\sin(\sin\theta)$ と書かれることがわかる．なぜなら，$\mathrm{Re}\{\}$ を $\mathrm{Im}\{\}$ に置き換える以外は同じだからである．

(2) $$\int e^{ax}\sin(b\,x)\,\mathrm{d}x = \int e^{a\,x}\,\mathrm{Im}\{e^{i\,b\,x}\}\mathrm{d}x = \int \mathrm{Im}\{e^{a\,x}\,e^{i\,b\,x}\}\,\mathrm{d}x = \mathrm{Im}\left\{\int e^{(a+i\,b)\,x}\,\mathrm{d}x\right\}$$
$$= \mathrm{Im}\left\{\frac{e^{(a+i\,b)x}}{a+i\,b}+C\right\}$$

ただし $$\frac{1}{a+i\,b} = \frac{1}{a+i\,b}\,\frac{a-i\,b}{a-i\,b} = \frac{a-i\,b}{a^2+b^2}$$

$$\therefore\quad \int e^{a\,x}\sin(b\,x)\,\mathrm{d}x = \mathrm{Im}\left\{\frac{e^{a\,x}}{a^2+b^2}(a-i\,b)(\cos(b\,x)+i\sin(b\,x))+C\right\}$$
$$= \underline{\frac{e^{a\,x}}{a^2+b^2}[a\sin(b\,x)-b\cos(b\,x)]+K}$$

ここでも，$e^{a\,x}\cos(b\,x)$ の積分は，下から 2 行目の $\mathrm{Im}\{\}$ を $\mathrm{Re}\{\}$ に置き換えればよい．そうすれば一つの手間（計算）で二つの積分を求められる．部分積分を 2 回行ってこの積分を求めることもできるが，複素数の定式化に，簡単な指数関数の積分をするのと同じぐらいの労力が必要である．定数 a と b は暗に実数であると仮定している．K は実数でなくてはならない．

8章

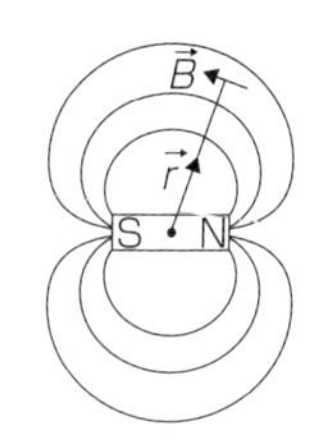

[8.1] (1) 温度は常に<u>スカラー</u>量である．なぜなら温度の方向について語るのはなんの意味もないからである．しかし，温度はベクトル量である位置とともに変化する．たとえば，立方体の金属で一方の頂点が加熱され，その反対の頂点が冷やされると，温度分布 $T(\vec{r})$ が生じ，それは位置ベクトル $\vec{r}$ の「スカラー関数」である．

(2) 磁場は<u>ベクトル</u>量である．ある地点での方向（方角）を知るために，コンパス（磁針）が使われてきた．一般に，それは位置の「ベクトル関数」で $\vec{B}(\vec{r})$ と書かれる．棒磁石周りの磁場で示されるように，たいてい磁場は方向と大きさをもつ位置ベクトル $\vec{r}$ となっている．

(3,4) 加速度は速度の時間変化率であり，速度は位置の時間変化率である．よって，位置がベクトル $\vec{r}$ で表されるとすると，速度は $\vec{v}=\mathrm{d}\vec{r}/\mathrm{d}t$，加速度は $\vec{a}=\mathrm{d}\vec{v}/\mathrm{d}t$ となり，これは<u>ベクトル</u>量である（$\vec{a}=\dfrac{\mathrm{d}}{\mathrm{d}t}\vec{v}=\dfrac{\mathrm{d}}{\mathrm{d}t}\dfrac{\mathrm{d}}{\mathrm{d}t}\vec{r}=\ddot{\vec{r}}$）．「ニュートンの運動の第二法則」によると，力 $\vec{F}$ は運動量の時間変化に等しい．すなわち，運動量は（スカラーである）質量 m と（ベクトルである）速度 $\dot{\vec{r}}$ の積で定義される．物体の質量は定数なので，第二法則は学校の物理学でおなじみの「$\vec{F}=m\vec{a}$」となり，力 $\vec{F}$ と加速度 $\vec{a}$ は<u>ベクトル</u>量である（$\vec{F}=\dfrac{\mathrm{d}}{\mathrm{d}t}(m\vec{v})=m\dfrac{\mathrm{d}}{\mathrm{d}t}\vec{v}=m\vec{a}$）．

(5) 分子量は<u>スカラー</u>量である，なぜなら分子を構成する原子の原子量の和だからである．原子量は，${}^{12}_{6}\mathrm{C}$ の質量（スカラー量）の 1/12 との比で定義されている．科学の他の分野では，「重さ」はベクトル量としてとらえられている．たとえば，質量 m をもつある女性の重さは，風呂場での体重計にかかる力である．ニュートンの法則によれば力は $m\vec{g}$ で与えられ，$\vec{g}$ は重力によるベクトル加速度であり，重力は地球の中心に向かっている．

(6) 少々驚くことに，面積は<u>ベクトル</u>量とみなすことができる．たとえば，平らな長方形のテーブルの辺の長さを a，b としよう．すると面積は，大きさ ab で，a から b に回転させたときに右ねじが進む表面に垂直な方向で定義される（訳注：右ねじはねじを右に回すと進む）．もっとも，たいていの表面は非常に複雑なので，微少表面積をもつ平面に分けて考え，全表面積は全体を構成するこれら部分のベクトル和として得られる（$\vec{s}=\int\mathrm{d}\vec{s}$）．

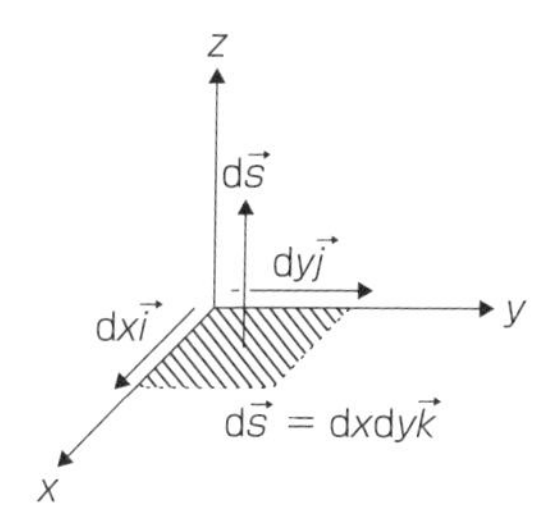

[8.2] (1) $\vec{a}+\vec{b}-\vec{c}-\vec{d}=(1+2-1-5, 2+0-1-2, 3+1-1-5)=\underline{(-3,-1,-2)}$

(2)
$$
\begin{aligned}
2\vec{a}-3\vec{b}-5\vec{c}+\vec{d}/2 &= (2(1)-3(2)-5(1)+5/2,\ 2(2)-3(0)-5(1)+2/2,\\
&\qquad 2(3)-3(1)-5(1)+5/2)\\
&= \underline{(-13/2, 0, 1/2)}
\end{aligned}
$$

(3) $\vec{\mathrm{BC}}$ の中点 $=\vec{b}+\dfrac{1}{2}(\vec{c}-\vec{b})=\dfrac{1}{2}(\vec{b}+\vec{c})=\underline{\dfrac{1}{2}(3,1,2)}$

$\vec{\mathrm{AD}}$ の中点 $=\dfrac{1}{2}(\vec{a}+\vec{d})=\dfrac{1}{2}(6,4,8)=\underline{(3,2,4)}$

[8.3] (1) 点 A を通り，そこから任意のスカラー長 λ だけ $\vec{\mathrm{AC}}=\vec{c}-\vec{a}$ 方向に移動すると考える．すると以下のようになる．

$$\vec{r} = \vec{a} + \lambda(\vec{c} - \vec{a}) = (1,2,3) + \lambda(1-1, 1-2, 1-3) = \underline{(1,2,3) - \lambda(0,1,2)}$$

(2) $\vec{\mathrm{AB}}$ の中点は $\quad \vec{e} = \dfrac{1}{2}(\vec{a} + \vec{b}) = \dfrac{1}{2}(3,2,4)$

$\vec{\mathrm{CD}}$ の中点は $\quad \vec{f} = \dfrac{1}{2}(\vec{c} + \vec{d}) = \dfrac{1}{2}(6,3,6)$

よって，直線の方程式は $\quad \vec{r} = \vec{e} + \lambda(\vec{f} - \vec{e}) = \underline{\dfrac{1}{2}(3,2,4) + \dfrac{\lambda}{2}(3,1,2)}$

(3) $\vec{r} = \vec{a} + \lambda\vec{b} \quad \Rightarrow \quad (x,y,z) = (1+2\lambda, 2, 3+\lambda)$

$$\therefore \quad \lambda = \underline{\frac{x-1}{2} = z-3, y=2}$$

$\vec{r} = \vec{c} + \lambda\vec{d} \quad \Rightarrow \quad (x,y,z) = (1+5\lambda, 1+2\lambda, 1+5\lambda)$

$$\therefore \quad \lambda = \underline{\frac{x-1}{5} = \frac{y-1}{2} = \frac{z-1}{5}}$$

[8.4] (1) $\vec{a}\cdot\vec{b} = (1,2,3)\cdot(2,0,1) = 1\times2 + 2\times0 + 3\times1 = \underline{5}$

$\vec{a}\cdot\vec{c} = (1,2,3)\cdot(1,1,1) = 1\times1 + 2\times1 + 3\times1 = \underline{6}$

$\vec{a}\cdot\vec{d} = (1,2,3)\cdot(5,2,5) = 1\times5 + 2\times2 + 3\times5 = \underline{24}$

(2) $\cos(\angle\mathrm{BOC}) = \dfrac{\vec{b}\cdot\vec{c}}{|\vec{b}||\vec{c}|} = \dfrac{2\times1 + 0\times1 + 1\times1}{\sqrt{2^2+1^2}\sqrt{1^2+1^2+1^2}} = \dfrac{3}{\sqrt{5}\sqrt{3}}$

$$\therefore \quad \angle\mathrm{BOC} = \cos^{-1}\sqrt{3/5} = \underline{39.2^\circ}$$

$$\angle\mathrm{COD} = \cos^{-1}\left(\frac{\vec{c}\cdot\vec{d}}{|\vec{c}||\vec{d}|}\right) = \cos^{-1}\left(\frac{12}{\sqrt{3}\sqrt{54}}\right) = \cos^{-1}\sqrt{8/9} = \underline{19.5^\circ}$$

(3) $(\vec{a}\cdot\vec{c})\vec{b} = 6(2,0,1) = \underline{(12,0,6)}$

$(\vec{a}\cdot\vec{b})\vec{c} = \underline{(5,5,5)}$

$(\vec{a}\cdot\vec{c})\vec{b}$ はベクトルだが，$\vec{b}$ の前の係数「$\vec{a}\cdot\vec{c}$」はスカラーであることは意識しておこう．

[8.5] $x-y$ 平面（$z=0$）内にある二つのベクトル $\vec{v}_\mathrm{A}$ と $\vec{v}_\mathrm{B}$ を考える．x 軸とそれぞれのベクトルの角度を A，B とすると

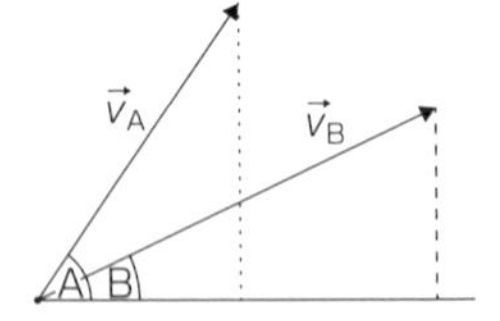

$$\vec{v}_\mathrm{A} = |\vec{v}_\mathrm{A}|(\cos A, \sin A, 0) \quad \text{および} \quad \vec{v}_\mathrm{B} = |\vec{v}_\mathrm{B}|(\cos B, \sin B, 0)$$

$$\therefore \quad \vec{v}_\mathrm{A}\cdot\vec{v}_\mathrm{B} = |\vec{v}_\mathrm{A}||\vec{v}_\mathrm{B}|\cos(A-B)$$

よって $\quad \vec{v}_\mathrm{A}\cdot\vec{v}_\mathrm{B} = |\vec{v}_\mathrm{A}||\vec{v}_\mathrm{B}|(\cos A\cos B + \sin A\sin B + 0)$

したがって $\quad \underline{\cos(A-B) = \cos A\cos B + \sin A\sin B}$

$B = -C$ とすると，$\sin(-\theta) = -\sin\theta$ だから

$$\underline{\cos(A+C) = \cos A\cos C - \sin A\sin C}$$

[8.6] (1)（訳注：次の章で出てくる行列式のかたちで考えるとわかりやすい）．

$$\vec{a}\times\vec{b}=(1,2,3)\times(2,0,1)$$
$$=(2\times1-3\times0,3\times2-1\times1,1\times0-2\times2)=\underline{(2,5,-4)}$$
$$\vec{a}\times\vec{c}=(1,2,3)\times(1,1,1)$$
$$=(2\times1-3\times1,3\times1-1\times1,1\times1-2\times1)=\underline{(-1,2,-1)}$$
$$\vec{a}\times\vec{d}=(1,2,3)\times(5,2,5)$$
$$=(2\times5-3\times2,3\times5-1\times5,1\times2-2\times5)=\underline{(4,10,-8)}$$

(2) $\sin(\angle\mathrm{BOC})=\dfrac{|\vec{b}\times\vec{c}|}{|\vec{b}||\vec{c}|}=\dfrac{|(-1,-1,2)|}{\sqrt{2^2+1^2}\sqrt{1^2+1^2+1^2}}=\dfrac{\sqrt{6}}{\sqrt{5}\sqrt{3}}$

$\therefore\quad \angle\mathrm{BOC}=\sin^{-1}\sqrt{2/5}=\underline{39.2}^\circ$　（演習問題 8.2 と同じ）

$$\angle\mathrm{COD}=\sin^{-1}\left(\frac{|\vec{c}\times\vec{d}|}{|\vec{c}||\vec{d}|}\right)=\sin^{-1}\left(\frac{\sqrt{18}}{\sqrt{3}\sqrt{54}}\right)=\sin^{-1}(1/3)=\underline{19.5}^\circ$$

(3) あるベクトルとそれ自身とのベクトル積（たとえば $\vec{b}\times\vec{b}$）は常にゼロなので，式 $\vec{r}=\vec{a}+\lambda\vec{b}$ の両辺に $\vec{b}$ とのベクトル積を作用させることにより，λ がない形を作れる．

$$\vec{r}\times\vec{b}=\vec{a}\times\vec{b}+\lambda\vec{b}\times\vec{b}=\vec{a}\times\vec{b}\quad\Rightarrow\quad\underline{\vec{r}\times(2,0,1)=(2,5,-4)}$$

同様に　$\vec{r}\times\vec{d}=\vec{c}\times\vec{d}\quad\Rightarrow\quad\underline{\vec{r}\times(5,2,5)=(3,0,-3)}$

[8.7] 三つのベクトル $\vec{a}$, $\vec{b}$, $\vec{c}$ で形成される三角形を考える．すなわち，$\vec{c}=\vec{a}+\vec{b}$ となる．

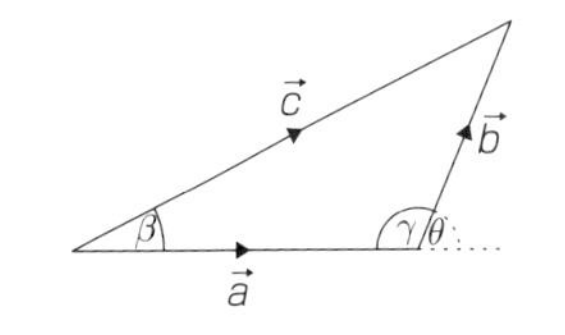

$\therefore\quad \vec{a}\times\vec{c}=\vec{a}\times(\vec{a}+\vec{b})=\vec{a}\times\vec{a}+\vec{a}\times\vec{b}=\vec{a}\times\vec{b}$(なぜなら $\vec{a}\times\vec{a}=\vec{b}\times\vec{b}=0$)

β を $\vec{a}$ と $\vec{c}$ の間の角度，θ を β の外角と定義すると

$$\left.\begin{aligned}\vec{a}\times\vec{b}&=|\vec{a}||\vec{b}|\sin\theta\\ \vec{a}\times\vec{b}=\vec{a}\times\vec{c}&=|\vec{a}||\vec{c}|\sin\beta\end{aligned}\right\}\quad\therefore\quad|\vec{b}|\sin\theta=|\vec{c}|\sin\beta$$

$\vec{c}$ の反対側の角度を γ とすると，γ と θ の角度の和は π ラジアン（180°）となる．したがって，$\sin\gamma=\sin(\pi-\theta)=\sin\theta$ である．すなわち　$\underline{\dfrac{|\vec{b}|}{\sin\beta}=\dfrac{|\vec{c}|}{\sin\gamma}}$

同様に　$\vec{b}\times\vec{c}\quad\Rightarrow\quad\underline{\dfrac{|\vec{a}|}{\sin\alpha}=\dfrac{|\vec{c}|}{\sin\gamma}}$

[8.8] (1) $\vec{a}\cdot(\vec{b}\times\vec{c})=(1,2,3)\cdot[(2,0,1)\times(1,1,1)]=(1,2,3)\cdot(-1,-1,2)=\underline{3}$

$$\vec{a}\cdot(\vec{c}\times\vec{d})=(1,2,3)\cdot[(1,1,1)\times(5,2,5)]=(1,2,3)\cdot(3,0,-3)=\underline{-6}$$
$$\vec{a}\cdot(\vec{b}\times\vec{d})=(1,2,3)\cdot[(2,0,1)\times(5,2,5)]=(1,2,3)\cdot(-2,-5,4)=\underline{0}$$

(2) ある三つのベクトルのスカラー三重積がゼロとなるとき，これらの三つのベクトルで作られる平行六面体の体積はゼロである．三つのベクトルが同じ平面内にあるか一つの線上にあるときに，このことは起こる．

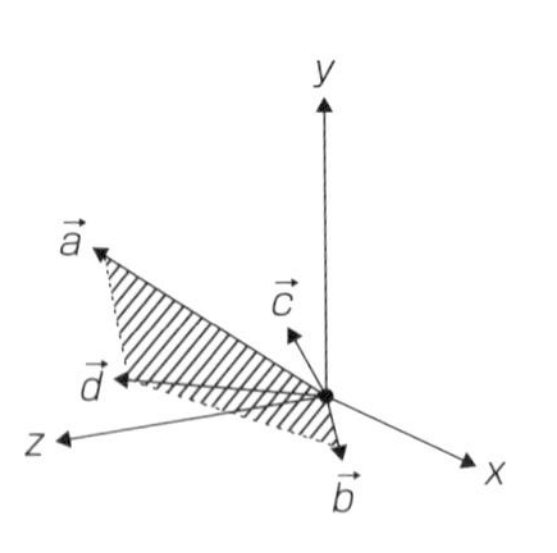

すなわち，$\vec{a}\cdot(\vec{b}\times\vec{d})=0$ は，$\vec{a}$，$\vec{b}$，$\vec{d}$ が同一平面にあることを示す．
この平面に垂直な $\vec{n}$ を見つけるために，同一平面ベクトルのうちの二つのベクトル積，たとえば $\vec{a}\times\vec{b}$ を考える．

$$\vec{n}=\vec{a}\times\vec{b}=(2,5,-4)$$

よって，平面の式は　　$\vec{r}\cdot(2,5,-4)=d$
ここで，$\vec{r}$ は平面内の点で，d は（スカラーの）定数である．それゆえ，たとえば $\vec{r}=\vec{a}$ とすると，$d=(1,2,3)\cdot(2,5,-4)=0$ となる．
ゆえに　　$\underline{\vec{r}\cdot(2,5,-4)=0}$
すなわち　　$(x,y,z)\cdot(2,5,-4)=\underline{2x+5y-4z=0}$

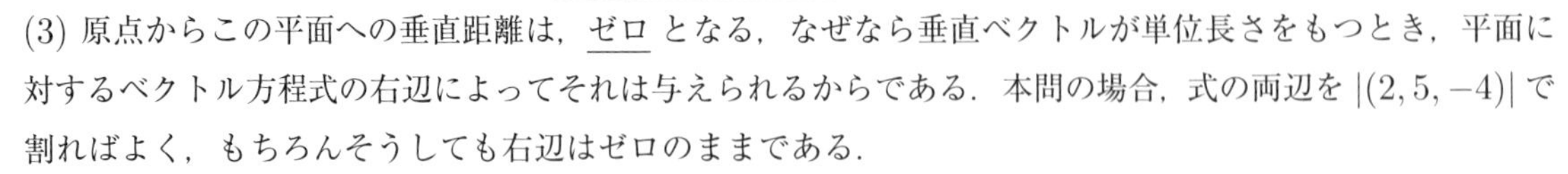
(3) 原点からこの平面への垂直距離は，<u>ゼロ</u> となる，なぜなら垂直ベクトルが単位長さをもつとき，平面に対するベクトル方程式の右辺によってそれは与えられるからである．本問の場合，式の両辺を $|(2,5,-4)|$ で割ればよく，もちろんそうしても右辺はゼロのままである．

[8.9]　$(1,2,4)\cdot[(2,0,-3)\times(-4,4,17)]=(1,2,4)\cdot(12,-22,8)=\underline{0}$
これら三つのベクトルのスカラー三重積はゼロであり，これらは同一平面にあるか一直線上に並んでいるということを示している．このような場合，三つのベクトルは線形従属で，線形独立では <u>ない</u>．三つのベクトルは，お互いに単純なスカラー倍ではないので，すなわち平行でもない．それゆえ，三つは同一平面にあり，三つ目のベクトルは，他の二つのベクトルの「線形結合」で表すことが <u>できる</u>．

$$(-4,4,17)=\alpha(1,2,4)+\beta(2,0,-3)$$

ここで α，β は定数である．これらの係数は式の両辺について，$(2,0,-3)$ に垂直である $(3,0,2)$ との内積をとれば得られる．

$$(-4,4,17)\cdot(3,0,2)=\alpha(1,2,4)\cdot(3,0,2)+\beta(2,0,-3)\cdot(3,0,2)$$

$$\therefore\quad 22=11\alpha+0\quad\Rightarrow\quad\alpha=2$$

$\alpha=2$ を代入し，x（または z）成分を比較すると，$\beta=-3$ となる．
　すなわち　　$\underline{(-4,4,17)=2(1,2,4)-3(2,0,-3)}$

[8.10]　$\vec{a}\times(\vec{b}\times\vec{c})=(1,2,3)\times[(2,0,1)\times(1,1,1)]=(1,2,3)\times(-1,-1,2)=\underline{(7,-5,1)}$
　$(\vec{a}\cdot\vec{c})\vec{b}-(\vec{a}\cdot\vec{b})\vec{c}=6(2,0,1)-5(1,1,1)=\underline{(7,-5,1)}$
ゆえに，「ABACAB」の等式が満たされる　　$\underbrace{\vec{a}\times(\vec{b}}_{AB}\times\vec{c})=\underbrace{(\vec{a}\cdot\vec{c})}_{AC}\vec{b}-\underbrace{(\vec{a}\cdot\vec{b})}_{AB}\vec{c}$

[8.11]　$\vec{a}$，$\vec{b}$，$\vec{c}$ と $\vec{a'}$，$\vec{b'}$，$\vec{c'}$ の内積をそれぞれとると，$[\vec{a},\vec{b},\vec{c}]=\vec{a}\cdot(\vec{b}\times\vec{c})=\vec{b}\cdot(\vec{c}\times\vec{a})=\vec{c}\cdot(\vec{a}\times\vec{b})=s$ より

$$\vec{a}\cdot\vec{a'}=\vec{a}\cdot(\vec{b}\times\vec{c})/s=s/s=1$$

$$\vec{b}\cdot\vec{b'}=\vec{b}\cdot(\vec{c}\times\vec{a})/s=s/s=1$$

$$\vec{c}\cdot\vec{c'}=\vec{c}\cdot(\vec{a}\times\vec{b})/s=s/s=1$$

一方，$\vec{a}$ と $\vec{b'}$ および $\vec{c'}$ との内積をとると

$$\vec{a}\cdot\vec{b'}=\vec{a}\cdot(\vec{c}\times\vec{a})/s=0\quad\text{および}\quad\vec{a}\cdot\vec{c'}=\vec{a}\cdot(\vec{a}\times\vec{b})/s=0$$

なぜなら，スカラー三重積が二つの同じベクトルを含むからである．逆ベクトルのスカーラー三重積は

$$\vec{a'}\cdot(\vec{b'}\times\vec{c'})=(\vec{b}\times\vec{c})\cdot((\vec{c}\times\vec{a})\times(\vec{a}\times\vec{b}))/s^3=(\vec{b}\times\vec{c})\cdot\left([\vec{b}\cdot(\vec{c}\times\vec{a})]\vec{a}-[\vec{a}\cdot(\vec{c}\times\vec{a})]\vec{b}\right)/s^3$$

$$=(\vec{b}\times\vec{c})\cdot(s\vec{a}-0)/s^3=\vec{a}\cdot(\vec{b}\times\vec{c})/s^2=s/s^2=\underline{1/s}$$

$\vec{a}=\alpha\,\vec{a'}+\beta\,\vec{b'}+\gamma\,\vec{c'}$ とおくと

$$\vec{a}\cdot\vec{x}=\alpha\,\vec{a}\cdot\vec{a'}+\beta\,\vec{a}\cdot\vec{b'}+\gamma\vec{a}\cdot\vec{c'}=\alpha+0+0$$

したがって　$\underline{\alpha=\vec{a}\cdot\vec{x}}$

同様に　$\underline{\beta=\vec{b}\cdot\vec{x}}$　および　$\underline{\gamma=\vec{c}\cdot\vec{x}}$

逆ベクトルは，結晶学や固体物理の分野でしばしば使われる．

9章

[9.1] (1) $\boldsymbol{A}+\boldsymbol{B}=\begin{pmatrix}2+3 & 1+3\\ 1+0 & 2+4\end{pmatrix}=\underline{\begin{pmatrix}5 & 4\\ 1 & 6\end{pmatrix}}$

(2) $\boldsymbol{A}-\boldsymbol{B}=\begin{pmatrix}2-3 & 1-3\\ 1-0 & 2-4\end{pmatrix}=\underline{\begin{pmatrix}-1 & -2\\ 1 & -2\end{pmatrix}}$

(3) $\boldsymbol{AB}=\begin{pmatrix}2\times3+1\times0 & 2\times3+1\times4\\ 1\times3+2\times0 & 1\times3+2\times4\end{pmatrix}=\underline{\begin{pmatrix}6 & 10\\ 3 & 11\end{pmatrix}}$

(4) $\boldsymbol{BA}=\begin{pmatrix}3\times2+3\times1 & 3\times1+3\times2\\ 0\times2+4\times1 & 0\times1+4\times2\end{pmatrix}=\underline{\begin{pmatrix}9 & 9\\ 4 & 8\end{pmatrix}}$

この単純な例は，行列の積が一般には交換可能ではないことを示している．両方の積が存在する（あるいは積が許される）という前提で，一般に $\boldsymbol{A}\,\boldsymbol{B}\neq\boldsymbol{B}\,\boldsymbol{A}$ である．

(5) $\boldsymbol{B}^T\boldsymbol{A}^T=\begin{pmatrix}3 & 0\\ 3 & 4\end{pmatrix}\begin{pmatrix}2 & 1\\ 1 & 2\end{pmatrix}=\begin{pmatrix}6 & 3\\ 10 & 11\end{pmatrix}=\begin{pmatrix}6 & 10\\ 3 & 11\end{pmatrix}^T=(\boldsymbol{A}\,\boldsymbol{B})^T$

$$\det(\boldsymbol{A})=\begin{vmatrix}2 & 1\\ 1 & 2\end{vmatrix}=2\times2-1\times1=3$$

$$\det(\boldsymbol{B})=\begin{vmatrix}3 & 3\\ 0 & 4\end{vmatrix}=3\times4-0\times3=12$$

$$\det(\boldsymbol{AB})=\begin{vmatrix}6 & 10\\ 3 & 11\end{vmatrix}=6\times11-3\times10=36=\det(\boldsymbol{A})\det(\boldsymbol{B})$$

[9.2] ベクトル $\vec{a}$, $\vec{b}$, $\vec{c}$ の成分は以下のようになるとする．

$$\vec{a}=(a_1,a_2,a_3)=a_1\,\vec{i}+a_2\,\vec{j}+a_3\,\vec{k}$$

$$\vec{b}=(b_1,b_2,b_3)=b_1\,\vec{i}+b_2\,\vec{j}+b_3\,\vec{k}$$

$$\vec{c}=(c_1,c_2,c_3)=c_1\,\vec{i}+c_2\,\vec{j}+c_3\,\vec{k}$$

ここで，$\vec{i}$，$\vec{j}$，$\vec{k}$ はそれぞれ x, y, z 方向の単位ベクトルである．したがって

$$\begin{vmatrix} \vec{i} & \vec{j} & \vec{k} \\ a_1 & a_2 & a_3 \\ b_1 & b_2 & b_3 \end{vmatrix} = (a_2 b_3 - b_2 a_3)\vec{i} + (a_3 b_1 - b_3 a_1)\vec{j} + (a_1 b_2 - b_1 a_2)\vec{k}$$

$$= (a_2 b_3 - b_2 a_3,\ a_3 b_1 - b_3 a_1,\ a_1 b_2 - b_1 a_2) = \underline{\vec{a} \times \vec{b}}$$

$$\begin{vmatrix} c_1 & c_2 & c_3 \\ a_1 & a_2 & a_3 \\ b_1 & b_2 & b_3 \end{vmatrix} = (a_2 b_3 - b_2 a_3)\, c_1 + (a_3 b_1 - b_3 a_1)\, c_2 + (a_1 b_2 - b_1 a_2)\, c_3$$

$$= (\vec{a} \times \vec{b})_1\, c_1 + (\vec{a} \times \vec{b})_2\, c_2 + (\vec{a} \times \vec{b})_3\, c_3 = \underline{(\vec{a} \times \vec{b}) \cdot \vec{c}}$$

行列式の一般的な性質を，ベクトルおよびスカラー三重積の性質を推論するのに使うことができる．

① $(\vec{a} \times \vec{b}) = -(\vec{b} \times \vec{a})$：なぜなら，行列式は二つの行（または列）が交換されると -1 を掛けたものになるからである．

② $\vec{a}$ が $\vec{b}$ に平行であるなら，$\vec{a} \times \vec{b} = 0$ となる．なぜなら二つの行が同じであると行列式はゼロとなるからである．

③ もし，$\vec{a}$，$\vec{b}$，$\vec{c}$ が線形独立ではなく同一平面（あるいは一直線上に）あるとき，$(\vec{a} \times \vec{b}) \cdot \vec{c} = 0$ となる．行列式において，ある行から他の 2 行の組み合わせを引いて全部の行をゼロにすることができるからである．

[9.3]　まず，$\boldsymbol{C}^T = \begin{pmatrix} 2 & 1 & -1 \\ -1 & -1 & 1 \\ 1 & 2 & -1 \end{pmatrix}$ である．

$\mathrm{adj}(\boldsymbol{C}) = \boldsymbol{C}^T$ の余因子行列（本章第 9 章の＊15 と＊21 を参照）

$$= \begin{pmatrix} (-1)\times(-1) - 2\times 1 & 1\times 1 - (-1)\times(-1) & (-1)\times 2 - 1\times(-1) \\ 2\times(-1) - 1\times(-1) & 2\times(-1) - 1\times(-1) & 1\times 1 - 2\times 2 \\ 1\times 1 - (-1)\times(-1) & (-1)\times(-1) - 2\times 1 & 2\times(-1) - (-1)\times 1 \end{pmatrix}$$

$$= \begin{pmatrix} -1 & 0 & -1 \\ -1 & -1 & -3 \\ 0 & -1 & -1 \end{pmatrix}$$

$\det(\boldsymbol{C}) = \det(\boldsymbol{C}^T) =$ ある行（または列）と余因子との内積

$= 2\times(-1) + 1\times 0 + (-1)\times(-1) = -1$

（本文第 9 章の＊15 の方法で第 1 列 2，1，-1 で展開した）

$$\therefore\quad \boldsymbol{C}^{-1} = \frac{\mathrm{adj}(\boldsymbol{C})}{\det(\boldsymbol{C})} = \underline{\begin{pmatrix} 1 & 0 & 1 \\ 1 & 1 & 3 \\ 0 & 1 & 1 \end{pmatrix}}$$

$$C\,C^{-1} = \begin{pmatrix} 2-1+0 & 0-1+1 & 2-3+1 \\ 1-1+0 & 0-1+2 & 1-3+2 \\ -1+1+0 & 0+1-1 & -1+3-1 \end{pmatrix} = \begin{pmatrix} 1 & 0 & 0 \\ 0 & 1 & 0 \\ 0 & 0 & 1 \end{pmatrix} = I$$

$$C^{-1}\,C = \begin{pmatrix} 2+0-1 & -1+0+1 & 1+0-1 \\ 2+1-3 & -1-1+3 & 1+2-3 \\ 0+1-1 & 0-1+1 & 0+2-1 \end{pmatrix} = \begin{pmatrix} 1 & 0 & 0 \\ 0 & 1 & 0 \\ 0 & 0 & 1 \end{pmatrix} = I$$

[9.4] 行列 $\boldsymbol{A}$ の j 番目と k 番目の固有値 λ_j, λ_k に対する固有ベクトルを $\vec{x}_j$, $\vec{x}_k$ とする.

$$\boldsymbol{A}\vec{x}_j = \lambda_j\,\vec{x}_j \quad ①$$

$$\boldsymbol{A}\vec{x}_k = \lambda_k\,\vec{x}_k \quad ②$$

とおくと, 式①の転置と式②の複素共役は, $(\boldsymbol{A}\vec{x})^T = \vec{x}^T\,\boldsymbol{A}^T$ および $\lambda^T = \lambda$ から

$$①^T \quad \Rightarrow \quad \vec{x}_j^T\,\boldsymbol{A}^T = \lambda_j\,\vec{x}_j^T \quad ③$$

$$②^* \quad \Rightarrow \quad \boldsymbol{A}^*\,\vec{x}_k^* = \lambda_k^*\,\vec{x}_k^* \quad ④$$

式③の後に $\vec{x}_k^*$ を掛けて, そこから式④の前に $\vec{x}_j^T$ をかけたものを引くと, 以下のようになる.

$$③\,\vec{x}_k^* - \vec{x}_j^T\,④ \quad \Rightarrow \quad \vec{x}_j^T\,\boldsymbol{A}^T\,\vec{x}_k^* - \vec{x}_j^T\,\boldsymbol{A}^*\,\vec{x}_k^* = \lambda_j\,\vec{x}_j^T\,\vec{x}_k^* - \lambda_k^*\,\vec{x}_j^T\,\vec{x}_k^*$$

ただし　　$\boldsymbol{A}^T = \boldsymbol{A}^* \quad \Rightarrow \quad (\lambda_j - \lambda_k^*)\vec{x}_j^T\,\vec{x}_k^* = 0$
もし $j = k$ なら, $\lambda_j = \lambda_j^*$ である ($\because \quad \vec{x}_j^T\,\vec{x}_j^* > 0$).
すなわち, エルミート行列の固有値は実数である.

$\vec{a}^T\,\vec{b}^*$ は潜在的に複素数のベクトル $\vec{a}$, $\vec{b}$ の内積として一般に定義される. ゆえに, $\vec{a} = \vec{b}$ ならば, $\vec{a}^T\,\vec{a}^* \geq 0$ となる. なぜなら, $\vec{a}$ の絶対値（大きさ）の二乗を表すからである.

もし, $j \neq k$ および $\lambda_j \neq \lambda_k$ なら, $\vec{x}_j^T\,x_k^* = 0$ となる　すなわち, 異なる固有値の固有ベクトルは直交する. $\vec{a} \neq \vec{b}$ ($\vec{a} \neq 0$, $\vec{b} \neq 0$ のとき) に対して, $\vec{a}^T\,\vec{b}^* = 0$ となるのは, $\vec{a}$ と $\vec{b}$ がお互いに直交している場合である（直交の定義）.

$\lambda_j = \lambda_k$ のとき, 二つの固有値は等しく, これは「縮退」の場合として知られている. 関連する固有値ベクトルは, その方向を唯一に決めることはできないが, ある平面内に存在する対のベクトルに対応する. 平面内のいかなる点もその面内にある（一直線にない）二つの基底ベクトルの線形結合で得られるが, 適当な固有ベクトルとして縮退面にある二つの直交した方向を選ぶ自由度がある. 前の解析は, $\boldsymbol{A} = \boldsymbol{A}^*$ と $\boldsymbol{A}^T = \boldsymbol{A}$ を満足する実対称行列にも同じく適用できる, というのは, これらはエルミート行列の特別な場合であるからである.

[9.5] 固有値方程式は　　$\boldsymbol{A}\,\vec{x} = \lambda\,\vec{x} \quad \Rightarrow \quad (\boldsymbol{A} - \lambda\,\boldsymbol{I})\vec{x} = 0$
(連立方程式は　　$x + z = \lambda\,x$, $-y = \lambda\,x$, $x + z = \lambda\,x$)
自明でない解として　　$\det(\boldsymbol{A} - \lambda\,\boldsymbol{I}) = 0$

$$\therefore \quad \begin{vmatrix} 1-\lambda & 0 & 1 \\ 0 & -1-\lambda & 0 \\ 1 & 0 & 1-\lambda \end{vmatrix} = 0 \qquad (-1-\lambda)\begin{vmatrix} 1-\lambda & 1 \\ 1 & 1-\lambda \end{vmatrix} = 0$$

（2 列目で展開した）

$$\therefore \quad (1+\lambda)(\lambda^2 - 2\lambda + 1 - 1) = 0 \qquad \lambda(1+\lambda)(\lambda-2) = 0$$

すなわち，固有値は　$\underline{\lambda = 0, \lambda = -1, \lambda = 2}$

$\lambda = 0$ のとき　$\left.\begin{matrix} x + y = 0 \\ y = 0 \end{matrix}\right\}$　$\begin{pmatrix} x \\ y \\ z \end{pmatrix} = \begin{pmatrix} t \\ 0 \\ -t \end{pmatrix}$

規格化された固有ベクトルは　$\underline{\vec{x}_1 = \dfrac{1}{\sqrt{2}}\begin{pmatrix} 1 \\ 0 \\ -1 \end{pmatrix}}$

$\lambda = -1$ のとき　$\left.\begin{matrix} 2x + z = 0 \\ x + 2z = 0 \end{matrix}\right\}$　$\begin{pmatrix} x \\ y \\ z \end{pmatrix} = \begin{pmatrix} 0 \\ t \\ 0 \end{pmatrix}$

規格化された固有ベクトルは　$\underline{\vec{x}_2 = \begin{pmatrix} 0 \\ 1 \\ 0 \end{pmatrix}}$

$\lambda = 2$ のとき　$\left.\begin{matrix} -x + z = 0 \\ -3y = 0 \end{matrix}\right\}$　$\begin{pmatrix} x \\ y \\ z \end{pmatrix} = \begin{pmatrix} t \\ 0 \\ t \end{pmatrix}$

規格化された固有ベクトルは　$\underline{\vec{x}_3 = \dfrac{1}{\sqrt{2}}\begin{pmatrix} 1 \\ 0 \\ 1 \end{pmatrix}}$

$$\vec{x}_1 \cdot \vec{x}_2 = \vec{x}_1^T \vec{x}_2 = \frac{1}{\sqrt{2}}[1 \times 0 + 0 \times 1 + (-1) \times 0] = 0$$

同様に　$\vec{x}_1^T \vec{x}_3 = 0$　および　$\vec{x}_2^T \vec{x}_3 = 0$

したがって，<u>固有ベクトルはお互いに直交する．</u>

$$\mathrm{trace}(\boldsymbol{A}) = \text{対角成分の和} = 1 - 1 + 1 = 1$$

ただし，固有値の和は　$0 - 1 + 2 = 1$

$\therefore$ $\underline{固有値の和 = \mathrm{trace}\,(\boldsymbol{A})}$

$$\det(\boldsymbol{A}) = \begin{vmatrix} 1 & 0 & 1 \\ 0 & -1 & 0 \\ 1 & 0 & 1 \end{vmatrix} = -1 \times (1-1) = 0$$

また，固有値の積は　$0 \times (-1) \times 2 = 0$

$\therefore$ $\underline{固有値の積 = \det(\boldsymbol{A})}$

第9章$*$27の対角化行列　$\boldsymbol{O} = \begin{pmatrix} \frac{1}{\sqrt{2}} & 0 & \frac{1}{\sqrt{2}} \\ 0 & 1 & 0 \\ \frac{-1}{\sqrt{2}} & 0 & \frac{1}{\sqrt{2}} \end{pmatrix} = \frac{1}{\sqrt{2}} \begin{pmatrix} 1 & 0 & 1 \\ 0 & \sqrt{2} & 0 \\ -1 & 0 & 1 \end{pmatrix}$

$$\therefore \quad \boldsymbol{O}\boldsymbol{O}^T = \frac{1}{2} \begin{pmatrix} 1 & 0 & 1 \\ 0 & \sqrt{2} & 0 \\ -1 & 0 & 1 \end{pmatrix} \begin{pmatrix} 1 & 0 & -1 \\ 0 & \sqrt{2} & 0 \\ 1 & 0 & 1 \end{pmatrix} = \frac{1}{2} \begin{pmatrix} 2 & 0 & 0 \\ 0 & 2 & 0 \\ 0 & 0 & 2 \end{pmatrix} = \boldsymbol{I}$$

$$\boldsymbol{O}^T\boldsymbol{O} = \frac{1}{2} \begin{pmatrix} 1 & 0 & -1 \\ 0 & \sqrt{2} & 0 \\ 1 & 0 & 1 \end{pmatrix} \begin{pmatrix} 1 & 0 & 1 \\ 0 & \sqrt{2} & 0 \\ -1 & 0 & 1 \end{pmatrix} = \frac{1}{2} \begin{pmatrix} 2 & 0 & 0 \\ 0 & 2 & 0 \\ 0 & 0 & 2 \end{pmatrix} = \boldsymbol{I}$$

よって，$\boldsymbol{O}$ は直交行列である，なぜなら　$\underline{\boldsymbol{O}\,\boldsymbol{O}^T = \boldsymbol{O}^T\,\boldsymbol{O} = \boldsymbol{I}}$

$$\boldsymbol{O}^T\,\boldsymbol{A} = \frac{1}{\sqrt{2}} \begin{pmatrix} 1 & 0 & -1 \\ 0 & \sqrt{2} & 0 \\ 1 & 0 & 1 \end{pmatrix} \begin{pmatrix} 1 & 0 & 1 \\ 0 & -1 & 0 \\ 1 & 0 & 1 \end{pmatrix} = \frac{1}{\sqrt{2}} \begin{pmatrix} 0 & 0 & 0 \\ 0 & -\sqrt{2} & 0 \\ 2 & 0 & 2 \end{pmatrix}$$

$$\therefore \quad \boldsymbol{O}^T\,\boldsymbol{A}\,\boldsymbol{O} = \frac{1}{2} \begin{pmatrix} 0 & 0 & 0 \\ 0 & -\sqrt{2} & 0 \\ 2 & 0 & 2 \end{pmatrix} \begin{pmatrix} 1 & 0 & 1 \\ 0 & \sqrt{2} & 0 \\ -1 & 0 & 1 \end{pmatrix} = \frac{1}{2} \begin{pmatrix} 0 & 0 & 0 \\ 0 & -2 & 0 \\ 0 & 0 & 4 \end{pmatrix}$$

すなわち　$\boldsymbol{O}^T\,\boldsymbol{A}\,\boldsymbol{O} = \underline{\begin{pmatrix} 0 & 0 & 0 \\ 0 & -1 & 0 \\ 0 & 0 & 2 \end{pmatrix}} = \begin{pmatrix} \lambda_1 & 0 & 0 \\ 0 & \lambda_2 & 0 \\ 0 & 0 & \lambda_3 \end{pmatrix}$

実対称行列（またはエルミート行列さえも）の固有値と固有ベクトルを求めるときには，以下の三つをすぐに確かめることがいつも有効である．

① 固有値の和が，行列のトレースになっている

② 固有ベクトルはお互いに直交している

③ 固有値の積は行列の行列式に等しい（行列式の計算が簡単であれば）

これらの基準を満たさないときは，固有値問題の解が間違っている．前の例に従うと，すべての固有値は実数であることも確かめねばならない．

10章

[10.1]

$$\left(\frac{\partial z}{\partial x}\right)_y = \lim_{\delta x\to 0}\left[\frac{z(x+\delta x, y)-z(x,y)}{\delta x}\right] = \lim_{\delta x\to 0}\left[\frac{(x+\delta x)^3/(1-y)-x^3/(1-y)}{\delta x}\right]$$
$$= \lim_{\delta x\to 0}\left[\frac{x^3+3\,x^2\,\delta x+3\,x(\delta x)^2+(\delta x)^3-x^3}{(1-y)\delta x}\right] = \lim_{\delta x\to 0}\left[\frac{3\,x^2+3\,x\,\delta x+(\delta x)^2}{(1-y)}\right]$$
$$= \underline{\frac{3\,x^2}{(1-y)}}$$

$$\left(\frac{\partial z}{\partial y}\right)_x = \lim_{\delta y\to 0}\left[\frac{z(x, y+\delta y)-z(x,y)}{\delta y}\right] = \lim_{\delta y\to 0}\left[\frac{x^3/[1-(y+\delta y)]-x^3/(1-y)}{\delta y}\right]$$
$$= \lim_{\delta y\to 0}\left[\frac{x^3}{\delta y}\left(\frac{1}{1-y-\delta y}-\frac{1}{1-y}\right)\right] = \lim_{\delta y\to 0}\left[\frac{x^3}{\delta y}\,\frac{1-y-(1-y-\delta y)}{(1-y-\delta y)(1-y)}\right]$$
$$= \lim_{\delta y\to 0}\left[\frac{x^3}{(1-y-\delta y)(1-y)}\right] = \underline{\frac{x^3}{(1-y)^2}}$$

$$\left(\frac{\partial^2 z}{\partial x^2}\right)_y = \left[\frac{\partial}{\partial x}\left(\frac{\partial z}{\partial x}\right)_y\right]_y = \left[\frac{\partial}{\partial x}\left(\frac{3\,x^2}{1-y}\right)\right]_y = \underline{\frac{6\,x}{1-y}}$$
$$\left(\frac{\partial^2 z}{\partial y^2}\right)_x = \left[\frac{\partial}{\partial y}\left(\frac{\partial z}{\partial y}\right)_x\right]_x = \left[\frac{\partial}{\partial y}\left(\frac{x^3}{(1-y)^2}\right)\right]_x = \underline{\frac{2\,x^3}{(1-y)^3}}$$
$$\frac{\partial^2 z}{\partial x\,\partial y} = \left[\frac{\partial}{\partial x}\left(\frac{\partial z}{\partial y}\right)_x\right]_y = \left[\frac{\partial}{\partial x}\left(\frac{x^3}{(1-y)^2}\right)\right]_y = \underline{\frac{3\,x^2}{(1-y)^2}}$$
$$\frac{\partial^2 z}{\partial y\,\partial x} = \left[\frac{\partial}{\partial y}\left(\frac{\partial z}{\partial x}\right)_y\right]_x = \left[\frac{\partial}{\partial y}\left(\frac{3\,x^2}{1-y}\right)\right]_x = \underline{\frac{3\,x^2}{(1-y)^2}}$$

交差2階積分は等しいことは，計算を簡単にチェックするのに利用できる．

[10.2]

$$\frac{\partial f}{\partial z} = \left(\frac{\partial f}{\partial z}\right)_{x\,y} = -x\,y\sin(x\,y\,z)$$
$$\therefore\quad \frac{\partial^2 f}{\partial y\,\partial z} = \left[\frac{\partial}{\partial y}\left(\frac{\partial f}{\partial z}\right)_{x\,y}\right]_{x\,z} = -x^2\,y\,z\cos(x\,y\,z)-x\sin(x\,y\,z)$$

$$\therefore\quad \frac{\partial^3 f}{\partial x\,\partial y\,\partial z} = \left[\frac{\partial}{\partial x}\left(\frac{\partial^2 f}{\partial y\,\partial z}\right)\right]_{y\,z} = x^2\,y^2\,z^2\sin(x\,y\,z)-2\,x\,y\,z\cos(x\,y\,z)$$
$$-x\,y\,z\cos(x\,y\,z)-\sin(x\,y\,z)$$
$$= \underline{(x^2\,y^2\,z^2-1)\sin(x\,y\,z)-3\,x\,y\,z\cos(x\,y\,z)}$$

[10.3] $x^2 = y^2\sin(yz)$ ①

$$\left[\frac{\partial}{\partial y}①\right]_z \quad \Rightarrow \quad 2\,x\left(\frac{\partial x}{\partial y}\right)_z = y^2\cos(y\,z)\left[\frac{\partial}{\partial y}(y\,z)\right]_z + 2\,y\sin(y\,z)$$

$$\left(\frac{\partial x}{\partial y}\right)_z = \frac{y^2\,z\cos(y\,z) + 2\,y\sin(y\,z)}{2\,x} \quad ②$$

$$\left[\frac{\partial}{\partial z}①\right]_x \quad \Rightarrow \quad 0 = y^2\cos(y\,z)\left[\frac{\partial}{\partial z}(y\,z)\right]_x + 2\,y\left(\frac{\partial y}{\partial z}\right)_x \sin(y\,z)$$

$$= y^2\cos(y\,z)\left[y + z\left(\frac{\partial y}{\partial z}\right)_x\right] + 2\,y\left(\frac{\partial y}{\partial z}\right)_x \sin(y\,z)$$

$$\therefore \quad \left(\frac{\partial y}{\partial z}\right)_x = \frac{-y^3\cos(y\,z)}{y^2\,z\cos(y\,z) + 2\,y\sin(y\,z)} \quad ③$$

$$\left[\frac{\partial}{\partial x}①\right]_y \quad \Rightarrow \quad 2\,x = y^2\cos(y\,z)\left[\frac{\partial}{\partial x}(y\,z)\right]_y = y^3\cos(y\,z)\left(\frac{\partial z}{\partial x}\right)_y$$

$$\therefore \quad \left(\frac{\partial z}{\partial x}\right)_y = \frac{2\,x}{y^3\cos(y\,z)} \quad ④$$

$$\therefore \quad \underline{② \times ③ \times ④ \quad \Rightarrow \quad \left(\frac{\partial x}{\partial y}\right)_z \left(\frac{\partial y}{\partial z}\right)_x \left(\frac{\partial z}{\partial x}\right)_y = -1}$$

[10.4] $\vec{\nabla} f = \left(\frac{\partial f}{\partial x}, \frac{\partial f}{\partial y}\right)$

ここで $\left(\frac{\partial f}{\partial x}\right)_y = \left[\frac{\partial}{\partial x}(x\,y - x\,y^2 + x^2\,y)\right]_y = y(1 - y + 2\,x)$

および $\left(\frac{\partial f}{\partial y}\right)_x = \left[\frac{\partial}{\partial y}(x\,y - x\,y^2 + x^2\,y)\right]_x = x(1 - 2\,y + x)$

$$\therefore \quad \vec{\nabla} f\left(-\frac{1}{2}, 0\right) = \underline{\left(0, -\frac{1}{4}\right)} \qquad \vec{\nabla} f\left(-\frac{1}{2}, \frac{1}{2}\right) = \underline{\left(-\frac{1}{4}, \frac{1}{4}\right)} \qquad \vec{\nabla} f\left(0, \frac{1}{2}\right) = \underline{\left(\frac{1}{4}, 0\right)}$$

停留点では $\vec{\nabla} f = 0$ だから $\left.\begin{aligned} y\,(1 - y + 2\,x) = 0 \\ x\,(1 - 2\,y + x) = 0 \end{aligned}\right\}$ $\quad -1 - 3x = 0$

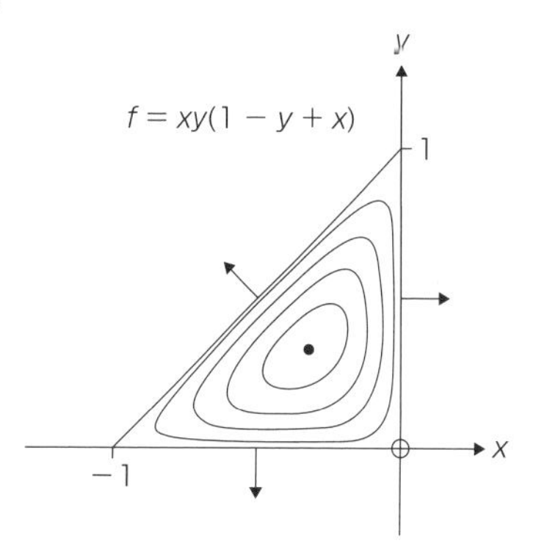

$$\therefore \quad x = -1/3, y = 1/3$$

よって，三角形の中の停留点は，$\underline{\left(-\frac{1}{3}, \frac{1}{3}\right)}$ である．

この停留点の特徴は，2 階微分をすることなく最小値であることが確かめられることである．たとえば，勾配ベクトルはすべての場所で外側を向いており，f の値は $(-1/3, 1/3)$ では $-1/27$ で，三角系の頂点では f=0 である．

[10.5] $f = f(u, v) = 0 \quad \Rightarrow \quad \mathrm{d}f = \left(\frac{\partial f}{\partial u}\right)_v \mathrm{d}u + \left(\frac{\partial f}{\partial v}\right)_u \mathrm{d}v = 0$

$$\therefore\quad \left(\frac{\partial f}{\partial u}\right)_v \left(\frac{\partial u}{\partial x}\right)_y = -\left(\frac{\partial f}{\partial v}\right)_u \left(\frac{\partial v}{\partial x}\right)_y$$

すなわち $\left(\frac{\partial f}{\partial u}\right)_v = -\left(\frac{\partial f}{\partial v}\right)_u \left[2\,x + y + 2\,z\left(\frac{\partial z}{\partial x}\right)_y\right]$ ①

また $\left(\frac{\partial f}{\partial u}\right)_v \left(\frac{\partial u}{\partial y}\right)_x = -\left(\frac{\partial f}{\partial v}\right)_u \left(\frac{\partial v}{\partial y}\right)_x$

すなわち $\left(\frac{\partial f}{\partial u}\right)_v = -\left(\frac{\partial f}{\partial v}\right)_u \left[x + 2\,z\left(\frac{\partial z}{\partial y}\right)_x\right]$ ②

(1)/(2) $\Rightarrow$ $2\,x + y + 2\,z\left(\frac{\partial z}{\partial x}\right)_y = x + 2\,z\left(\frac{\partial z}{\partial y}\right)_x$

したがって $\underline{x + y = 2\,z\left[\left(\frac{\partial z}{\partial y}\right)_x - \left(\frac{\partial z}{\partial x}\right)_y\right]}$

[10.6] $z = z(u, v) \quad\Rightarrow\quad \mathrm{d}z = \left(\frac{\partial z}{\partial u}\right)_v \mathrm{d}u + \left(\frac{\partial z}{\partial v}\right)_u \mathrm{d}v$

$$\therefore\quad \left(\frac{\partial z}{\partial x}\right)_t = \left(\frac{\partial z}{\partial u}\right)_v \left(\frac{\partial u}{\partial x}\right)_t + \left(\frac{\partial z}{\partial v}\right)_u \left(\frac{\partial v}{\partial x}\right)_t = \left(\frac{\partial z}{\partial u}\right)_v + \left(\frac{\partial z}{\partial v}\right)_u$$

および $\left(\frac{\partial z}{\partial t}\right)_x = \left(\frac{\partial z}{\partial u}\right)_v \left(\frac{\partial u}{\partial t}\right)_x + \left(\frac{\partial z}{\partial v}\right)_u \left(\frac{\partial v}{\partial t}\right)_x = c\left(\frac{\partial z}{\partial u}\right)_v - c\left(\frac{\partial z}{\partial v}\right)_u$

$$\frac{\partial^2 z}{\partial x^2} = \left[\frac{\partial}{\partial x}\left(\frac{\partial z}{\partial x}\right)_t\right]_t = \left[\frac{\partial}{\partial u} + \frac{\partial}{\partial v}\right]\left[\left(\frac{\partial z}{\partial u}\right)_v + \left(\frac{\partial z}{\partial v}\right)_u\right]$$
$$= \left[\frac{\partial}{\partial u}\left(\frac{\partial z}{\partial u}\right)_v\right]_v + \left[\frac{\partial}{\partial u}\left(\frac{\partial z}{\partial v}\right)_u\right]_v + \left[\frac{\partial}{\partial v}\left(\frac{\partial z}{\partial u}\right)_v\right]_u + \left[\frac{\partial}{\partial v}\left(\frac{\partial z}{\partial v}\right)_u\right]_u$$

$$\therefore\quad \frac{\partial^2 z}{\partial x^2} = \frac{\partial^2 z}{\partial u^2} + 2\frac{\partial^2 z}{\partial u \partial v} + \frac{\partial^2 z}{\partial v^2} \quad ①$$

$$\frac{\partial^2 z}{\partial t^2} = \left[\frac{\partial}{\partial t}\left(\frac{\partial z}{\partial t}\right)_x\right]_x = \left[c\,\frac{\partial}{\partial u} - c\,\frac{\partial}{\partial v}\right]\left[c\left(\frac{\partial z}{\partial u}\right)_v - c\left(\frac{\partial z}{\partial v}\right)_u\right]$$
$$= c^2\left[\frac{\partial}{\partial u}\left(\frac{\partial z}{\partial u}\right)_v\right]_v - c^2\left[\frac{\partial}{\partial u}\left(\frac{\partial z}{\partial v}\right)_u\right]_v - c^2\left[\frac{\partial}{\partial v}\left(\frac{\partial z}{\partial u}\right)_v\right]_u + c^2\left[\frac{\partial}{\partial v}\left(\frac{\partial z}{\partial v}\right)_u\right]_u$$

$$\therefore\quad \frac{\partial^2 z}{\partial t^2} = c^2\,\frac{\partial^2 z}{\partial u^2} - 2\,c^2\,\frac{\partial^2 z}{\partial u\,\partial v} + c^2\,\frac{\partial^2 z}{\partial v^2} \quad ②$$

① − ②/c^2 $\Rightarrow$ $\frac{\partial^2 z}{\partial x^2} - \frac{1}{c^2}\,\frac{\partial^2 z}{\partial t^2} = 4\,\frac{\partial^2 z}{\partial u \partial v}$

ただし $\frac{\partial^2 z}{\partial x^2} - \frac{1}{c^2}\,\frac{\partial^2 z}{\partial t^2} = 0$ したがって $\underline{\frac{\partial^2 z}{\partial u\,\partial v} = 0}$

偏微分演算子 $[\partial/\partial x]_t$ と $[\partial/\partial t]_x$ は，1 階微分 $[\partial z/\partial x]_t$ と $[\partial z/\partial t]_x$ の式から容易に得ることができる．z

は常に最も右に現れるように変形することに注意．たとえば

$$\left(\frac{\partial z}{\partial t}\right)_x = \left(\frac{\partial}{\partial t}z\right)_x = c\left(\frac{\partial}{\partial u}\right)_v z - c\left(\frac{\partial}{\partial v}\right)_u z = \left[c\left(\frac{\partial}{\partial u}\right)_v - c\left(\frac{\partial}{\partial v}\right)_u\right] z$$

$$\therefore \quad \left(\frac{\partial}{\partial t}\right)_x = c\left(\frac{\partial}{\partial u}\right)_v - c\left(\frac{\partial}{\partial v}\right)_u$$

微分演算子は，括弧のなかを掛け算したり，すぐ右に作用させたりするように，通常の代数の式と同じ規則に従う．波動方程式の場合は容易である，なぜなら c は定数だからである．同じ方程式で，c が x と y の関数だとすると（それゆえ暗に u と v の関数にもなるが），以下のように積の規則を何回か使う必要が出てくる．

$$\phi(u,v)\frac{\partial}{\partial u}\left[\phi(u,v)\left(\frac{\partial z}{\partial u}\right)_v\right]_v = \phi(u,v)\left[\phi(u,v)\frac{\partial^2 z}{\partial u^2} + \left(\frac{\partial \phi}{\partial u}\right)_v\left(\frac{\partial z}{\partial u}\right)_v\right]$$

関連した計算は（その方法の原則はそうではないが）かなり面倒になる．

[10.7] $\left(\frac{\partial f}{\partial x}\right)_y = 2\,x\,y^2 - 4\,a^2\,x + 4\,x^3 = 2\,x(y^2 - 2\,a^2 + 2\,x^2) \qquad \left(\frac{\partial f}{\partial y}\right)_x = 2\,y(a^2 + x^2)$

$$\therefore \quad \frac{\partial^2 f}{\partial x^2} = 2\,y^2 - 4\,a^2 + 12\,x^2 \qquad \frac{\partial^2 f}{\partial y^2} = 2(a^2 + x^2) \qquad \frac{\partial^2 f}{\partial x\,\partial y} = 4\,x\,y$$

停留点では $\left(\frac{\partial f}{\partial x}\right)_y = 0$ および $\left(\frac{\partial f}{\partial y}\right)_x = 0$ だから

$$\left.\begin{aligned} x(y^2 - 2\,a^2 + 2\,x^2) &= 0 \\ y(a^2 + x^2) &= 0 \end{aligned}\right\} \quad \begin{aligned} &x = 0, y = 0 \\ &\text{または} \quad y = 0, x = \pm a \end{aligned}$$

停留点を分類するには，最初に $\det(\vec{\nabla}\vec{\nabla} f)$ の符号を考えなければならない．

ここで $\qquad \det(\vec{\nabla}\vec{\nabla} f) = \left(\frac{\partial^2 f}{\partial x^2}\right)\left(\frac{\partial^2 f}{\partial y^2}\right) - \left(\frac{\partial^2 f}{\partial x\,\partial y}\right)^2$

(0,0) で，$\det(\vec{\nabla}\vec{\nabla} f) = -8\,a^4 < 0$ なので，<u>(0,0) は鞍点である．</u>
$(\pm a, 0)$ で，$\det(\vec{\nabla}\vec{\nabla} f) = 32\,a^2 > 0$ なので，最大か最小である．
すなわち，以下の符号を求める必要がある．

$$\partial^2 f/\partial x^2 \qquad \partial^2 f/\partial y^2 \qquad \nabla^2 f = \partial^2 f/\partial x^2 + \partial^2 f/\partial y^2$$

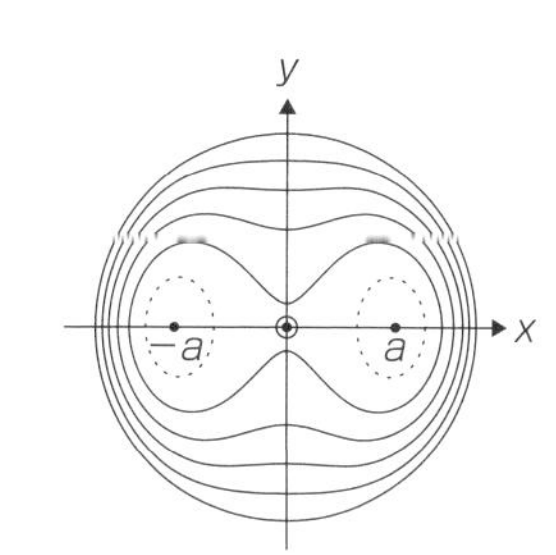

$(+a, 0)$ で，$\nabla^2 f = 12\,a^2 > 0$ なので，<u>$(a, 0)$ は最小である．</u>
$(-a, 0)$ で，$\nabla^2 f = 12\,a^2 > 0$ なので，<u>$(-a, 0)$ は最小である</u>

停留点を見つけようとするときに，最初にできるだけ 1 階微分を因数分解するのがよい．この例では，$(\partial f/\partial x)_y = 0$ は，$x = 0$ または $y^2 - 2\,a^2 + 2\,x^2 = 0$ となり，$(\partial f/\partial y)_x = 0$ は，$y = 0$ または $a^2 + x^2 = 0$ となる．1 階微分を同時にゼロにする四つの組合せを考え，すべての停留点を確認する．

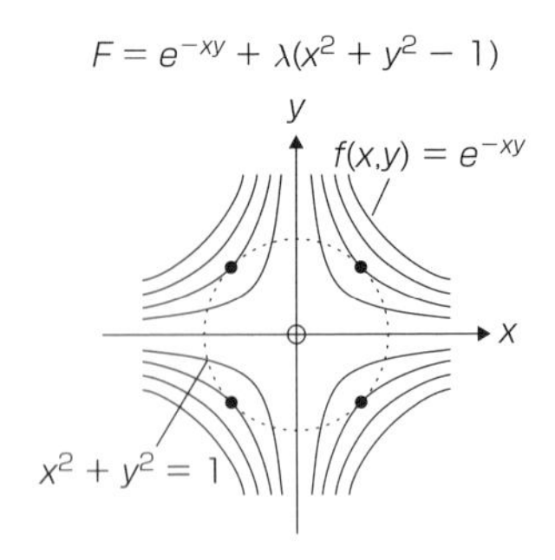

[10.8] $g(x,y) = x^2 + y^2 - 1 = 0$ の拘束下での $f(x,y) = e^{-x\,y}$ の停留点を求めるのに必要なのは，$\left(\dfrac{\partial F}{\partial x}\right)_y = 0$ と $\left(\dfrac{\partial F}{\partial y}\right)_x = 0$ で，このとき $F(x,y) = f(x,y) + \lambda\, g(x,y)$ である．（λ はラグランジュの未定乗数）

ただし，$\left(\dfrac{\partial F}{\partial x}\right)_y = -y\,e^{-x\,y} + 2\,x\,\lambda$ および $\left(\dfrac{\partial F}{\partial y}\right)_x = -x\,e^{-x\,y} + 2\,y\,\lambda$ である．

$$\therefore\quad y\,e^{-x\,y} = 2\,x\,\lambda \quad ①$$

$$x\,e^{-x\,y} = 2\,y\,\lambda \quad ②$$

$$g = 0 \quad \Rightarrow \quad x^2 + y^2 = 1 \quad ③$$

$$①/② \quad \Rightarrow \quad \frac{y}{x} = \frac{x}{y} \qquad \therefore \quad x^2 - y^2 = 0 \quad ④$$

$$③ + ④ \quad \Rightarrow \quad 2\,x^2 = 1 \qquad \therefore \quad x = \pm 1/\sqrt{2}$$

④より $y = \pm x$ だから，停留点は

$$\underline{\pm(1/\sqrt{2}, 1/\sqrt{2})}, f = e^{-1/2}$$

$$\underline{\pm(1/\sqrt{2}, -1/\sqrt{2})}, f = e^{1/2}$$

にある．

[10.9] 行列—ベクトルの概念を使うと，テイラー展開は以下のように一般化される．

[$f = f(x,y)$ であれば

$$\vec{\nabla} f = \begin{pmatrix} \dfrac{\partial f}{\partial x} \\ \dfrac{\partial f}{\partial y} \end{pmatrix} \qquad \vec{\nabla}\vec{\nabla} f = \begin{pmatrix} \dfrac{\partial^2 f}{\partial x^2} & \dfrac{\partial^2 f}{\partial x\,\partial y} \\ \dfrac{\partial^2 f}{\partial y\,\partial x} & \dfrac{\partial^2 f}{\partial y^2} \end{pmatrix}$$

$$f(\vec{x}) = f(\vec{x}_0) + (\vec{x} - \vec{x}_0)^T \vec{\nabla} f(\vec{x}_0) + \frac{1}{2}(\vec{x} - \vec{x}_0)^T\, \vec{\nabla}\vec{\nabla} f(\vec{x}_0)(\vec{x} - \vec{x}_0) + \cdots]$$

停留点では，$\vec{\nabla} f(\vec{x}) = 0$ だから

$$\vec{\nabla} f(\vec{x}) = \vec{\nabla} f(\vec{x}_0) + \vec{\nabla}\vec{\nabla} f(\vec{x}_0)(\vec{x} - \vec{x}_0) + \cdots = 0$$

もし，この多変数の微分がぎこちないようであれば，それを f ではなく $\vec{\nabla} f$ のテイラー展開と考えればよい．もし，$\vec{x}_0$ が $\vec{\nabla} f(\vec{x}) = 0$ の解のよい見積もりであるなら，高次の項は無視できて

$$\vec{\nabla} f(\vec{x}_0) + \vec{\nabla}\vec{\nabla} f(\vec{x}_0)(\vec{x} - \vec{x}_0) \simeq 0$$

$$\therefore \quad [\vec{\nabla}\vec{\nabla} f(\vec{x}_0)]^{-1}[\vec{\nabla} f(\vec{x}_0) + \vec{\nabla}\vec{\nabla} f(\vec{x}_0)(\vec{x} - \vec{x}_0)] \simeq 0$$

$$\therefore \quad [\vec{\nabla}\vec{\nabla} f(\vec{x}_0)]^{-1}\vec{\nabla} f(\vec{x}_0) + \boldsymbol{I}(\vec{x} - \vec{x}_0) \simeq 0$$

$$\therefore \quad [\vec{\nabla}\vec{\nabla} f(\vec{x}_0)]^{-1}\vec{\nabla} f(\vec{x}_0) \simeq \vec{x}_0 - \vec{x} \quad \Rightarrow \quad \vec{x} = \vec{x}_0 - [\vec{\nabla}\vec{\nabla} f(\vec{x}_0)]^{-1}\vec{\nabla} f(\vec{x}_0)$$

いい換えるなら，$\vec{\nabla} f(\vec{x})=0$ の解のよりよい見積もりは，勾配ベクトルと $\vec{x}_0$ での2階微分行列により得ることができる．これが反復ニュートン – ラフソンアルゴリズムの基礎である．

$$\underline{\vec{x}_{N+1}=\vec{x}_N-[\vec{\nabla}\vec{\nabla} f(\vec{x}_N)]^{-1}\vec{\nabla} f(\vec{x}_N)}$$

ここで，$\vec{x}_N$ は N 番目の見積もりで，$\vec{x}_{N+1}$ はその次のよりよい見積もりを表す．

$$\left[f=f(x_1,x_2,x_3,\cdots,x_M)\ \text{であれば} \qquad (\vec{\nabla} f)_j=\frac{\partial f}{\partial x_j} \qquad (\vec{\nabla}\vec{\nabla} f)_{jk}=\frac{\partial^2 f}{\partial x_j\,\partial x_k}\right]$$

上のニュートン – ラフソンアルゴリズムは，与えられたよい初期推測値から停留値に数値的に向かうのに，非常に効率のよい方法である．最後のただし書きが重要で，最初の見積もりがきわめて求める点の近くにないと容易に急速に発散してしまう．

11章

[11.1] (1) $y=x^2$ に沿っては

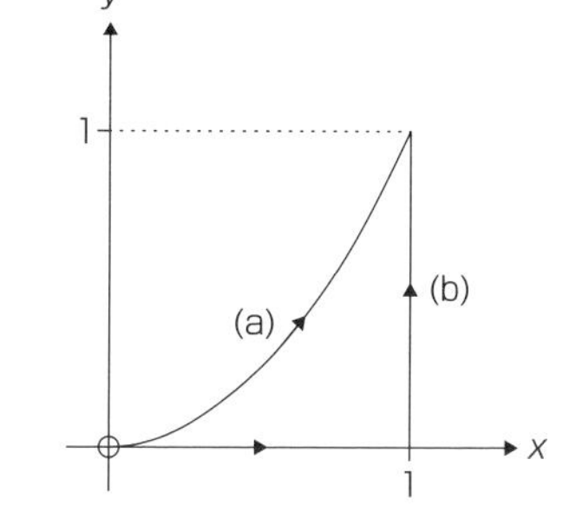

$$\mathrm{d}y=2\,x\,\mathrm{d}x$$

$$\therefore \quad \int_{\text{path(a)}} y^3\mathrm{d}x+3\,x\,y^2\mathrm{d}y=\int_{x=0}^{x=1}(x^6+6\,x^6)\mathrm{d}x=\left[x^7\right]_0^1=\underline{1}$$

(2) (0,0) から (1,0) へは，$y=0$ および $\mathrm{d}y=0$

(1,0) から (1,1) へは，$x=1$ および $\mathrm{d}x=0$

$$\therefore \quad \int_{\text{path(b)}} y^3\mathrm{d}x+3\,x\,y^2\mathrm{d}y=0+\int_{y=0}^{y=1}3\,y^2\mathrm{d}y=\left[y^3\right]_0^1=\underline{1}$$

$y^3\mathrm{d}x+3\,x\,y^2\mathrm{d}y$ の二つの経路 (1)，(2) での積分を求め，それが経路によらないことを確かめるのは有用である．式での証明は以下の通り．

$$\left[\frac{\partial}{\partial y}(y^3)\right]_x=\left[\frac{\partial}{\partial x}(3\,x\,y^2)\right]_y$$

[11.2] ピタゴラスの定理より $\qquad \mathrm{d}l=\sqrt{1+\left(\dfrac{\partial y}{\partial x}\right)^2}\,\mathrm{d}x$

(1) $y=x^2$ に沿って，$\dfrac{\mathrm{d}y}{\mathrm{d}x}=2\,x$

$$\therefore \quad \int_{\text{path(a)}} x\,y\,\mathrm{d}l=\int_{x=0}^{x=1}x^3\sqrt{1+4\,x^2}\,\mathrm{d}x$$

$u^2=1+4\,x^2$ とおくと $\qquad 2\,u\,\mathrm{d}u=8\,x\,\mathrm{d}x$

$$\therefore \quad \int_{\text{path(a)}} x\,y\,\mathrm{d}l = \int_{u=1}^{u=\sqrt{5}} \frac{(u^2-1)}{4}\,u\,\frac{u\,\mathrm{d}u}{4} = \frac{1}{16}\int_1^{\sqrt{5}} (u^4-u^2)\mathrm{d}u$$

$$= \frac{1}{16}\left[\frac{u^5}{5}-\frac{u^3}{3}\right]_1^{\sqrt{5}} = \frac{1}{16}\left[5\sqrt{5}-\frac{5\sqrt{5}}{3}-\frac{1}{5}+\frac{1}{3}\right]$$

$$= \frac{1}{16}\,\frac{(75-25)\sqrt{5}-3+5}{15} = \frac{50\sqrt{5}+2}{16\times 15} = \underline{\frac{25\sqrt{5}+1}{120}}$$

(2) (0,0) から (1,0) へは，$y = 0$ および $\mathrm{d}l = \mathrm{d}x$
(1,0) から (1,1) へは，$x = 1$ および $\mathrm{d}l = \mathrm{d}y$

$$\therefore \quad \int_{\text{path(b)}} x\,y\,\mathrm{d}l = 0 + \int_{y=0}^{y=1} y\,\mathrm{d}y = \left[\frac{y^2}{2}\right]_0^1 = \underline{\frac{1}{2}}$$

[11.3] C_V は V に依存しない $\Rightarrow$ $\left[\dfrac{\partial}{\partial V}C_V\right]_T = 0$

ただし $\left[\dfrac{\partial}{\partial T}\dfrac{RT}{V}\right]_V = \dfrac{R}{V} \neq 0 \quad \Rightarrow \quad \left[\dfrac{\partial}{\partial V}C_V\right]_T \neq \left[\dfrac{\partial}{\partial T}\dfrac{RT}{V}\right]_V$

$\therefore$ $\underline{\delta q = C_V\,\mathrm{d}T + (RT/V)\mathrm{d}V \text{ は完全微分ではない．}}$

$\left[\dfrac{\partial}{\partial V}\dfrac{C_V}{T}\right]_T = 0$ および $\left[\dfrac{\partial}{\partial T}\dfrac{R}{V}\right]_V = 0$

$\therefore$ $\underline{\dfrac{\delta q}{T} = \dfrac{C_V}{T}\mathrm{d}T + \dfrac{R}{V}\mathrm{d}V \text{ は完全微分である．}}$

熱力学において，δq は熱の変化を表す．これは完全微分ではないので，系の熱は始点だけでなく，どこを通るか（経路）にも依存する．たとえば，圧力と体積は最初固定されていて温度が変わるとする場合である．

(P_1, V_1, T_1) から (P_2, V_2, T_2) へ行く経路を考える．温度で割ると，$\delta q/T$ はエントロピーの変化を表す．これは完全微分となるので，(P_1, V_1, T_1) から (P_2, V_2, T_2) への $\int \delta q/T$ は，経路に依存せず，そのためエントロピーは状態関数といわれる．状態関数の値は，状態それ自身に依存し，どのようにその状態になったのか（経路）には依存しない．

ちなみに，$1/T$ はこの問題に対する「積分因子」であり，掛け算型の「重み因子」は不完全微分を完全微分に変える．重み因子が温度だけの関数であるということを知っていれば，以下のように導くことができる．

$$\left[\frac{\partial}{\partial V}(C_V\,w(T))\right]_T = \left[\frac{\partial}{\partial T}\left(\frac{RT}{V}\,w(T)\right)\right]_V \quad \Rightarrow \quad 0 = \frac{RT}{V}\frac{\mathrm{d}w}{\mathrm{d}T} + \frac{R}{V}w$$

ここで，$(\partial w/\partial T)_V$ を $\mathrm{d}w/\mathrm{d}T$ で置き換えた．なぜなら，定義から w は T にのみ依存するからである．この式は，第 13 章で出会った単純な 1 階の常微分方程式を導き，$w = A/T$（A は定数）という解をもつ．

12 章

[12.1] $$面積 = \iint_{\text{ellipse}} \mathrm{d}x\,\mathrm{d}y = 4\int_{x=0}^{x=a} \mathrm{d}x \int_{y=0}^{b\sqrt{1-(x/a)^2}} \mathrm{d}y = 4\int_{x=0}^{x=a} [y]_0^{b\sqrt{1-(x/a)^2}}\,\mathrm{d}x$$

$$= \frac{4\,b}{a}\int_0^a \sqrt{a^2-x^2}\,\mathrm{d}x$$

ここで，$x = a\sin\theta$ とすると

$$\mathrm{d}x = a\cos\theta$$

$$\int_0^a \sqrt{a^2-x^2}\,\mathrm{d}x = a^2\int_0^{\pi/2}\cos^2\theta\,\mathrm{d}\theta = \frac{a^2}{2}\int_0^{\pi/2}(\cos 2\,\theta + 1)\mathrm{d}\theta = \frac{\pi\,a^2}{4}$$

$$\therefore\quad \underline{面積 = \pi\,a\,b}$$

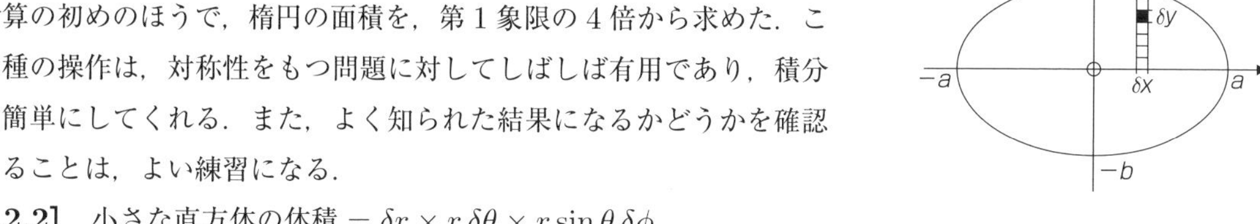

$[x = a\sin\theta]$

計算の初めのほうで，楕円の面積を，第 1 象限の 4 倍から求めた．この種の操作は，対称性をもつ問題に対してしばしば有用であり，積分を簡単にしてくれる．また，よく知られた結果になるかどうかを確認することは，よい練習になる．

[12.2] 小さな直方体の体積 $= \delta r \times r\,\delta\theta \times r\sin\theta\,\delta\phi$

$$\therefore\quad 体積素片\ \mathrm{dVol} = \underline{r^2\sin\theta\,\mathrm{d}r\,\mathrm{d}\theta\,\mathrm{d}\phi}$$

$$\therefore\quad 球の体積 = \iiint_{\text{sphere}} \mathrm{dVol} = \int_{r=0}^{R} r^2\mathrm{d}r \int_{\theta=0}^{\theta=\pi}\sin\theta\,\mathrm{d}\theta \int_{\phi=0}^{\phi=2\pi}\mathrm{d}\phi$$

$$\therefore\quad 体積 = \left[\frac{r^3}{3}\right]_0^R \times [-\cos\theta]_0^{\pi} \times [\phi]_0^{2\pi} = \frac{R^3}{3}\times(1+1)\times 2\,\pi$$

$$= \underline{\frac{4}{3}\,\pi\,R^3}$$

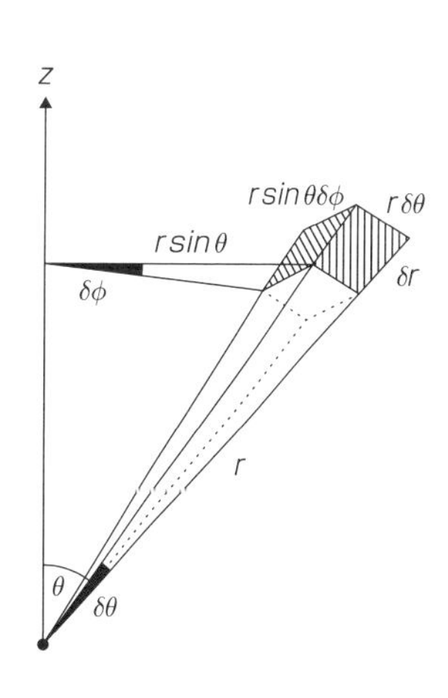

この三重積分は容易に求めることができる，なぜなら球面極座標は対称物体の幾何学に有用であり，三つの一次元の積分に簡単化されるからである．次の表面積の例では，初めから球の対称性を使っていく．外部表面の微小面積に対する式を導いて，球の表面積を求めることができる．

$$表面積 = \iint_{\text{sphere}} \mathrm{dArea} = R^2\int_{\theta=0}^{\theta=\pi}\sin\theta\,\mathrm{d}\theta\int_{\phi=0}^{\phi=2\,\pi}\mathrm{d}\phi = \underline{4\,\pi\,R^2}$$

ここで，$\mathrm{dArea} = R^2\sin\theta\,\mathrm{d}\theta\,\mathrm{d}\phi$ を使った．

[12.3] 円筒極座標系での体積は $\mathrm{dVol} = r\,\mathrm{d}r\,\mathrm{d}\theta\,\mathrm{d}x$

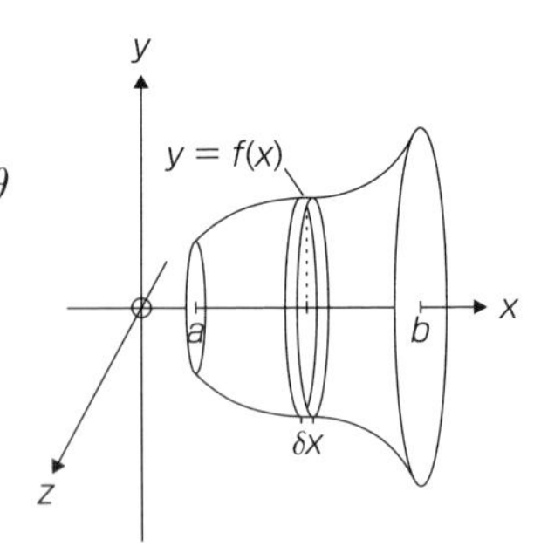

$$\therefore\quad \text{回転体の体積} = \iiint_{\text{solid}} \mathrm{dVol} = \int_{x=a}^{x=b} \mathrm{d}x \int_{r=0}^{r=f(x)} r\,\mathrm{d}r \int_{\theta=0}^{\theta=2\pi} \mathrm{d}\theta$$

ここで $\displaystyle\int_0^{2\pi} \mathrm{d}\theta = 2\pi$ および

$$\int_0^{f(x)} r\,\mathrm{d}r = \left[\frac{r^2}{2}\right]_0^{f(x)} = \frac{1}{2}[f(x)]^2$$

$$\therefore\quad \text{回転体の体積} = \underline{\pi \int_a^b y^2\,\mathrm{d}x}$$

前問の例と異なり，三重積分が三つの一次元積分の積にはなってないことに注意すべきである．これは半径（r 成分）の最大値が，$r = f(x)$ であり x 座標に依存するためである．一方，角度 θ の積分は自己完結となっており，動径と横方向の寄与は積分範囲で相互連携している．確かに，もし r と x の積分の順番が入れ変わると和を定式化するのは非常に難しくなる．

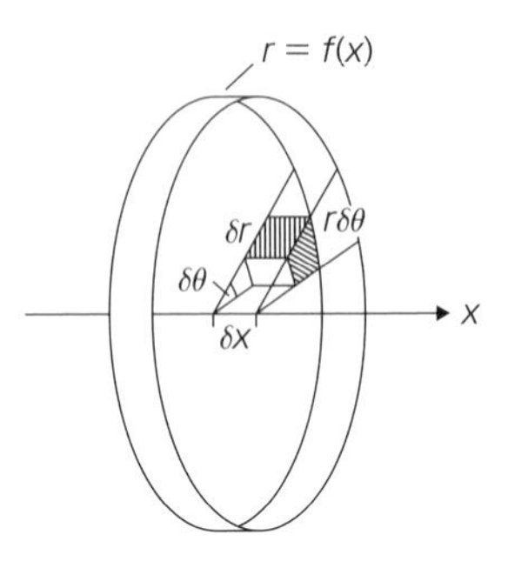

角度と動径部分を最初に求めるのは，簡単な幾何学的な解釈，すなわちある x での薄い円盤の体積が $p[f(x)]^2\mathrm{d}x$ であるからである．これは，円の面積が πR^2 であることから導ける．それゆえ回転体の体積の式は，このような薄い円盤の $x = a$ から $x = b$ への和とみなせる．

最後に，球は半円の弧 $x^2 + y^2 = R^2$（$y \geq 0$）を 360° 回転することで得られるので，前の例の式は以下のようになる．

$$\text{球の体積} = \pi \int_{-R}^{R} (R^2 - x^2)\,\mathrm{d}x = \pi \left[R^2 x - \frac{x^3}{3}\right]_{-R}^{R} = \underline{\frac{4}{3}\pi R^3}$$

[12.4] (1) $\displaystyle\iint_{\text{circle}} x^2(1 - x^2 - y^2)\,\mathrm{d}x\,\mathrm{d}y$

$$= 4\int_{x=0}^{x=1} x^2\,\mathrm{d}x \int_{y=0}^{y=\sqrt{1-x^2}} (1 - x^2 - y^2)\,\mathrm{d}y$$

$$= 4\int_0^1 x^2 \left[y - x^2 y - \frac{y^3}{3}\right]_0^{\sqrt{1-x^2}} \mathrm{d}x$$

$$= 4\int_0^1 x^2\sqrt{1-x^2}\left[1 - x^2 - \frac{1-x^2}{3}\right]\mathrm{d}x$$

$$= \frac{8}{3}\int_0^1 x^2(1-x^2)^{3/2}\,\mathrm{d}x \quad (x = \sin\theta\ \text{とおいた})$$

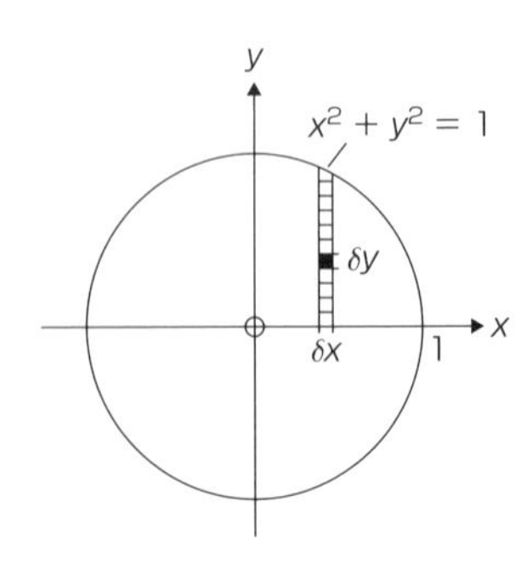

ここで，$x = \sin\theta$，$\mathrm{d}x = \cos\theta\,\mathrm{d}\theta$ とおくと

$$\int_0^1 x^2(1-x^2)^{3/2}\,\mathrm{d}x = \int_0^{\pi/2} \sin^2\theta\cos^4\theta\,\mathrm{d}\theta$$

また　$\sin^2\theta\cos^4\theta = (\sin\theta\,\cos\theta)^2\cos^2\theta = \dfrac{\sin^2 2\theta}{4}\times\dfrac{\cos 2\theta+1}{2}$

$$= \frac{1-\cos 4\theta}{8}\times\frac{\cos 2\theta+1}{2} = \frac{1+\cos 2\theta-\cos 4\theta-(\cos 2\theta+\cos 6\theta)/2}{16}$$

$$= \frac{2+\cos 2\theta-2\cos 4\theta-\cos 6\theta}{32}$$

（ここで，$\cos A\,\cos B = (1/2)[\cos(A+B)+\cos(A-B)]$ を使った）

$$\therefore\quad \iint_{\text{circle}} x^2(1-x^2-y^2)\,\mathrm{d}x\,\mathrm{d}y = \frac{1}{12}\int_0^{\pi/2}(2+\cos 2\theta-2\cos 4\theta-\cos 6\theta)\,\mathrm{d}\theta$$

$$= \frac{1}{12}\left[2\theta+\frac{\sin 2\theta}{2}-\frac{\sin 4\theta}{2}-\frac{\sin 6\theta}{6}\right]_0^{\pi/2} = \underline{\frac{\pi}{12}}$$

演習問題 12.1 の例のように，第 1 象限の面積の 4 倍から円の面積を求めた．被積分関数 $x^2(1-x^2-y^2)$ が対称なので，この手法が可能となった．対称とは，x と y の符号に関係なく被積分関数が同じ値をもつことである．

(2) 極座標では，表面の微小面積 $\mathrm{d}x\,\mathrm{d}y$ は $r\,\mathrm{d}r\,\mathrm{d}\theta$ となる．それゆえ，$x = r\cos\theta$，$y = r\sin\theta$ とすると，以下のようになる．

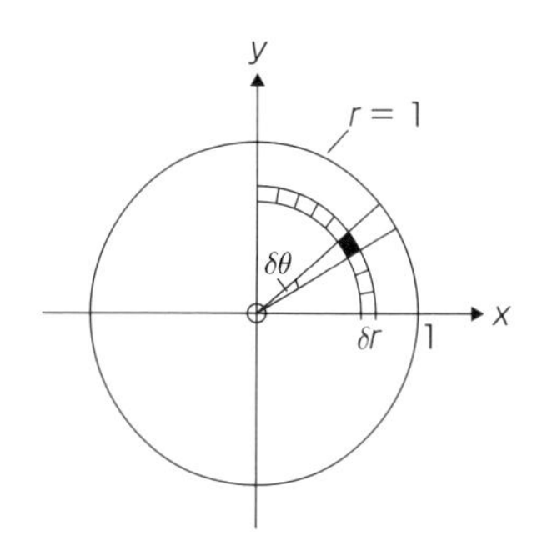

$$\iint_{\text{circle}} x^2(1-x^2-y^2)\,\mathrm{d}x\,\mathrm{d}y = \iint_{\text{circle}} r^2\cos^2\theta(1-r^2)r\,\mathrm{d}r\,\mathrm{d}\theta$$

$$= 4\int_{r=0}^{r=1}(r^3-r^5)\,\mathrm{d}r\int_{\theta=0}^{\theta=\pi/2}\cos^2\theta\,\mathrm{d}\theta$$

$$= 4\left[\frac{r^4}{4}-\frac{r^6}{6}\right]_0^1\int_{\theta=0}^{\theta=\pi/2}\frac{\cos 2\theta+1}{2}\,\mathrm{d}\theta$$

$$= 4\left(\frac{1}{4}-\frac{1}{6}\right)\left[\frac{\sin 2\theta}{2}+\frac{\theta}{2}\right]_0^{\pi/2} = 4\times\frac{3-2}{12}\times\frac{\pi}{4} = \underline{\frac{\pi}{12}}$$

直交座標と極座標で同じ二重積分の値となった．計算の労力は (2) のほうが (1) よりはるかに小さい．これは，対称の図形に適した座標系を選べば問題が簡略化できることを示している．本問の場合，円の領域を積分するので，極座標が最も自然な選択である．長方形や直角三角形のなら，直交座標のほうがよい．

13 章

[13.1]　$\dfrac{\mathrm{d}N}{\mathrm{d}t} = -\lambda N \quad\Rightarrow\quad \displaystyle\int_{N_0}^{N}\frac{\mathrm{d}N}{N} = -\lambda\int_0^t \mathrm{d}t$

$$\therefore\quad [\ln N]_{N_0}^{N} = \ln\left(\frac{N}{N_0}\right) = -\lambda t \qquad \text{よって}\quad N = N_0\,e^{-\lambda t}$$

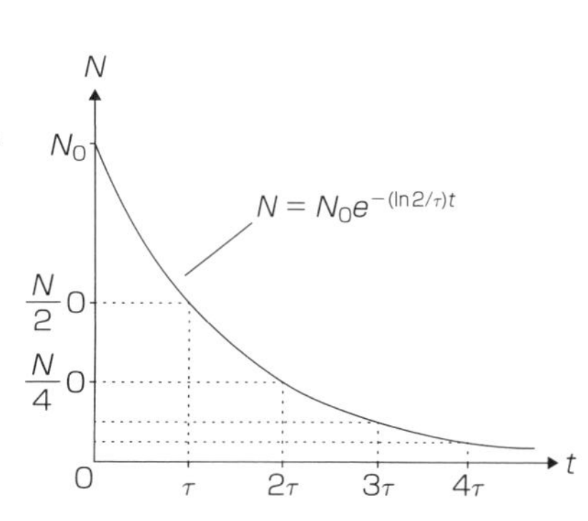

半減期 τ は，$N = N_0/2$ になる時間として定義される．

$$\therefore\quad \frac{N_0}{2} = N_0\,e^{-\lambda\tau} \quad\Longleftrightarrow\quad e^{-\lambda\tau} = \frac{1}{2}$$

$$\Longleftrightarrow\quad -\lambda\tau = \ln(1/2) = -\ln 2$$

$$\therefore\quad \underline{\tau = \frac{\ln 2}{\lambda} = \frac{0.693}{\lambda}}$$

[13.2] (1) $\displaystyle\int \frac{\mathrm{d}y}{1-y^2} = \int \frac{\mathrm{d}y}{(1-y)(1+y)} = \frac{1}{2}\int \left(\frac{1}{1-y} + \frac{1}{1+y}\right)\mathrm{d}y = \int \frac{\mathrm{d}x}{x}$

$$\therefore \quad \frac{1}{2}[-\ln(1-y) + \ln(1+y)] = \ln\sqrt{\frac{1+y}{1-y}} = \ln x + A$$

指数をとって 2 乗すると $\quad \underline{\dfrac{1+y}{1-y} = B\,x^2}$ （ここで，$B = e^{2\,A}$）

(2) 同次方程式；標準の置き換え $y = V\,x (V = y/x)$ を用いる．

$$\frac{\mathrm{d}y}{\mathrm{d}x} = V + x\,\frac{\mathrm{d}V}{\mathrm{d}x} = 2\left(\frac{y^2}{x^2}\right) + \frac{x\,y}{x^2} = 2\,V^2 + V$$

$$\therefore \quad x\,\frac{\mathrm{d}V}{\mathrm{d}x} = 2\,V^2 \quad \Rightarrow \quad \int \frac{\mathrm{d}x}{x} = \int \frac{\mathrm{d}V}{2\,V^2}$$

$\therefore \quad \ln x = -\dfrac{V^{-1}}{2} + A = -\dfrac{1}{2}\,\dfrac{x}{y} + A$ 　したがって　$\underline{y = \dfrac{-x}{2\,\ln x + B}}$

(3) 線型の置換を使った変換 $u = x + a$，$v = y + b$ を用いる．

$$\frac{\mathrm{d}y}{\mathrm{d}x} = \frac{\mathrm{d}v}{\mathrm{d}u} = \frac{(u-a)+(v-b)+5}{(u-a)-(v-b)+2} = \frac{u+v+5-a-b}{u-v+2-a+b} \quad (\mathrm{d}u = \mathrm{d}x,\ \mathrm{d}v = \mathrm{d}y \text{ より})$$

$$\left.\begin{array}{l} 5-a-b=0 \\ 2-a+b=0 \end{array}\right\} \begin{array}{l} a = 7/2 \\ b = 3/2 \end{array} \quad \Rightarrow \quad \frac{\mathrm{d}v}{\mathrm{d}u} = \frac{u+v}{u-v}$$

次に，$v = \Theta\,u$ と，さらに置換する．

$$\frac{\mathrm{d}v}{\mathrm{d}u} = \Theta + u\,\frac{\mathrm{d}\Theta}{\mathrm{d}u} = \frac{1+v/u}{1-v/u} = \frac{1+\Theta}{1-\Theta} \qquad \therefore \quad u\,\frac{\mathrm{d}\Theta}{\mathrm{d}u} = \frac{1+\Theta}{1-\Theta} - \Theta = \frac{1+\Theta^2}{1-\Theta}$$

$$\therefore \quad \int \frac{1-\Theta}{1+\Theta^2}\mathrm{d}\Theta = \int \frac{1}{1+\Theta^2}\mathrm{d}\Theta - \int \frac{\Theta}{1+\Theta^2}\mathrm{d}\Theta = \int \frac{\mathrm{d}u}{u}$$

すなわち　$\tan^{-1}\Theta - \dfrac{1}{2}\ln(1+\Theta^2) = \ln u + B$

$$\therefore \quad \tan^{-1}\left(\frac{v}{u}\right) - B = \ln u + \frac{1}{2}\ln\left[1 + \left(\frac{v}{u}\right)^2\right] = \ln\left[u\sqrt{1+\left(\frac{v}{u}\right)^2}\right]$$

したがって　$\underline{\tan^{-1}\left(\dfrac{y+3/2}{x+7/2}\right) = B + \ln\sqrt{(x+7/2)^2 + (y+3/2)^2}}$

（$\mathrm{d}\Theta = v/u$，$u = x + 7/2$，$v = y + 3/2$ を用いた）

(4) 積分因子が必要である（本文 13.4 節参照）．

$$I(x) = \exp\left(\int \cot x\,\mathrm{d}x\right) = \exp\left(\int \frac{\cos x}{\sin x}\,\mathrm{d}x\right) = \exp[\ln(\sin x)] = \sin x$$

$\mathrm{d}(y\,I)/\mathrm{d}x = I\theta$ なので

$\therefore \quad \dfrac{\mathrm{d}}{\mathrm{d}x}(y\sin x) = \sin x\ \mathrm{cosec}x = 1 \qquad \therefore \quad y\sin x = x + B$ 　したがって　$\underline{y = \dfrac{x+B}{\sin x}}$

(5) $I(x) = \exp\left(\int 2\,x\,\mathrm{d}x\right) = \exp(x^2) \qquad \therefore \quad \dfrac{\mathrm{d}}{\mathrm{d}x}(y\,e^{x^2}) = x\exp(x^2)$

$$\therefore \quad y\,e^{x^2} = \int x\,e^{x^2}\,\mathrm{d}x = \frac{e^{x^2}}{2} + A \qquad \text{したがって} \quad \underline{y = \frac{1}{2} + A\,e^{-x^2}}$$

(6) $I(x) = \exp\left(\int \dfrac{1}{x}\,\mathrm{d}x\right) = \exp(\ln x) = x \qquad \therefore \quad \dfrac{\mathrm{d}}{\mathrm{d}x}(x\,y) = x\cos x$

$$\therefore \quad x\,y = \int x\cos x\,\mathrm{d}x = x\sin x - \int \sin x\,\mathrm{d}x = x\sin x + \cos x + A$$

$$\therefore \quad \underline{y = \sin x + \frac{A + \cos x}{x}}$$

[13.3] $v = y^{-(\alpha-1)}$ の置き換えを行うと，ベルヌーイ方程式は変換されて

$$\frac{y^{\alpha}}{-(\alpha-1)}\frac{\mathrm{d}v}{\mathrm{d}x} + P(x)\,y = y^{\alpha}\,Q(x) \quad \Longleftrightarrow \quad \frac{1}{1-\alpha}\frac{\mathrm{d}v}{\mathrm{d}x} + P(x)\,v = Q(x)$$

$\left(\dfrac{\mathrm{d}v}{\mathrm{d}x} = -(\alpha-1)\,y^{-\alpha}\,\dfrac{\mathrm{d}y}{\mathrm{d}x}\right)$

$P(x) = Q(x) = x$ と $\alpha = 2$ の場合，$v = y^{-1}$ とおいて

$\therefore \quad \dfrac{\mathrm{d}v}{\mathrm{d}x} - x\,v = -x$ に対して積分因子を用いると

$$I(x) = \exp\left(-\int x\,\mathrm{d}x\right) = e^{-x^2/2}$$

$$\therefore \quad \frac{\mathrm{d}}{\mathrm{d}x}\left(v\,e^{-x^2/2}\right) = -x\,e^{-x^2/2}$$

$$\Rightarrow \quad v\,e^{-x^2/2} = -\int x\,e^{-x^2/2}\,\mathrm{d}x = e^{-x^2/2} + A$$

$$\therefore \quad v = 1 + A\,e^{x^2/2} \quad \Longleftrightarrow \quad \frac{1}{y} - 1 = A\,e^{x^2/2}$$

$$\text{したがって} \quad \underline{y = \frac{1}{1 + A\,e^{x^2/2}}}$$

解の性質は積分定数 A の値に大きく依存する．これは，非線形の常微分方程式の場合にしばしば生じることである．

[13.4] $I(x)\left[\dfrac{\mathrm{d}y}{\mathrm{d}x} + P(x)\,y\right] = I(x)\,Q(x) \quad \Longleftrightarrow \quad I(x)[Q(x) - P(x)\,y]\,\mathrm{d}x - I(x)\,\mathrm{d}y = 0$

完全性のテストを満足すれば，完全微分となる．

$$\text{したがって} \quad \frac{\partial}{\partial y}\{I(x)\,[Q(x) - P(x)\,y]\}_x = \frac{\partial}{\partial x}\{-I(x)\}_y \quad \Rightarrow \quad -I(x)\,P(x) = \frac{\mathrm{d}I}{\mathrm{d}x}$$

$$\therefore \quad \int \frac{\mathrm{d}I}{I} = \int P(x)\,\mathrm{d}x \quad \Rightarrow \quad \ln I = \int P(x)\,\mathrm{d}x \qquad \text{すなわち} \quad \underline{I(x) = \exp\left(\int P(x)\,\mathrm{d}x\right)}$$

[13.5] (1) 最初に補関数を解く（本文 13.6 節参照）.

$$c(x) : c'' - 2\,c' - 3\,c = 0$$

以下を試す　$c(x) = A\,e^{m\,x} \quad \Rightarrow \quad A\,e^{m\,x}(m^2 - 2\,m - 3) = A\,e^{m\,x}\,(m-3)\,(m+1) = 0$

すなわち　$c = B\,e^{-x} + C\,e^{3\,x}$

特別解の積分 $p(x)$ は「$\sin x$」の項を生じるので，以下を試す

$$p = D\sin x + E\cos x$$

$$p' = D\cos x - E\sin x$$

$$p'' = -D\sin x - E\cos x$$

$p'' - 2\,p' - 3\,p = \sin x$ とおくと，以下を与える

（ここで，$\left.\begin{array}{r} -4\,D + 2\,E = 1 \\ -4\,E - 2\,D = 0 \end{array}\right\} \begin{array}{l} D = -1/5 \\ E = +1/10 \end{array}$ ）.

$$\sin x\,(-D + 2\,E - 3\,D) = (1)\sin x$$

$$\cos x\,(-E - 2\,D - 3\,E) = (0)\cos x$$

すなわち　$\underline{y = c + p = B\,e^{-x} + C\,e^{3\,x} - \dfrac{1}{5}\sin x + \dfrac{1}{10}\cos x}$

さらに進めるためには，一般解の定数を決める境界条件が必要である．$x \to \infty$ で y が有限なら，$C = 0$ となる．なぜなら，$x \to \infty$ で $y \to \pm\infty$ となるからである．もし $y(0) = 0$ なら，$x = 0$ として，$B + 1/10 = 0$，$B = -1/10$ となる．

すなわち　$\underline{y = \dfrac{1}{10}(-e^{-x} - 2\sin x + \cos x)}$

(2) $c = A\,e^{m\,x} \quad \Rightarrow \quad A\,e^{m\,x}(m^2 - 2\,m - 8) = A\,e^{m\,x}(m+2)(m-4) = 0$

すなわち　$c = B\,e^{-2\,x} + C\,e^{4\,x}$

$p(x)$ は x^2 の項を生じるので以下を試す

$$p = F + E\,x + D\,x^2$$

$$p' = E + 2\,D\,x$$

$$p'' = 2\,D$$

$p'' - 2\,p' - 8\,p = x^2$ とおくと

$$x^2\,(-8\,D) = (1)x^2 \qquad \therefore \quad -8\,D = 1$$

$$x^1\,(-4\,D - 8\,E) = (0)x^1 \qquad \therefore \quad -4\,D - 8\,E = 0$$

$$x^0\,(2\,D - 2\,E - 8\,F) = (0)x^0 \qquad \therefore \quad 2\,D - 2\,E - 8\,F = 0$$

よって　$D = -\dfrac{1}{8}$，$E = +\dfrac{1}{16}$，$F = -\dfrac{3}{64}$

すなわち　$\underline{y = B\,e^{-2\,x} + C\,e^{4\,x} - \frac{1}{8}x^2 + \frac{1}{16}x - \frac{3}{64}}$

(3) $c = A\,e^{m\,x} \quad \Rightarrow \quad (m^2 + \omega_0^2) = (m + i\,\omega_0)(m - i\,\omega_0) = 0$

すなわち　$c = A\,e^{-i\,\omega_0\,x} + B\,e^{i\,\omega_0\,x}$

これは，$\cos\omega_0\,x$ と $\sin\omega_0\,x$ で容易に記述できる．

すなわち

$$c = A(\cos\omega_0\,x - i\sin\omega_0\,x) + B(\cos\omega_0\,x + i\sin\omega_0\,x)$$
$$= \underbrace{(A + B)}_{C}\cos\omega_0\,x + \underbrace{(-i\,A - i\,B)}_{D}\sin\omega_0\,x$$

$p(x)$ は $\cos\omega x$ の項を生じるので，以下を試す

$$p = E\cos\omega\,x + F\sin\omega\,x \qquad p' = -E\,\omega\sin\omega\,x + F\,\omega\cos\omega\,x \qquad p'' = -E\,\omega^2\cos\omega\,x - F\,\omega^2\sin\omega\,x$$

$p'' = \omega_0^2\,p = \cos\omega x$ とおくと

$$E\cos\omega\,x\,(-\omega^2 + \omega_0^2) = (1)\cos\omega\,x \qquad F\sin\omega\,x\,(-\omega^2 + \omega_0^2) = (0)\sin\omega\,x$$

$$\therefore \quad E = \frac{1}{\omega_0^2 - \omega^2}, F = 0$$

したがって　$\underline{y = C\cos\omega_0\,x + D\sin\omega_0\,x + \frac{\cos\omega\,x}{\omega_0^2 - \omega^2}}$

この解を吟味すると，興味深い性質が現れる．$\omega \to \omega_0$ のとき，y が無限大に発散する．これは，共鳴振動数で単純な調和振動子を駆動させることに対応している．理論的には，振動子の振幅は限界なしに増加するが，実際の系では運動がもはや単純な調和振動子の式に従わない点まで到達する．

(4) $c = A\,e^{m\,x} \quad \Rightarrow \quad (m^2 + m + 1) = 0 \quad \Rightarrow \quad m = (-1 \pm \sqrt{1-4})/2 = (-1 - \pm i\sqrt{3})/2$

すなわち　$c = e^{-x/2}[A\sin(\sqrt{3}\,x/2) + B\cos(\sqrt{3}\,x/2)]$

$p(x)$ は $\cos\omega x$ の項を生じるので，以下を試す

$$p = E\cos\omega\,x + F\sin\omega\,x \qquad p' = -E\,\omega\sin\omega\,x + F\,\omega\cos\omega\,x \qquad p'' = -E\,\omega^2\cos\omega\,x - F\,\omega^2\sin\omega\,x$$

$p'' + p' + p = \cos\omega x$ より

$$\cos\omega\,x\,(-\omega^2\,E + \omega\,F + E) = (1)\cos\omega\,x \qquad \sin\omega\,x\,(-\omega^2\,F - \omega\,E + F) = (0)\sin\omega\,x$$

この式は，行列を使えば最も簡単に解くことができる．

$$\begin{pmatrix} 1-\omega^2 & \omega \\ -\omega & 1-\omega^2 \end{pmatrix} \begin{pmatrix} E \\ F \end{pmatrix} = \begin{pmatrix} 1 \\ 0 \end{pmatrix}$$

$$\begin{pmatrix} E \\ F \end{pmatrix} = \begin{pmatrix} 1-\omega^2 & \omega \\ -\omega & 1-\omega^2 \end{pmatrix}^{-1} \begin{pmatrix} 1 \\ 0 \end{pmatrix}$$
$$= \frac{1}{\omega^4 - \omega^2 + 1}\begin{pmatrix} 1-\omega^2 \\ \omega \end{pmatrix}$$

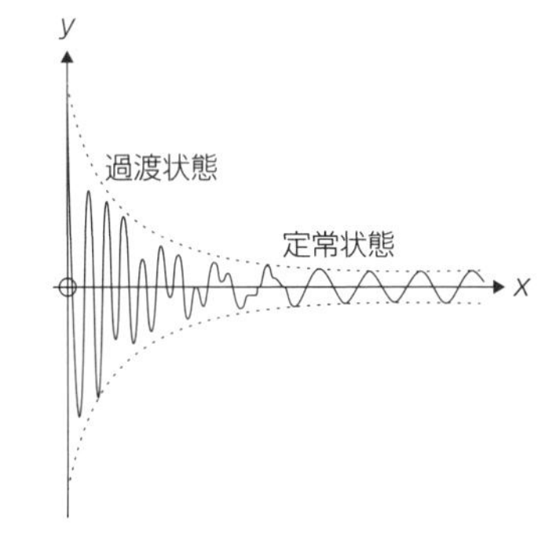

すなわち　$\underline{y = e^{-x/2}\left[A\sin\left(\frac{\sqrt{3}\,x}{2}\right) + B\cos\left(\frac{\sqrt{3}\,x}{2}\right)\right] + \frac{(1-\omega)^2\cos\omega\,x + \omega\sin\omega\,x}{\omega^4 - \omega^2 + 1}}$

この解は「駆動減衰調和振動子」の運動を記述したものである．元の式の右辺の項は駆動力を，y は系の変位を，x は時間を表す．y' の減衰項の効果は，補関数 c を $x \to \infty$ につれてゼロにすることである．c は過渡的な解であり，p は「定常状態」の解で過渡的なものが終わった後の運動を記述したものである．

この問題は，「複素振幅」A を利用すれば，より早く解ける．

$$p = \mathrm{Re}\{A\exp(i\omega x)\} \qquad p' = \mathrm{Re}\{A\,i\omega\exp(i\omega x)\} \qquad p'' = \mathrm{Re}\{A(-\omega^2)\exp(i\omega x)\}$$

ここで，物理的な振幅 $|A|$ と位相 ϕ は，$A = |A|\,e^{i\phi}$ で与えられる．右辺の $\cos\omega x$ を $\mathrm{Re}\{\exp(i\omega x)\}$ と書き換えれば，$p'' + p' + p = \exp(i\omega x)$ に対して以下が得られる．

$$(-\omega^2 + i\omega + 1)A\exp(i\omega x) = (1)\exp(i\omega x) \quad \Rightarrow \quad A = \frac{1}{-\omega^2 + i\omega + 1}$$

$$\therefore \quad \mathrm{Re}\{A\exp(i\omega x)\} = \mathrm{Re}\left\{\frac{\cos\omega x + i\sin\omega x}{-\omega^2 + i\omega + 1}\left[\frac{-\omega^2 + 1 - i\omega}{-\omega^2 + 1 - i\omega}\right]\right\}$$

$$= \underline{\frac{1}{\omega^4 - \omega^2 + 1}[(1 - \omega^2)\cos\omega x + \omega\sin\omega x)]}$$

物理的な振幅を容易に求めることができる．この場合，A の絶対値は，$1/\sqrt{\omega^4 - \omega^2 + 1}$ となる．位相は $-\arctan[\omega/(1 - \omega^2)]$ となる．

(5) $c = A\,e^{mx} \quad \Rightarrow \quad (m^2 + 4) = (m + 2i)(m - 2i) = 0 \quad \Rightarrow \quad m = \pm 2i$

すなわち　$c = A\cos 2x + B\sin 2x$

ここで，式の右辺は補関数の一部で，積分する際の最初の推測として $p = A\cos 2x + B\sin 2x$ で試行するときに無意味になることに注意．そうではなく，微分したら "$\cos 2x$" 項を生み出す関数で試行する．

$$p = C\,x\cos 2x + D\,x\sin 2x$$

$$p' = C\cos 2x - 2C\,x\sin 2x + D\sin 2x + 2D\,x\cos 2x$$

$$p'' = -2C\sin 2x - 2C\sin 2x - 4C\,x\cos 2x + 2D\cos 2x + 2D\cos 2x - 4D\,x\sin 2x$$

$p'' + 4p = \cos 2x$ より

$$x\cos 2x(-4C + 4C) = (0)x\cos 2x \qquad x\sin 2x(-4D + 4D) = (0)x\sin 2x$$

$$\cos 2x(4D) = (1)\cos 2x \qquad \sin 2x(-4C) = (0)\sin 2x$$

$$\therefore \quad D = 1/4, C = 0$$

すなわち　$\underline{y = A\cos 2x + B\sin 2x + (x\sin 2x)/4}$

係数の一つ C がゼロになるのはそれほど不思議なことではない．元々の式の右辺は，偶のパリティをもつといわれる．なぜなら x が $-x$ に置き換わっても変わらないからである．同じことが左辺でもおこるはずである．微分演算子（$\mathrm{d}^2/\mathrm{d}x^2 + 4$）は偶のパリティをもち，$x \to -x$ になっても変化はなく，それが演算されてもパリティは保存される．それゆえ，p は偶関数のみを含む．すなわち，$x \times \sin 2x$ は二つの奇関数の積であり偶である．一方，$x \times \cos 2x$ は奇関数と偶関数の積なので奇パリティをもつ．パリティの議論は，「シュレーディンガー方程式」を含む量子力学の計算できわめて有効である．

[13.6] (1) $\dfrac{\mathrm{d}y}{\mathrm{d}x} = A\lambda x^{\lambda-1}$ および $\dfrac{\mathrm{d}^2y}{\mathrm{d}x^2} = A\lambda(\lambda-1)x^{\lambda-2}$

$$\therefore \quad A\,x^{\lambda}[\lambda(\lambda-1)+3\,\lambda+1]=0 \quad \Rightarrow \quad \lambda(\lambda-1)+3\,\lambda+1=(\lambda+1)^2=0$$

よって，重根としてただ一つの解が得られる．すなわち $\underline{y = A\,x^{-1}}$

(2) 2 階の常微分方程式の一般解は二つの任意の定数をもたねばならないので，(1) の方法ではもう一つの解がないことがわかる．また，同次の 2 階常微分方程式の $e^{\lambda x}$ を解くとき，通常は最初の解に x を乗じるが，これは試行できない．というのは，この試行を行えば，試行関数 $B\,x\,x^{\lambda}=B\,x^{\lambda+1}$ が生じ，置換すると元の式に戻ってしまうからだ．置換法ではこの問題が解決される．

$$3\,x\frac{\mathrm{d}y}{\mathrm{d}x}=3\,x\frac{\mathrm{d}y}{\mathrm{d}u}\frac{\mathrm{d}u}{\mathrm{d}x}=3\frac{\mathrm{d}y}{\mathrm{d}u} \quad \text{および}$$

$$x^2\frac{\mathrm{d}^2y}{\mathrm{d}x^2}=x^2\frac{\mathrm{d}}{\mathrm{d}x}\left(\frac{1}{x}\frac{\mathrm{d}y}{\mathrm{d}u}\right)=x^2\left[(-1)x^{-2}\frac{\mathrm{d}y}{\mathrm{d}u}+\frac{1}{x}\frac{\mathrm{d}u}{\mathrm{d}x}\frac{\mathrm{d}^2y}{\mathrm{d}x^2}\right]=\frac{\mathrm{d}^2y}{\mathrm{d}u^2}-\frac{\mathrm{d}y}{\mathrm{d}u}$$

（なぜなら，$\dfrac{\mathrm{d}u}{\mathrm{d}x}=\dfrac{1}{x}$）

$$\therefore \quad \frac{\mathrm{d}^2y}{\mathrm{d}u^2}+2\frac{\mathrm{d}y}{\mathrm{d}u}+y=0$$

これは以下の置き換えで解ける．

$$y(u)=A\,e^{m\,u} \qquad \therefore \quad A\,e^{m\,u}(m^2+2\,m+1)=A\,e^{m\,u}(m+1)^2=0 \quad \Rightarrow \quad (m+1)^2=0$$

再び重根となるが，今度は通常の同次の場合なので，u に最初の解を乗じたものを二番目の解とすることができる．$u=\ln x$ で元に戻すと，二つの任意定数をもつ一般解を得ることができる．

$$y(u)=A\,e^{-u}+B\,u\,e^{-u}$$

$$\Rightarrow \quad \underline{y(x)=A\,e^{-\ln x}+B\ln(x)\,e^{-\ln x}=A\,x^{-1}+B\ln(x)x^{-1}}$$

14 章

[14.1] $f=f(x,y)$ なら，$\mathrm{d}f=\left(\dfrac{\partial f}{\partial x}\right)_y\mathrm{d}x+\left(\dfrac{\partial f}{\partial y}\right)_x\mathrm{d}y$ となる．

$$\therefore \quad \text{完全微分} \quad \Rightarrow \quad \left(\frac{\partial f}{\partial x}\right)_y=y\cos(x\,y) \quad ①$$

$$\text{および} \quad \left(\frac{\partial f}{\partial y}\right)_x=x\cos(x\,y)+2\,y \quad ②$$

①を y を一定とし x に関して積分すると

$$f(x,y)=\sin(x\,y)+g(y) \quad ③$$

③を②に代入すると

$$\left(\frac{\partial f}{\partial y}\right)_x = x\cos(x\,y) + \frac{\mathrm{d}g}{\mathrm{d}y} = x\cos(x\,y) + 2\,y$$
$$\therefore\quad \frac{\mathrm{d}g}{\mathrm{d}y} = 2\,y \quad\Rightarrow\quad g(y) = y^2 + C$$

すなわち　　$\underline{f(x,y) = \sin(x\,y) + y^2 + C}$

多くの違う方法でこの問題を解いてきた．たとえば②を x を一定にして y について積分し，その結果として得られる $f(x,y)$ に関する式を①に代入し，積分した関連の関数 $h(x)$ を得る．別解として，任意の定数 C を用いて解を求めることもできる．①と②の適当な積分の結果として得られた $f(x,y)$ の二つの一般解を直接比較する方法である．

[14.2]

$$\left(\frac{\partial u}{\partial t}\right)_x = \exp(-x^2/4\,k\,t)\left[\frac{\partial}{\partial t}\left(\frac{1}{\sqrt{4\,k\,t}}\right) + \frac{1}{\sqrt{4\,k\,t}}\frac{\partial}{\partial t}\left(\frac{-x^2}{4\,k\,t}\right)\right]_x$$
$$= \exp(-x^2/4\,k\,t)\left[-2\,k(4\,k\,t)^{-3/2} + \frac{x^2}{4\,k\,t^2\sqrt{4\,k\,t}}\right]$$
$$= \exp(-x^2/4\,k\,t)\left[\frac{x^2}{t} - 2\,k\right](4\,k\,t)^{-3/2}$$
$$\left(\frac{\partial u}{\partial x}\right)_t = \frac{\exp(-x^2/4\,k\,t)}{\sqrt{4\,k\,t}}\left[\frac{\partial}{\partial x}\left(\frac{-x^2}{4\,k\,t}\right)\right]_t$$
$$= -2\,x\exp(-x^2/4\,k\,t)(4\,k\,t)^{-3/2}$$
$$\therefore\quad k\frac{\partial^2 u}{\partial x^2} = k\left[\frac{\partial}{\partial x}\left(\frac{\partial u}{\partial x}\right)_t\right]_t = -2\,k\exp(-x^2/4\,k\,t)\left[\frac{\partial}{\partial x}x + x\frac{\partial}{\partial x}\left(\frac{-x^2}{4\,k\,t}\right)\right]_t(4\,k\,t)^{-3/2}$$
$$= -2\,k\exp(-x^2/4\,k\,t)\left[1 - \frac{x^2}{2\,k\,t}\right](4\,k\,t)^{-3/2}$$

したがって　　$\underline{k\dfrac{\partial^2 u}{\partial x^2} = \dfrac{\partial u}{\partial t}}$

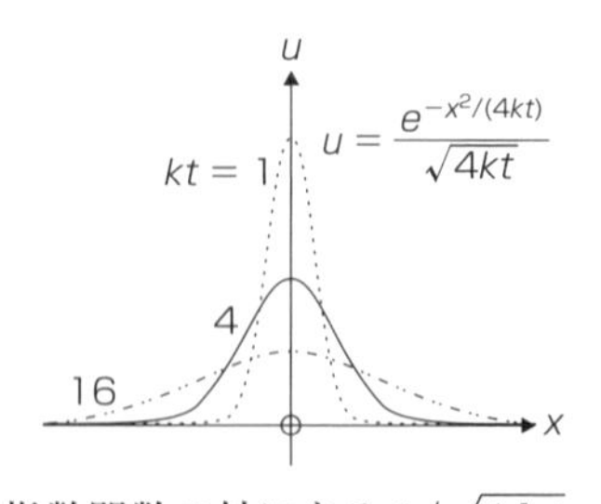

拡散方程式のこの解は，（温度としての）熱が金属の棒で，あるいは溶質の濃度が溶媒中で最初の点源から時間とともにどのように広がっていくのかを示す．ある時間 t に空間分布（x で書かれる）は，あちこちでよく使われるガウス関数（確率と統計で正規分布として知られている）の形をとる．原点に中心をおくと，その形は $\exp(-x^2/2\,\sigma^2)$ の二乗の指数関数となり，その幅は定数 σ（標準偏差．その二乗が分散として知られている）で与えられる．拡散の場合は $\sigma \propto \sqrt{t}$ となり，時間が二乗になると幅は倍となる．ちなみに，指数関数の外にある $1/\sqrt{4\,k\,t}$ という因子は規格化の項で，分布関数の積分が時間が変わっても一定にすることを保証する．言い換えると，たとえば溶質分子の総数は，分布が広がっても一定である．標準のガウス分布では，$\exp(-x^2/2\,\sigma^2)$ の規格化前置因子 $(\sigma\sqrt{2\,\pi})^{-1}$ である．

[14.3] 以下で試行する

$$\Psi(x,y) = X(x)\,Y(y)$$

$$\therefore\quad Y\,\frac{\mathrm{d}^2 X}{\mathrm{d}x^2} + X\,\frac{\mathrm{d}^2 Y}{\mathrm{d}y^2} + \frac{8\,\pi^2\,m\,E\,X\,Y}{h^2} = 0$$

$$\therefore\quad \frac{1}{X}\,\frac{\mathrm{d}^2 X}{\mathrm{d}x^2} + \frac{8\,\pi^2\,m\,E}{h^2} = -\frac{1}{Y}\,\frac{\mathrm{d}^2 Y}{\mathrm{d}y^2} = \omega^2 \quad \text{（定数）}$$

すなわち　$\dfrac{\mathrm{d}^2 X}{\mathrm{d}x^2} = -\left(\dfrac{8\,\pi^2\,m\,E}{h^2} - \omega^2\right)X$　および　$\dfrac{\mathrm{d}^2 Y}{\mathrm{d}y^2} = -\omega^2\,Y$

$$\therefore\quad X = A\sin(\Omega\,x) + B\cos(\Omega\,x) \quad \text{および} \quad Y = C\sin(\omega\,y) + D\cos(\omega\,y)$$

ここで，$\Omega^2 = \dfrac{8\,\pi^2\,m\,E}{h^2} - \omega^2$ なので，解は以下のようなかたちとなる．

$$\Psi(x,y) = [A\sin(\Omega\,x) + B\cos(\Omega\,x)][C\sin(\omega\,y) + D\cos(\omega\,y)]$$

ただし

$$\Psi(0,y) = 0 \quad \Rightarrow \quad B = 0$$

$$\Psi(x,0) = 0 \quad \Rightarrow \quad D = 0$$

$$\Psi(a,y) = 0 \quad \Rightarrow \quad \sin(\Omega\,a) = 0 \qquad \text{よって} \quad \Omega = k\,\pi/a \quad (k \text{ は整数})$$

$$\Psi(x,b) = 0 \quad \Rightarrow \quad \sin(\omega\,b) = 0 \qquad \text{よって} \quad \omega = l\,\pi/b \quad (l \text{ は整数})$$

したがって，解は以下のようなかたちとなる．

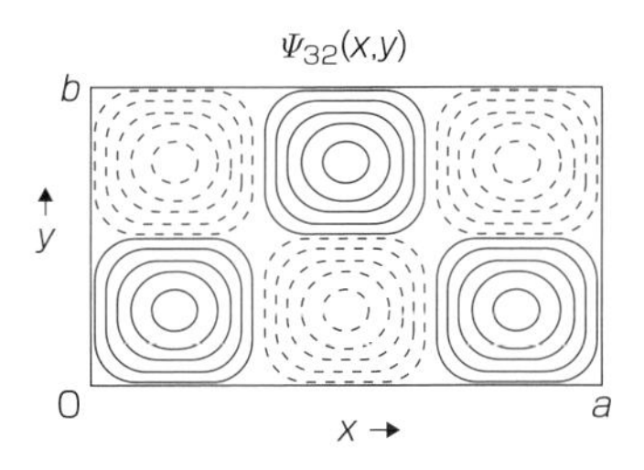

$$\underline{\Psi_{kl}(x,y) = A_{kl}\sin(k\,\pi\,x/a)\,\sin(l\,\pi\,y/b)}$$

ここで，$k = 1, 2, 3, \cdots$ および $l = 1, 2, 3, \cdots$ である．

ただし，　$E = \dfrac{h^2(\Omega^2 + \omega^2)}{8\,\pi^2\,m}$　　$\therefore\quad \underline{E_{kl} = \dfrac{h^2}{8\,m}\left(\dfrac{k^2}{a^2} + \dfrac{l^2}{b^2}\right)}$

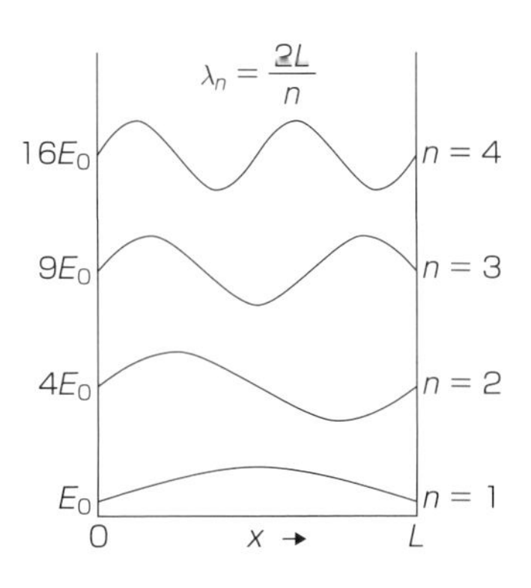

これは量子力学の標準的な「箱の中の粒子」の二次元版である．一次元の場合，本問は，両端が固定され長さ L の弦の「ノーマルモード（基準振動）」を絵で描くということになる．その結果，半波長の整数倍が L になるという条件を得る，すなわち $n = 1, 2, 3, \cdots$ で $L = n\,\lambda/2$ となる．ここで，λ は波長である．ド・ブロイによると，運動量 p は波長と $p = h/\lambda$ という関係になる．ここで，h はプランク定数である．関連した運動エネルギー $p^2/2\,m$（ここで，m は粒子の質量）は，$h^2/(2\,m\,\lambda^2) = h^2\,n^2/(8\,m\,L^2)$ となる．上の E_{kl} の式は，二つの一次元の寄与の和以外の何でもなく，$\Psi_{kl}(x)$ は，単に x と y 方向のノーマルモードの解の積となる．

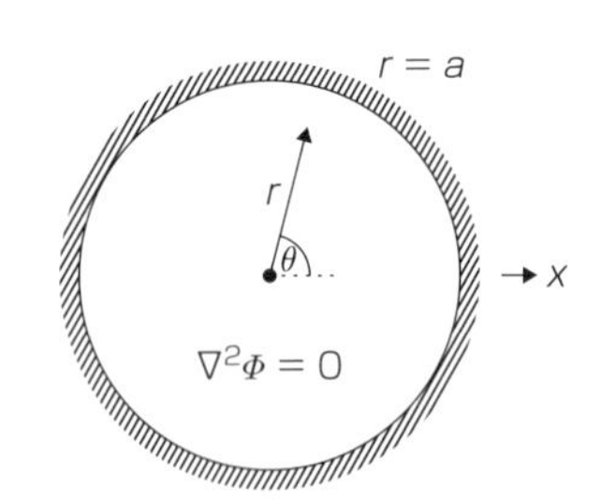

[14.4]　$\Phi(r,\theta) = R(r)\,\Theta(\theta)$ で試行する．

$$\Theta\frac{\mathrm{d}^2R}{\mathrm{d}r^2} + \frac{\Theta}{r}\frac{\mathrm{d}R}{\mathrm{d}r} + \frac{R}{r^2}\frac{\mathrm{d}^2\Theta}{\mathrm{d}\theta^2} = 0$$

$$\therefore\quad \frac{r^2}{R}\frac{\mathrm{d}^2R}{\mathrm{d}r^2} + \frac{r}{R}\frac{\mathrm{d}R}{\mathrm{d}r} = -\frac{1}{\Theta}\frac{\mathrm{d}^2\Theta}{\mathrm{d}\theta^2} = p^2 \quad (\text{定数})$$

すなわち　$r^2\dfrac{\mathrm{d}^2R}{\mathrm{d}r^2} + r\dfrac{\mathrm{d}R}{\mathrm{d}r} = p^2R$　および　$\dfrac{\mathrm{d}^2\Theta}{\mathrm{d}\theta^2} = -p^2\,\Theta$

最初に，$p=0$ の特別な場合を考える．

$$r\frac{\mathrm{d}^2R}{\mathrm{d}r^2} + \frac{\mathrm{d}R}{\mathrm{d}r} = 0 \quad \text{および} \quad \frac{\mathrm{d}^2\Theta}{\mathrm{d}\theta^2} = 0$$

$$\therefore\quad \frac{\mathrm{d}}{\mathrm{d}r}\left(r\frac{\mathrm{d}R}{\mathrm{d}r}\right) = 0 \quad \text{および} \quad \frac{\mathrm{d}\Theta}{\mathrm{d}\theta} = A_0$$

$$\therefore\quad r\frac{\mathrm{d}R}{\mathrm{d}r} = C_0 \quad \text{および} \quad \Theta(\theta) = A_0\,\theta + B_0$$

ただし　$\displaystyle\int \mathrm{d}R = C_0\int\frac{\mathrm{d}r}{r} \quad\Rightarrow\quad R(r) = C_0\ln r + D_0$

すなわち，$p=0$ の解は　$\underline{\Phi(r,\theta) = (A_0\,\theta + B_0)(C_0\ln r + D_0)}$

より一般的には，もし $p \neq 0$ なら

$$\Theta = A_p\cos(p\,\theta) + B_p\sin(p\,\Theta) \quad (\text{単純な調和振動})$$

$r^2\dfrac{\mathrm{d}^2R}{\mathrm{d}r^2} + r\dfrac{\mathrm{d}R}{\mathrm{d}r} = p^2\,R$　に対して，$R(r) = r^\alpha$ で試行する．

よって　$\dfrac{\mathrm{d}R}{\mathrm{d}r} = \alpha\,r^{\alpha-1}$　および　$\dfrac{\mathrm{d}^2R}{\mathrm{d}r^2} = \alpha(\alpha-1)r^{\alpha-2}$

$$\therefore\quad \alpha(\alpha-1)r^\alpha + \alpha\,r^\alpha = p^2\,r^\alpha \qquad \therefore\quad \alpha^2 = p^2 \quad\Rightarrow\quad \alpha = \pm p$$

すなわち　$R(r) = C_p\,r^p + D_p\,r^{-p}$

よって，$p \neq 0$ の解は以下のようになる．

$$\underline{\Phi(r,\theta) = [A_p\cos(p\,\theta) + B_p\sin(p\,\theta)](C_p\,r^p + D_p\,r^{-p})}$$

もし Φ が θ の単価関数であるなら

$\Phi(r,\theta) = \Phi(r,\theta + 2\,\pi\,n)$

これは，どのような整数 n に対しても成り立つ．$p=0$ は満足しないが，p がそれ以外の整数であればこの式は成立する．

すなわち　$\underline{p = \pm1, \pm2, \pm3, \cdots}$

もし，解が $r=0$ で有限なら，$D_p = 0$ である．ゆえに，一般解は

$$\Phi(r,\theta) = \sum_p [A_p\cos(p\,\theta) + B_p\sin(p\,\theta)]C_p\,r^p$$

(1) $\Phi(a,\theta) = T\cos\theta \quad\Rightarrow$　すべての p に対して，

$B_p = 0$ および $p \neq 1$ のとき $A_p = 0$ である．

$$\therefore \quad T\cos\theta = A_1 C_1 a\cos\theta \quad \Rightarrow \quad A_1 C_1 = T/a$$

すなわち，解は　$\underline{\Phi(r,\theta) = \dfrac{Tr}{a}\cos\theta}$

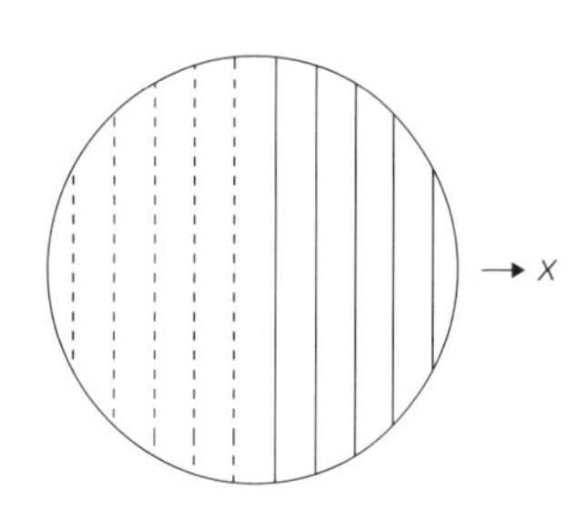

$\Phi(a,\theta) = T\cos\theta$

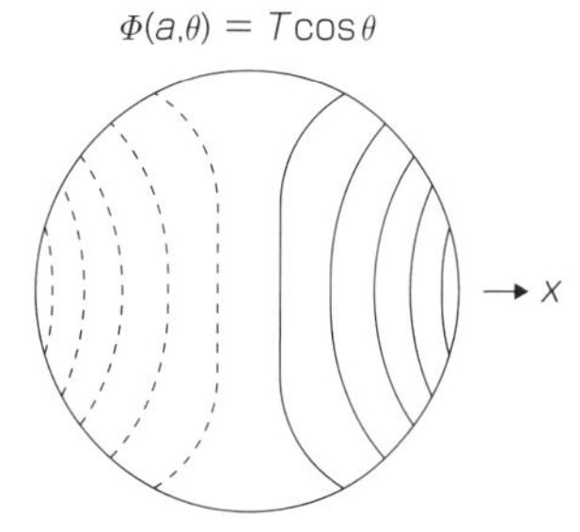

$\Phi(a,\theta) = T\cos^3\theta$

(2) $\Phi(a,\theta) = T\cos^3\theta$

ただし　$\cos^3\theta = \left(\dfrac{e^{i\theta}+e^{-i\theta}}{2}\right)^3 = \dfrac{e^{3i\theta}+e^{-3i\theta}+3(e^{i\theta}+e^{-i\theta})}{8}$

$$= \frac{1}{4}(\cos 3\theta + 3\cos\theta)$$

$$\therefore \quad \Phi(a,\theta) = \frac{3T}{4}\cos\theta + \frac{T}{4}\cos 3\theta$$

$\Rightarrow$　すべての p に対して，$B_p = 0$　および

$p \neq 1$，または $p \neq 3$ のとき，$A_p = 0$ である．

$$\therefore \quad \Phi(r,\theta) = A_1 C_1 r\cos\theta + A_3 C_3 r^3\cos 3\theta$$

$r = a$ での境界条件は，以下のことを示唆する．

$$\frac{3T}{4} = A_1 C_1 a \qquad \frac{T}{4} = A_3 C_3 a^3$$

すなわち，解は　$\underline{\Phi(r,\theta) = \dfrac{3Tr}{4a}\cos\theta + \dfrac{Tr^3}{4a^3}\cos 3\theta}$

15 章

[15.1]　$\displaystyle\int_0^{2\pi/\omega} \sin(m\omega x)\cos(n\omega x)\mathrm{d}x = \frac{1}{2}\int_0^{2\pi/\omega}[\sin[(m+n)\omega x] + \sin[(m-n)\omega x]]\,\mathrm{d}x$

（式 3.17 参照）

$$= -\frac{1}{2}\left[\frac{\cos[(m+n)\omega x]}{(m+n)\omega} + \frac{\cos[(m-n)\omega x]}{(m-n)\omega}\right]_0^{2\pi/\omega}$$

$$= \frac{1-\cos[2\pi(m+n)]}{2(m+n)\omega} + \frac{1-\cos[2\pi(m-n)]}{2(m-n)\omega}$$

$= \underline{0}$　（なぜなら，m および n は整数）

厳密にいえば，上の解析は $m \neq n$（なぜなら $m-n$ で割ることができないから）を仮定している．しかし，この結果は $m = n$ でも成立している．というのは，その前の段階で計算を簡単化すれば $\sin[(m-n)\omega x]$ およびその後に続く右辺の項がゼロとなるからである．

$$\int_0^{2\pi/\omega} \sin(m\omega x)\sin(n\omega x)\mathrm{d}x = -\frac{1}{2}\int_0^{2\pi/\omega}[\cos[(m+n)\omega x] - \cos[(m-n)\omega x]]\,\mathrm{d}x$$

（式 3.20 参照）

$$= -\frac{1}{2}\left[\frac{\sin[(m+n)\omega x]}{(m+n)\omega} - \frac{\sin[(m-n)\omega x]}{(m-n)\omega}\right]_0^{2\pi/\omega} = \frac{\sin[2\pi(m-n)]}{2(m-n)\omega} - \frac{\sin[2\pi(m+n)]}{2(m+n)\omega}$$

$= 0$　（m と n は整数で，$m \neq n$ のとき）

($\int_0^{2\pi/\omega} \sin^2(m\,\omega\,x)\mathrm{d}x = \frac{1}{2}\int_0^{2\pi/\omega}[1-\cos(2\,m\,\omega\,x)]\mathrm{d}x = \frac{1}{2}\left[x - \frac{\sin(2\,m\,\omega\,x)}{2\,m\,\omega}\right]_0^{2\pi/\omega} = \frac{\pi}{\omega}$ (式 3.15 参照) なぜなら m は整数を使った)

よって　$\underline{\int_0^{2\pi/\omega} \sin(m\,\omega\,x)\sin(n\,\omega\,x)\mathrm{d}x = \begin{cases} \dfrac{\pi}{\omega} & m=n\text{ のとき} \\ 0 & \text{それ以外} \end{cases}}$

同様に　$\underline{\int_0^{2\pi/\omega} \cos(m\,\omega\,x)\cos(n\,\omega\,x)\mathrm{d}x = \begin{cases} \dfrac{\pi}{\omega} & m=n\text{ のとき} \\ 0 & \text{それ以外} \end{cases}}$

それゆえ，整数の m, n に対して，$\sin(m\omega\,x)$ と $\cos(n\,\omega\,x)$ は，$0 \le x \le 2\pi/\omega$ で直交する．フーリエ級数の係数に対する式は以下のようになる．

$$\begin{aligned} f(x) &= \frac{a_0}{2} + a_1\cos(\omega\,x) + a_2\cos(2\,\omega\,x) + a_3\cos(3\,\omega\,x) + \cdots \\ &\quad + b_1\sin(\omega\,x) + b_2\sin(2\,\omega\,x) + b_3\sin(3\,\omega\,x) + \cdots \end{aligned}$$

両辺に $\sin(m\,\omega\,x)$ を掛けて $0 \le x \le 2\,\pi/\omega$ で積分し，いま導いた結果を使うと，以下を得る．

$$\int_0^{2\pi/\omega} f(x)\sin(m\,\omega\,x)\mathrm{d}x = b_m\int_0^{2\pi/\omega}\sin^2(m\,\omega\,x)\mathrm{d}x + 0 = \frac{\pi}{\omega}\,b_m$$

すなわち　$\underline{b_m = \frac{\omega}{\pi}\int_0^{2\pi/\omega} f(x)\sin(m\,\omega\,x)\mathrm{d}x}$

同様に　$\underline{a_m = \frac{\omega}{\pi}\int_0^{2\pi/\omega} f(x)\cos(m\,\omega\,x)\mathrm{d}x}$

($\int_0^{2\pi/\omega} f(x)\,\mathrm{d}x = \frac{a_0}{2}\int_0^{2\pi/\omega}\mathrm{d}x + 0 = \frac{a_0}{2}\,[x]_0^{2\pi/\omega} = \frac{\pi}{\omega}\,a_0$ を使った)

この例での重要な考えの一つは，直交関数である．ベクトルの幾何学を考える際に，直交性を用いるのは自然なことである．すなわち，直角な方向（90°の角度）を考える．関数に対しては，等価な物理的なグラフを描くことは自明ではない．にもかかわらず，ベクトル操作と関数の類似性を利用することができ，代数的な形で直交性をよりよく理解できる．

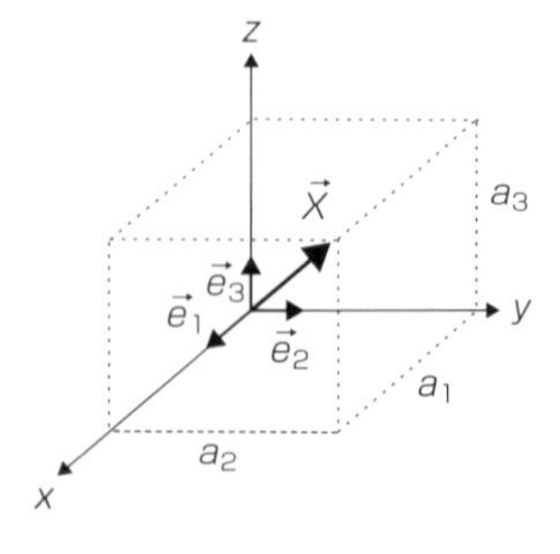

ベクトル解析では，二つのベクトル $\vec{e}_i$ と $\vec{e}_j$（$i \ne j$）は，そのスカラー積あるいは内積がゼロのとき直交している．

$$\vec{e}_i \cdot \vec{e}_j = 0 \quad (i \ne j)$$

同様に，二つの関数 $g_i(x)$ と $g_j(x)$（$i \ne j$）は，ある特別な範囲 $\alpha \le x \le \beta$ でその積の積分がゼロになるとき直交している．

$$\int_\alpha^\beta g_i(x)\,g_j(x)\mathrm{d}x = 0 \quad (i \ne j)$$

この定義を一般化して「重み関数」$w(x)$ を取り入れることもできる．被積分関数は $g_i(x)\,g_j(x)\,w(x)$ と書かれる．最も簡単なのが $w(x)=1$ の場合である．

N 次元ベクトル $\vec{X}$ が N 個の直交基底ベクトル $\vec{e}_1, \vec{e}_2, \vec{e}_3, \cdots, \vec{e}_N$ の線形結合に分解できる．

$$\vec{X} = a_1\,\vec{e}_1 + a_2\,\vec{e}_2 + a_3\,\vec{e}_3 + \cdots + a_N\,\vec{e}_N$$

同様に，関数 $f(x)$ も基底関数 $g_1(x), g_2(x), g_3(x), \cdots$ の線形結合として書かれる．

$$f(x) = a_1\,g_1(x) + a_2\,g_2(x) + a_3\,g_3(x) + \cdots$$

j 番目の係数 a_j は，$\vec{X}$ と $\vec{e}_j$ の内積，または関数では類似的に $f(x)$ に $g_j(x)$（必要なら重み $w(x)$ も）掛けて $\alpha \leq x \leq< \beta$ まで積分すればよい．

$$a_j = \frac{\vec{X}\cdot\vec{e}_j}{|\vec{e}_j|^2} \quad \text{または} \quad a_j = \int_\alpha^\beta f(x)\,g_j(x)\mathrm{d}x \Big/ \int_\alpha^\beta [g_j(x)]^2\mathrm{d}x$$

$(\vec{X}\cdot\vec{e}_j = a_j\vec{e}_j\cdot\vec{e}_j)$

もし基底ベクトルや基底関数が規格化されていれば，$|\vec{e}_j|^2$ および $\int[g_j(x)]^2\mathrm{d}x$ は 1 となり，分母を省くことができて簡単になる．

このような直交性の議論と証明により，フーリエ級数を $f(x)$ の直交基底関数を使った展開とみなすことができる．科学における理論的研究，とくに量子力学で，この操作はよく使われ，有効である．

[15.2] フーリエ級数は $f(x) = \dfrac{a_0}{2} + a_1\cos x + a_2\cos 2\,x + a_3\cos 3\,x + \cdots + b_1\sin x + b_2\sin 2\,x + b_3\sin 3\,x + \cdots$

左辺と右辺をそれぞれ二乗して $0 \leq x \leq 2\pi$ で積分する．サインとコサインの直交性を使えば，$[f(x)]^2$ の積分は簡単になる．

$$\begin{aligned}\int_0^{2\pi}[f(x)]^2\mathrm{d}x &= \int_0^{2\pi}\left(\frac{a_0^2}{4} + a_1^2\cos^2 x + b_1^2\sin^2 x + a_2^2\cos^2 2\,x + b_2^2\sin^2 2\,x + \cdots\right)\mathrm{d}x \\ &= \frac{\pi\,a_0^2}{2} + \pi(a_1^2 + b_1^2 + a_2^2 + b_2^2 + a_3^2 + b_3^2 + \cdots)\end{aligned}$$

すなわち $\quad \dfrac{1}{\pi}\displaystyle\int_0^{2\pi}[f(x)]^2\mathrm{d}x = \underline{\dfrac{1}{\pi}\displaystyle\int_{-\pi}^{\pi}[f(x)]^2\mathrm{d}x = \dfrac{a_0^2}{2} + \sum_{n=1}^{\infty}(a_n^2 + b_n^2)}$

この式は，$-\pi \leq x \leq \pi$ の範囲の積分になっているが，$0 \leq x \leq 2\pi$ でも同じである．なぜならサインとコサインは直交性であり，$f(x)$ は周期性をもつので，繰り返し単位での積分は同じ値になるためである．

[15.3] 周期について $\quad \dfrac{2\pi}{\omega} = 2\pi \quad \Rightarrow \quad \omega = 1$

よって，フーリエ級数は $\quad f(x) = \dfrac{a_0}{2} + a_1\cos x + a_2\cos 2\,x + a_3\cos 3\,x + \cdots + b_1\sin x + b_2\sin 2\,x + b_3\sin 3\,x + \cdots$

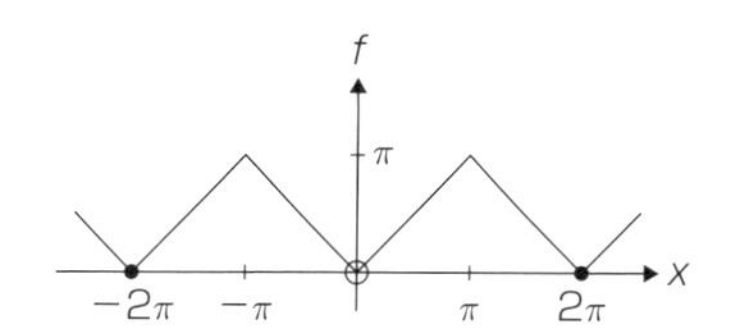

ここで $\quad a_m = \dfrac{1}{\pi}\displaystyle\int_0^{2\pi} f(x)\cos m\,x\,\mathrm{d}x = \dfrac{2}{\pi}\int_0^{\pi} x\cos m\,x\,\mathrm{d}x$ （対称性から）

$$= \frac{2}{\pi}\left[x\,\frac{\sin m\,x}{m}\right]_0^{\pi} - \frac{2}{\pi\,m}\int_0^{\pi}\sin m\,x\,\mathrm{d}x = 0 - \frac{2}{\pi\,m}\left[-\frac{\cos m\,x}{m}\right]_0^{\pi}$$

$$= \frac{2[\cos m\,x - 1]}{\pi\,m^2}$$

$$= \begin{cases} 0 & (m \neq 0\ \text{の偶数のとき}) \\ \dfrac{-4}{\pi\,m^2} & (m\ \text{が奇数のとき}) \end{cases}$$

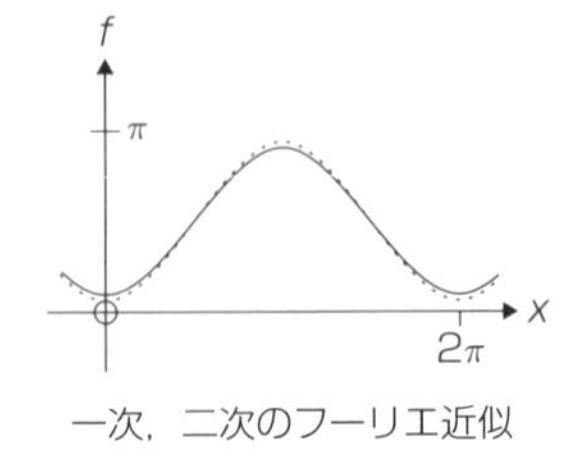

一次，二次のフーリエ近似

$$a_0 = \frac{2}{\pi}\int_0^{\pi} x\,\mathrm{d}x = \frac{2}{\pi}\left[\frac{x^2}{2}\right]_0^{\pi} = \pi$$

$$b_m = \frac{1}{\pi}\int_0^{2\pi} f(x)\sin m\,x\,\mathrm{d}x = 0 \quad (\text{対称性から})$$

$$\therefore \quad f(x) = \frac{\pi}{2} - \frac{4}{\pi}\left[\frac{\cos x}{1^2} + \frac{\cos 3\,x}{3^2} + \frac{\cos 5\,x}{5^2} + \frac{\cos 7\,x}{7^2} + \cdots\right]$$

すなわち，フーリエ級数は: $\quad \underline{f(x) = \dfrac{\pi}{2} - \dfrac{4}{\pi}\displaystyle\sum_{n=0}^{\infty}\frac{\cos[(2\,n+1)x]}{(2\,n+1)^2}}$

[15.4] 回折パターンあるいは強度 $I(q)$ は，しぼり関数 $A(x)$ のフーリエ変換の絶対値の 2 乗で表される．

$$I(q) = |\psi(q)|^2 = \psi^*(q)\,\psi(q) \qquad \text{ここで} \qquad \psi(q) = \psi_0\int_{-\infty}^{\infty} A(x)\,e^{i\,q\,x}\mathrm{d}x$$

ψ_0 は（入射光の明るさに比例する）定数である．

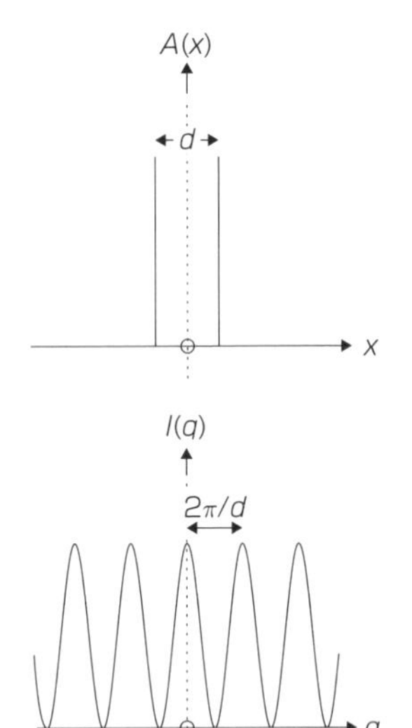

(1) ヤングの二重スリットでは，$A(x) = \delta(x + d/2) + \delta(x - d/2)$ となる．デルタ関数 $\delta(x - x_0)$ は無限に鋭利なスパイクで，$x = x_0$ で面積 1 をもち，その値以外ではゼロである．よって

$$\int_{-\infty}^{\infty}\delta(x - x_0)f(x)\mathrm{d}x = f(x_0)$$

$$\therefore \quad \psi(q) = \psi_0\int_{-\infty}^{\infty}[\delta(x + d/2) + \delta(x - d/2)]e^{i\,q\,x}\,\mathrm{d}x$$

$$= \psi_0[e^{-i\,q\,d/2} + e^{i\,q\,d/2}] = 2\,\psi_0\cos(q\,d/2)$$

$$\therefore \quad I(q) = 4|\psi_0|^2\cos^2(q\,d/2) \quad \propto \quad \underline{1 + \cos(q\,d)}$$

(2) 広いスリットでは，$|x| < D/2$ で $A(x) = 1$ で，それ以外ではゼロである．

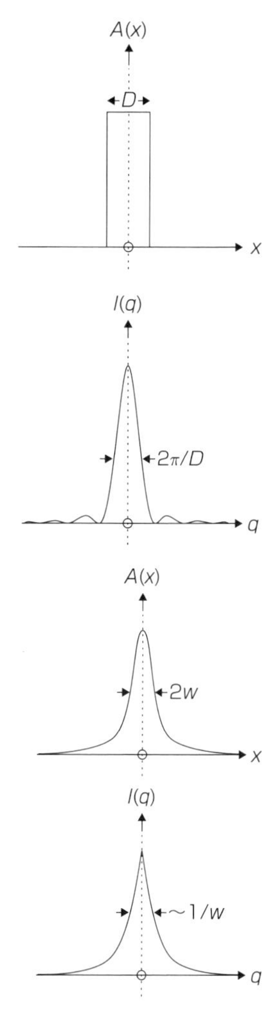

$$\therefore \quad \psi(q) = \psi_0 \int_{-D/2}^{D/2} e^{iqx}\,\mathrm{d}x = \psi_0 \left[\frac{e^{iqx}}{iq}\right]_{-D/2}^{D/2}$$

$$= \psi_0 \frac{e^{iqD/2} - e^{-iqD/2}}{iq}$$

$$= \frac{2\psi_0}{q} \sin(qD/2)$$

$$\therefore \quad I(q) = \frac{4|\psi_0|^2}{q^2} \sin^2(qD/2) \quad \propto \quad \underline{\frac{1}{q^2}[1 - \cos(qD)]}$$

科学において，フーリエ変換がよくでてくる他の「単純な」関数として，以下があげられる．

① くし関数あるいは無限に間隔 d でとなりあうシャープなスパイク（同じ幅をもつ）列．少し考えると，そのフーリエ変換は，$1/d$ に比例した間隔（逆数になる）のくし関数になることが示せる．

② 演習問題 14.2 で出会った $\exp(-x^2/\sigma^2)$ の型のガウス関数である．幅は σ に比例する．そのフーリエ変換を求めるにはかなり進んだ数学（複素解析）が必要になるが，$1/\sigma$ のオーダーの幅をもつガウス関数になることがわかる．

③ $1/(x^2 + w^2)$ の形をもつローレンツ関数は，対称的に $x = 0$ の最大値から減衰するが，ガウス関数よりは長いテールをもつ（ゼロになるのが遅い）．幅は w に比例する．このフーリエ変換もまたかなり進んだ数学（複素解析）が必要になるが，$e^{-|x|}$ のように対称に減衰していく指数になり，その半減期は $1/w$ である．

二次元あるいはそれより高次元では，フーリエ変換を極座標で求めることが有効であり，これはベッセル関数などが現れるきっかけとなる．

[15.5] (1) $\psi(q) = \psi_0 \int_{-\infty}^{\infty} \delta(x)\, e^{iqx}\,\mathrm{d}x = \underline{\psi_0}$

(2) $\psi(q) = \psi_0 \int_{-\infty}^{\infty} \delta(x-d)\, e^{iqx}\,\mathrm{d}x = \underline{\psi_0\, e^{iqd}}$

振幅または絶対値は，両方とも同じで $|\psi_0|$ である．位相または偏角は，因子 qd だけ異なる．もし，強度 $|\psi(q)|^2$ だけが測定されると，(1) と (2) どちらからも同じ回折パターンが生じる．したがって，このデータからは，単一の孤立したスパイクから作られる回折パターンを与える対象については推測可能であるが，その位置については何も述べることができない．

非常に自明な例で，位相情報がなくなる影響を示してきたが，この問題は実際の科学の研究で非常に重要な問題となる．

索引

【た】

【な】

【は】

【ま】

【や】

【ら・わ】

◈ 訳者紹介

山本雅博（やまもと まさひろ）

甲南大学理工学部機能分子化学科教授

1961 年福井県生まれ．1983 年京都大学工学部卒業，1985 年京都大学大学院工学研究科修士課修了（1991 年博工学博士号取得）, 1985 年京都大学大学原子エネルギー研究所（エネルギー理工学研究所）助手，1999 年京都大学大学院工学研究科助教授（准教授）などを経て，2009 年より現職．

専門は界面・表面物理化学，電気化学，第一原理計算，分子シミュレーション，分析化学．現在の研究テーマは，「電極界面科学」，「界面の電気二重層，電気二重層効果」で，電気化学の基礎について理論と実践を手掛けている．

【訳者の数学体験】 大学の初回の電磁気学の授業で偏微分記号∂の意味が説明されず，微分積分ではいまの大学生には馴染みのない $\varepsilon - \delta$ 論法で頭が真っ白になり，線形代数では一般化された定式化でイメージがつかめませんでした．さらには大学にもあまり行かず，もちろん自分で勉強するわけなどなく，要するに大学の数学は完全にドロップアウトしました．4 回生の研究室配属で，学科で最も数学・物理を使いそうな研究室を選び，再チャレンジで工学部土木系の工業数学 B を受講しました．その授業で教えてくださった池田峰夫先生は，教養の数学の先生のように上から目線ではなく，演習中心でなんとなくわかったような気になりました．その後，何十年も経ってから読んだパンフレットに池田先生の記事があって，「学問は一升瓶を枕にやるもんだ」といわれていたと書いてあり，ますますうれしくなりました．あの南部陽一郎氏とも仕事をされていたそうです．いい先生にめぐりあえたものです．

加納健司（かのう けんじ）

京都大学大学院農学研究科応用生命科学専攻教授

1954 年岐阜県生まれ．1977 年京都大学農学部卒業，1982 年京都大学大学院農学研究科博士後期課程修了（1983 年博士号取得）．その後，岐阜薬科大学助教授，京都大学大学院農学研究科助教授などを経て，2005 年より現職．

専門は電気化学，物理化学，分析化学，酵素科学．現在の研究テーマは，「生物電気化学の基礎と応用」で，特に酵素機能電極反応の基礎について理論と実践を手掛け，それをバイオセンサー，バイオ電池，およびバイオリアクターへ応用展開中．

【訳者の数学体験】 高校時代は，数学は嫌いではありませんでした．でも大学入学後の教養課程の数学は，意味不明な $\varepsilon - \delta$ 論法から始まり，ついていけなくなりました．（言い訳がましいですが）体育会系ヨット部の活動に身を埋める日々を送り，専門課程でも数式を使うことはほとんどなく，数学とはどんどん無縁になっていきました．岐阜薬科大学で研究を始めたとき，研究費がなかったこともあり，独学で有限要素法，ニュートン－ラフソン法，非線形最小二乗法を組み入れたボルタモグラム（電流－電圧曲線）のシミュレーションをやりました．それが私にとって初めての数学だったかもしれません．京都大学に戻ったあとは，また数学から遠ざかっていました．しかしある日，共著者の山本先生から，「あなたの仕事には数式がないですね」といわれ，それから改めて数学と正面から向き合うよう努力しました．でも遅すぎましたね．後悔先に立たず！　数学のいらない科学はないですから，早い時期から数学に馴染みたいものです．

Chemistry Primer Series ③
演習で学ぶ 科学のための数学

第1版 第1刷 2018年 4月10日

検印廃止

訳　者　山本雅博
　　　　加納健司
発行者　曽根良介
発行所　㈱化学同人

〒600-8074 京都市下京区仏光寺通柳馬場西入ル
編集部 Tel 075-352-3711 Fax 075-352-0371
営業部 Tel 075-352-3373 Fax 075-351-8301
振替 01010-7-5702
E-mail webmaster@kagakudoin.co.jp
URL https://www.kagakudojin.co.jp
印刷・製本 中央印刷株式会社

ISBN 978-4-7598-2002-7